文字云彩 P14

U0131789

去除相片中的红眼 P10

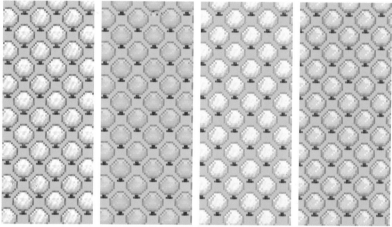

APPLE TREE NO.1
SPRIN SUMMER AUTUM WINTER

像素化图像 P31

去除皮肤瑕疵 P11

我DE
夏天之行
my PHOTO

快乐的夏天
如画的风景
融合我的快乐
夏天之行

我的夏天之行 P7

淘气的小狗 P2

STAR CLUB
PLAY ★ HOBBY ★ FOOD

镂空纸孔效果 P19

beautiful flower

镜头旋转特效 P50

矢量化效果 P38

宠物相片夹 P55

蓝天白云翱翔图 P41

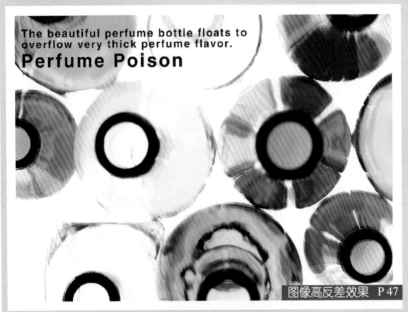

图像高反差效果 P47

塑料气模文字 P62

印章效果文字 P80

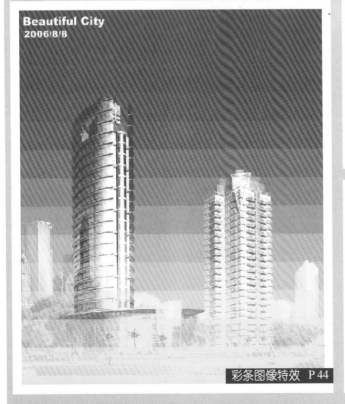

彩条图像特效 P44

撕纸效果 P100

金属文字 P68

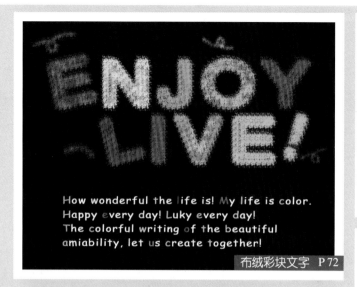

How wonderful the life is! My life is color.
Happy every day! Luky every day!
The colorful writing of the beautiful
amiability, let us create together!

布绒彩块文字 P 72

LUCKY EVERY DAY !

Every day that hopes us to lead is the happiness is
lucky, in addition to struggling an effort, the good luck
will also has been surround us or so.The life is colourful
more and more, work also will more and more smooth
happy every day!

矢量拼贴文字 P 76

That street, all gleam brilliant lights forever.

霓虹灯文字 P 91

颜料文字 P 87

Chinese style cafe

If you come here, you can be immersed
in the peculiar world.

august 8TH/2006 open

星云特效 P 110

十字绣 P 96

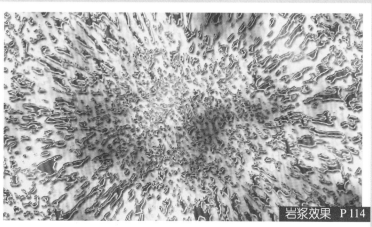

岩浆效果 P 114

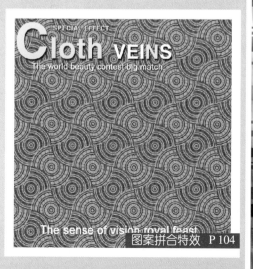

图案拼合特效 P 104

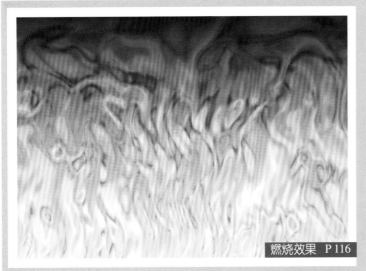

燃烧效果　P 116

砖纹效果　P 119

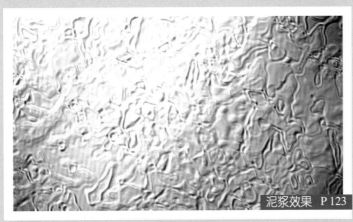

泥浆效果　P 123

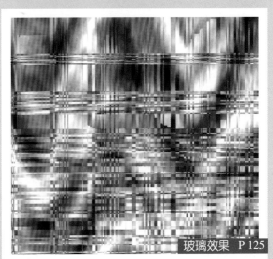

玻璃效果　P 125

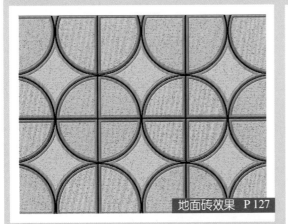

地面砖效果　P 127

巧克力特效　P 131

立体三维图像特效　P 142

流线型光影特效　P158

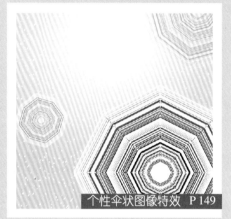

个性伞状图像特效　P149

发散光线特效　P164

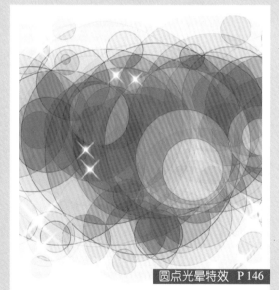

圆点光晕特效　P146

水泡特效　P153

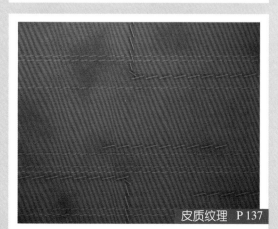

皮质纹理　P137

彩色灯光特效　P170

银河星云特效　P 175

夜景灯光增色处理　P 210

动漫场景合成特效　P 182

径向光线特效　P 179

特殊元素合成特效　P 195

个性合成特效　P 190

网页按钮图标　P 236

夜景烟花特效　P 216

科技动感合成特效　P 204

色块人物图像 P 355

气泡特效 P 293

金属铁链特效 P 288

彩铅人像效果 P 231

高饱和人像调色 P 221

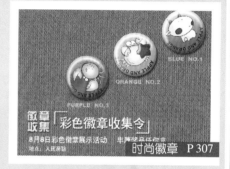

时尚徽章 P 307

个性主页特效 P 257

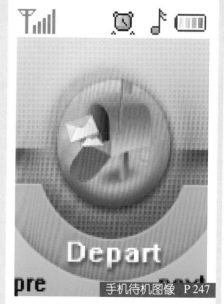

手机待机图像 P 247

风景图像艺术化处理 P 227

玻璃折射特效 P 233

放大镜特效 P 283

壁纸设计 P 406

个性写真海报设计 P 396

电影海报设计 P 399

项链吊坠 P 319

狂欢节海报设计 P 413

闪耀钻石 P 314

网页首页特效 P264

金属管道特效 P 274

Photoshop CS2

炫彩视觉特效实例精解

锐艺视觉 / 编著

中国青年出版社
中国青年电子出版社
http://www.21books.com http://www.cncchina.com

中喜雄狮

图书在版编目（CIP）数据

Photoshop CS2 炫彩视觉特效实例精解/锐艺视觉编著. —北京：中国青年出版社，2007.4

ISBN 978-7-5006-7399-6

I. P... II. 锐... III. 图形软件，Photoshop CS2 IV. TP391.41

中国版本图书馆CIP数据核字（2007）第049856号

Photoshop CS2 炫彩视觉特效实例精解

锐艺视觉　编著

出版发行：　中国青年出版社

地　　址：　北京市东四十二条21号

邮政编码：　100708

电　　话：　(010) 59521188

传　　真：　(010) 59521111

企　　划：　中青雄狮数码传媒科技有限公司

责任编辑：　肖　辉　白　峥　秦志敏

封面设计：　于　靖

印　　刷：　北京嘉彩印刷有限公司

开　　本：　889×1194　1/16

印　　张：　28.75

版　　次：　2009年4月北京第2版

印　　次：　2009年4月第1次印刷

书　　号：　ISBN 978-7-5006-7399-6

定　　价：　45.00元（附赠2CD）

本书如有印装质量等问题，请与本社联系　电话：(010) 59521188

读者来信：reader@cypmedia.com

如有其他问题请访问我们的网站：www.21books.com

前 言

在这个物质生活快速提高、文化生活日新月异的时代，人们对视觉艺术的要求早已不能同日而语。作为一款优秀的图像处理软件，Photoshop以其在平面设计、广告制作、网页设计、印刷制版、CG等领域的广泛应用奠定了它的霸主地位，满足了人们对视觉艺术的追求。Photoshop在完美展现绚丽画面的同时，更给人们带来了视觉艺术的冲击，让人惊叹于功能强大的Photoshop。面对这个神秘的Photoshop，有人望而却步，有人展翅高飞，而更多的人则徘徊在门口，欲渡过这个难关，却苦于没有引路人。本书就是那个领您跨越这个难关，进入神秘的Photoshop设计殿堂的引路人。

本书通过78个经典案例讲解了Photoshop CS2在图像处理中的应用，针对本书的实例难度，下面列出了针对不同读者学习的建议，希望对您选择和学习本书有指导意义。

如果您是Photoshop的菜鸟

学习软件的方法有很多，建议读者选择一个高起点学习Photoshop，因为软件对于每个人来说学习起来都一样，但是设计思路和方法的培养却不是一朝一夕能学会的。本书带给您的不仅是软件的最基本的应用，更重要的是在实例之前讲解设计的思路，培养一种设计的感觉。建议您通过本书的"神奇的工具"和"图像的初级加工厂"两章熟悉Photoshop的基本功能，然后再开始后面的学习，这样会更加得心应手。

如果您会使用Photoshop，但是很难进一步提高设计水平

相信很多读者在使用Photoshop进行设计的时候，更多的困难是怎样灵活运用软件的各项功能，使自己的设计更富有创意，从而创作出优秀的作品。通过对本书"文字特效"、"特殊图像特效"、"材质纹理特效"、"背景图像特效"、"光影特效"、"图像合成特效"、"照片艺术处理"、"网络时尚特效"的学习，读者不仅可以学习到满足实际操作需要的方法，还可以体会到软件框架之外的思维的延展性，从而为自己的设计创作助力。

如果您是Photoshop高手

作为Photoshop高手，您需要的不再是简单的软件的使用方法和图像合成等应用性操作，而是一种灵感的寻找过程，通过本书的"简单实物速绘"、"实物写真"、"绘制时尚卡通动漫"、"个性壁纸与海报设计"、"平面设计"等章节，可以让您找到最原始的创作激情，激发灵感，完成最具创意的经典作品。另外，本书最具特色的是每个作品都给出了配色方案、所用功能和难易程度说明，都是现实案例的详细再现，非常具有实战性，可以帮助您在探索视觉艺术的路上走得更远。

本书是一本涉猎Photoshop各类图像特效设计的综合性图书，无论是初学者还是平面设计师，都能在本书中找到适合自己的内容，并感受到它除功能性以外对创造思维的发掘。希望读者可以带着好奇心去发掘适合自己的操作方法，快速提高设计水平。限于作者的水平和时间，书中难免存在疏漏与不妥之处，敬请广大读者批评指正。

作者

2007年4月

01 神奇的工具

02 图像的初级加工厂

03 文字特效

04 特殊图像特效

05 材质纹理特效

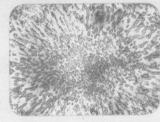

06 背景图像特效

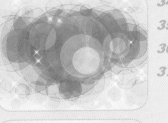

07 光影特效

08 图像合成特效

09 照片艺术处理

10 网络时尚特效

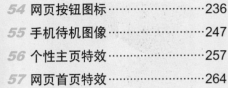

11 简单实物速绘

12 实物写真

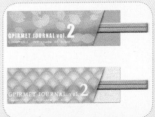

13 绘制时尚卡通动漫

14 个性壁纸与海报设计

15 平面设计

Chapter 01

神奇的工具

学习重点

本章介绍一些处理图片的基本技巧，如照片修饰、图片合成、像素化色块的拼合以及文字的特殊处理，这些简洁有趣的效果利用Photoshop最基本的工具就可以实现。

技能提示

通过本章的学习，可以让读者熟悉Photoshop的基本界面，并初步掌握Photoshop基本工具的操作方法，为进一步的学习打下基础。

本章实例

01 淘气的小狗　　　　　　05 文字云彩
02 我的夏天之行　　　　　06 镂空纸孔效果
03 去除相片中的红眼　　　07 图案文字
04 去除皮肤瑕疵　　　　　08 像素化图像

效果展示

01 淘气的小狗

本实例通过几个特殊道具的搭配制作出小狗拟人化的形象，表现出小狗的淘气与活泼，整个画面色彩明快，诙谐而生动。

1. 🔍 使用功能：移动工具、钢笔工具、矩形选框工具、自由变换命令、羽化命令、波浪滤镜

2. 🎨 配色：　■ R:83 G:223 B:242　■ R:221 G:64 B:225　■ R:182 G:2 B:29

3. 💿 光盘路径：Chapter 1\01 淘气的小狗\complete\淘气的小狗.psd

4. 🐾 难易程度：★☆☆☆☆

操作步骤

01 执行"文件 > 打开"命令，弹出如图 1-1 所示的对话框，选择本书配套光盘中 Chapter 1\01 淘气的小狗\media\001.jpg 文件，单击"打开"按钮打开素材文件，如图 1-2 所示。

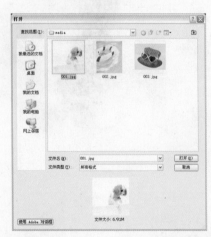

图 1-1

图 1-2

02 单击钢笔工具 ✎，在图像中沿着小狗的边缘绘制路径，如图 1-3 所示。

图 1-3

03 在路径面板上单击"将路径作为选区载入"按钮 ○，如图 1-4 所示，路径将自动转换为选区，如图 1-5 所示。

图 1-4

图 1-5

04 执行"选择 > 羽化"命令，在弹出的对话框中设置"羽化半径"为 10 像素，如图 1-6 所示，单击"确定"按钮，完成后效果如图 1-7 所示。

图 1-6

图 1-7

05 执行"文件 > 打开"命令，弹出如图 1-8 所示的对话框，选择本书配套光盘中 Chapter 1\01 淘气的小狗\media\002.jpg 文件，单击"打开"按钮打开素材文件，如图 1-9 所示。

图 1-8

图 1-9

06 在图层面板上双击"背景"图层，在弹出的对话框中单击"确定"按钮，如图 1-10 所示，将"背景"图层转换为一般图层。然后单击移动工具，按键盘中的方向键将图像下移，如图 1-11 所示。

图 1-10

图 1-11

07 单击矩形选框工具，在图像上边缘创建适当大小的矩形选区，如图 1-12 所示。

图 1-12

08 单击移动工具，按住 Alt 键将选区向上拖曳，复制选区图像，重复操作，直至填满上方画布，最后按下快捷键 Ctrl + D 取消选区，效果如图 1-13 所示。

图 1-13

09 单击矩形选框工具，在画布上方复制的图像部分创建矩形选区，如图 1-14 所示。

图 1-14

10 执行"滤镜 > 模糊 > 动感模糊"命令，在弹出的对话框中设置各项参数，如图 1-15 所示,单击"确定"按钮，得到如图 1-16 所示的效果。

图 1-15

图 1-16

11 执行"滤镜 > 扭曲 > 波浪"命令，在弹出的对话框中设置各项参数，如图 1-17 所示，单击"确定"按钮，并按下快捷键 Ctrl + D 取消选区，得到如图 1-18 所示的效果。

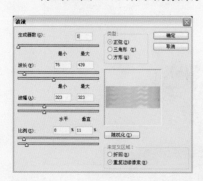

图 1-17

图 1-18

12 返回"001"图档，单击移动工具，将图像中的小狗拖曳至"002"图档内，如图 1-19 所示。

图 1-19

13 执行"编辑 > 自由变换"命令，显示出自由变换编辑框，单击鼠标拖动编辑框节点调整小狗的大小，如图 1-20 所示，按下 Enter 键确定变换，得到如图 1-21 所示的效果。

图 1-20

图 1-21

14 单击钢笔工具，在小狗身子下部绘制路径，再按下快捷键 Ctrl + Enter 将路径转化为选区，如图 1-22 所示。

图 1-22

15 执行"选择 > 羽化"命令，在弹出的对话框中设置"羽化半径"为 5 像素，如图 1-23 所示，单击"确定"按钮，然后按下 Delete 键删除选区内图像，最后按下快捷键 Ctrl+D 取消选区，得到如图 1-24 所示的效果。

图 1-23

图 1-24

16 执行"文件 > 打开"命令，弹出如图 1-25 所示的对话框，选择本书配套光盘中 Chapter 1\01 淘气的小狗 \media\003.jpg 文件，单击"打开"按钮打开素材文件，如图 1-26 所示。

图 1-25

图 1-26

17 单击钢笔工具 ，在图像中沿着帽子的边缘绘制路径，

如图 1-27 所示，再按下快捷键 Ctrl + Enter 将路径转化为选区，如图 1-28 所示。

图 1-27

图 1-28

18 单击移动工具 ，将选区中的帽子图像拖曳至"002"图档内，如图 1-29 所示。

图 1-29

19 执行"编辑 > 自由变换"命令，显示出自由变换编辑框，在自由变换编辑框中右击鼠标，并在弹出的快捷菜单中选择"水平翻转"命令，拖动编辑框的节点调整帽子的大小，如图 1-30 所示。按下 Enter 键确定变换，得到如图 1-31 所示的效果。

图 1-30

图 1-31

20 单击橡皮擦工具 ，在属性栏上设置各项参数，如图 1-32 所示。选择图层"图层 1"，对小狗图像边缘进行擦除调整，得到如图 1-33 所示的效果。

图 1-32

图 1-33

21 在"图层 0"上新建一个"图层 3",设置"不透明度"为 20%,如图 1-34 所示。单击画笔工具 ∅,在小狗爪子边缘绘制出阴影,如图 1-35 所示。

图 1-34

图 1-35

22 单击画笔工具 ∅,在属性栏上设置"不透明度"为 30%,然后在小狗帽子边缘绘制阴影,效果如图 1-36 所示。

图 1-36

23 新建图层"图层 5"。按住 Ctrl 键单击"图层 0"前的缩略图,载入选区。执行"编辑 > 描边"命令,在弹出的对话框中设置"宽度"为 20px,如图 1-37 所示,单击"确定"按钮,然后按下快捷键 Ctrl + D 取消选区,得到如图 1-38 所示的效果。至此,本实例制作完成。

图 1-37

图 1-38

02 我的夏天之行

本实例通过数张图片的色彩搭配来组合一个多彩的画面，制作出堆叠的风景照片，并添加黄色标签，生动形象地表现出夏天快乐的旅程。

1 🔍 使用功能：横排文字工具、图层样式、移动工具、自由变换命令、用前景色填充路径命令

2 🎨 配色： R:253 G:221 B:75 　 R:78 G:194 B:239 　 R:190 G:63 B:233

3 💿 光盘路径：Chapter 1\02 我的夏天之行\complete\我的夏天之行.psd

4 🗺 难易程度：★☆☆☆☆

操作步骤

01 执行"文件 > 新建"命令，打开"新建"对话框，在对话框中设置各项参数，如图2-1所示。完成设置后，单击"确定"按钮，新建一个图像文件。

图2-1

02 单击横排文字工具 T，在属性栏上单击"显示/隐藏字符和段落调板"按钮 📋，并在弹出的字符面板中设置"字体"为文鼎妞妞体，"字体大小"为18点和12点，文本颜色为R:247 G:255 B:17，然后在图像中输入文字。完成后单击移动工具 ▶，按键盘中的上下方向键调整文字的位置，如图2-2所示。

图2-2

03 打开图层面板，在文字图层的灰色区域上双击鼠标，在弹出的对话框中设置各项参数，颜色设置为R:255 G:138 B:0，如图2-3所示，单击"确定"按钮，得到如图2-4所示的效果。

图2-3

图2-4

04 单击横排文字工具 T，在字符面板中设置"字体"为Oedipa，"字体大小"为8点，文本颜色为R:34 G:183 B:190，在图像中输入文字。然后单击移动工具 ▶，按下键盘中的方向键调整文字的位置，如图2-5所示。

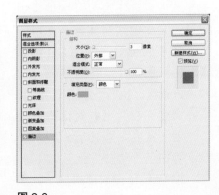

图2-5

05 单击横排文字工具 T，在字符面板中设置"字体"为创艺繁隶书，"字体大小"为6点，文本颜色为R:89 G:88 B:88，在图像中输入文字。

然后单击移动工具 ，按键盘中的方向键调整文字的位置，如图 2-6 所示。

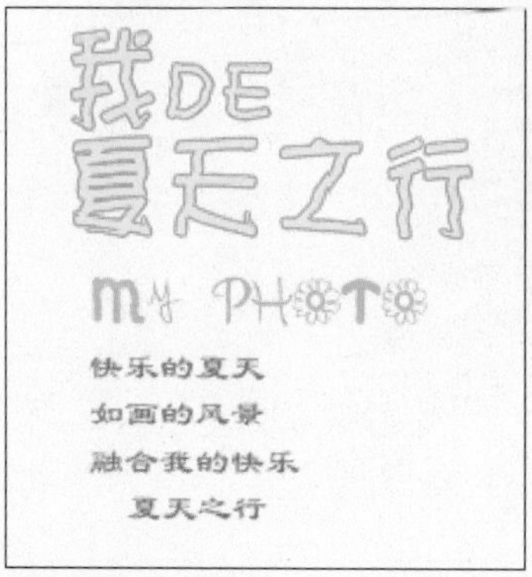

图 2-6

06 执行"文件 > 打开"命令，在弹出的对话框中选择本书配套光盘中 Chapter 1\02 我的夏天之行 \media\001.jpg 文件，单击"打开"按钮，打开的素材文件如图 2-7 所示。

图 2-7

07 单击移动工具 ，将图片拖曳至"我的夏天之行"图档中。执行"编辑 > 自由变换"命令，显示出自由变换编辑框，将光标放置在编辑框外任意位置时，光标自动变成旋转状态，拖动鼠标对图像进行旋转处理，并使用编辑框适当调整图片的大小及位置，按 Enter 键确定变换，得到如图 2-8 所示的效果。

图 2-8

08 使用上面的方法，依次打开配套光盘中的素材图像，并拖曳至"我的夏天之行"图档中。执行"编辑 > 自由变换"命令，适当调整大小及方向。单击移动工具 ，按下键盘中的方向键来微调图像的位置，如图 2-9 所示。

图 2-9

09 单击移动工具 ，按键盘中的方向键适当调整画面中间文字的位置。按住 Ctrl 键单击"图层 1"的缩略图，载入选区。执行"编辑 > 描边"命令，在弹出的对话框中设置"宽度"为 15 px，"颜色"为白色，单击"确定"按钮。按 Ctrl+D 键取消选区，效果如图 2-10 所示。

图 2-10

10 在"图层 2"的灰色区域双击鼠标，在弹出的"图层样式"对话框中设置各项参数，如图 2-11 所示，单击"确定"按钮，得到如图 2-12 所示的效果。

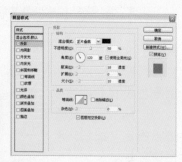

图 2-11

图 2-12

11 使用上面的方法，对每个图像进行相同的描边和图层样式设置，并对文字位置进行适当调整，得到如图 2-13 所示的效果。

图 2-13

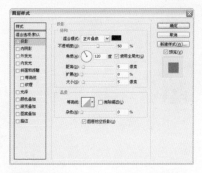

2-16 所示,单击"确定"按钮,
得到如图 2-17 所示的效果。

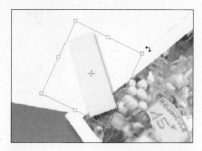

图像的大小,如图 2-19 所示,
按下 Enter 键确定变换,得
到如图 2-20 所示的效果。

图 2-16

图 2-19

12 单击前景色图标,在弹出的
"拾色器"对话框中设置颜色
为 黄 色 (R:250 G:229 B:56),
单击"确定"按钮。再单击钢
笔工具 ,在画面中绘制矩形
的路径,如图 2-14 所示。

图 2-17

15 将"图层 21"拖曳至"创建
新图层"按钮 上,复制
得到"图层 21 副本",单击
移动工具 ,将复制图层拖
曳至适当位置,并按下键盘
中的方向键来适当调整图像
的位置,如图 2-18 所示。

图 2-20

图 2-14

13 新建图层"图层 21",单击
路径面板上的"用前景色填
充路径"按钮 进行填充,
然后在路径面板的灰色区域
内单击鼠标,隐藏路径,得
到如图 2-15 所示的效果。

图 2-18

17 使用以上相同方法,为图像
增加若干黄色标签,得到如
图 2-21 所示的效果。至此,
本实例制作完成。

图 2-21

图 2-15

16 执行"编辑 > 自由变换"命
令,显示出自由变换编辑框,
拖动鼠标对图像进行旋转处
理,并使用编辑框适当调整

14 在"图层 21"的灰色区域双
击鼠标,在弹出的"图层样式"
对话框中设置各项参数,如图

03 去除相片中的红眼

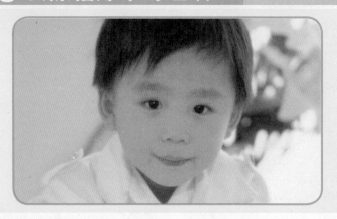

本实例通过去除相片中男孩因拍摄不当造成的红眼，还原照片真实效果，去除光线造成的图片失真的缺陷，使图像更加完美。

1 　使用功能：红眼工具

2 　配色： ▨ R:227 G:198 B:168 　▨ R:215 G:150 B:108 　▨ R:186 G:90 B:48

3 　光盘路径：Chapter 1\03 去除相片中的红眼\complete\去除相片中的红眼.jpg

4 　难易程度：★☆☆☆☆

操作步骤

01 执行"文件 > 打开"命令，在弹出的对话框中选择本书配套光盘中 Chapter 1\03 去除相片中的红眼 \media\004.jpg 文件，单击"打开"按钮打开素材文件，如图3-1所示。

图 3-1

02 单击红眼工具 ，在属性栏上设置各项参数，如图3-2所示。单击缩放工具 ，在图像中框选放大脸部，然后在画面中眼睛部分使用红眼工具 进行框选，如图3-3所示，释放鼠标左键，得到如图3-4所示的效果。

瞳孔大小: 50% ▶ 变暗量: 50% ▶

图 3-2

图 3-3

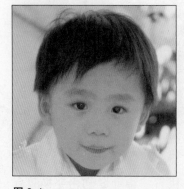

图 3-4

03 使用同样方法，对图像中的另一只眼睛使用红眼工具 进行框选，释放鼠标左键，

得到如图 3-5 所示的效果。

图 3-5

04 使用相同方法，对图像中的眼睛部分进行调整，得到如图 3-6 所示的效果。至此，本实例制作完成。

图 3-6

04 去除皮肤瑕疵

本实例通过去除相片中人物脸部的斑点，使照片效果更完美，使人物皮肤变得光滑洁白，更具美感。

1	🔍 使用功能：修补工具、羽化命令、套索工具、蒙尘与划痕滤镜
2	🎨 配色： R:247 G:214 B:133　 R:92 G:157 B:176　 R:173 G:63 B:35
3	💿 光盘路径：Chapter 1\04 去除皮肤瑕疵\complete\去除皮肤瑕疵.psd
4	🗺 难易程度：★☆☆☆☆

操作步骤

01 执行"文件 > 打开"命令，在弹出的对话框中选择本书配套光盘中 Chapter 1\04 去除皮肤瑕疵\media\001.jpg 文件，单击"打开"按钮打开素材文件，如图 4-1 所示。

图 4-1

02 将背景图层拖曳至"创建新图层"按钮 🔲 上，复制一个新的图层"背景副本"。单击修补工具 🩹，在属性栏上设置各项参数如图 4-2 所示，然后在人物脸部创建选区，选中额头处较大的斑点部分，如图 4-3 所示。

图 4-2

图 4-3

03 将选区内斑点向皮肤一侧没有斑点的图像区域拖曳，如图 4-4 所示，出现两个选区的状态。释放鼠标，恢复最初的选区状态，此时选区内斑点已消失，如图 4-5 所示。

图 4-4

图 4-5

04 按 Ctrl + D 键取消选区，得到如图 4-6 所示的效果。

图 4-6

05 使用以上相同方法，对女孩皮肤上大的斑点进行修饰，得到如图4-7所示的效果。

图4-7

06 单击套索工具 ，在图像中圈选额头处的其余斑点部分，如图4-8所示。

图4-8

07 执行"选择 > 羽化"命令，在弹出的对话框中设置"羽化半径"为5像素，单击"确定"按钮，得到如图4-9所示的效果。

图4-9

08 执行"滤镜 > 杂色 > 蒙尘与划痕"命令，在弹出的对话框中设置各项参数如图4-10所示，单击"确定"按钮，按下快捷键 Ctrl + D 取消选区，得到如图4-11所示的效果。

图4-10

图4-11

09 单击套索工具 ，在图像中圈选鼻子处的斑点部分，如图4-12所示。执行"选择 > 羽化"命令，在弹出的对话框中设置"羽化半径"为5像素，单击"确定"按钮，得到如图4-13所示的选区效果。

图4-12

图4-13

10 执行"滤镜 > 杂色 > 蒙尘与划痕"命令，在弹出的对话框中设置各项参数如图4-14所示，单击"确定"按钮，再按下快捷键 Ctrl + D 取消选区，效果如图4-15所示。

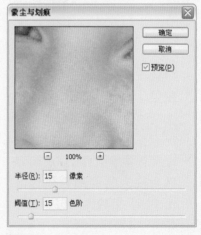

图4-14

12

图 4-15

11 单击套索工具 ，在图像中
圈选右脸颊处的斑点部分，如
图 4-16 所示。执行"选择 >
羽化"命令，在弹出的对话框
中设置"羽化半径"为 5 像素，
单击"确定"按钮，得到如图
4-17 所示的效果。

图 4-16

图 4-17

12 执行"滤镜 > 杂色 > 蒙尘与
划痕"命令，在弹出的对话框

中设置各项参数如图 4-18 所
示，单击"确定"按钮，按下
快捷键 Ctrl + D 取消选区，得
到如图 4-19 所示的效果。

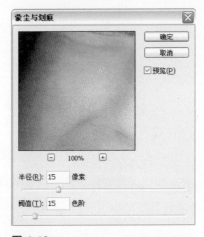

图 4-18

图 4-19

13 单击套索工具 ，在图像中圈
选左脸颊处的斑点部分，如
图 4-20 所示。执行"选择
> 羽化"命令，在弹出的对
话框中设置"羽化半径"为
5 像素，单击"确定"按钮，
得到如图 4-21 所示的效果。

图 4-20

图 4-21

14 执行"滤镜 > 杂色 > 蒙尘
与划痕"命令，在弹出的对
话框中设置各项参数如图
4-22 所示，单击"确定"按钮，
按下快捷键 Ctrl + D 取消选
区，得到如图 4-23 所示的效
果。至此，本实例制作完成。

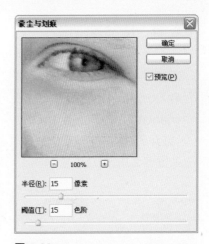

图 4-22

图 4-23

05 文字云彩

本实例运用云彩制作文字，效果独具特色，使图像充满趣味，并充分表现出云彩的流动及柔和的感觉。

1	使用功能：魔棒工具、套索工具、移动工具、变换命令、反向命令、羽化命令、色相/饱和度命令
2	配色：■ R:112 G:173 B:227　■ R:70 G:107 B:62　■ R:29 G:69 B:161
3	光盘路径：Chapter 1\05 文字云彩\complete\文字云彩.psd
4	难易程度：★★☆☆☆

操作步骤

01 执行"文件 > 打开"命令，弹出如图 5-1 所示的对话框，选择本书配套光盘中 Chapter 1\05 文字云彩\media\001.jpg 文件，单击"打开"按钮打开素材文件，如图 5-2 所示。

02 复制"背景"图层，得到图层"背景 副本"，如图 5-3 所示。

图 5-4

图 5-3

03 执行"文件 > 打开"命令，弹出如图 5-4 所示的对话框，选择本书配套光盘中 Chapter 1\05 文字云彩\media\002.jpg 文件，单击"打开"按钮打开素材文件，如图 5-5 所示。

图 5-1

图 5-2

图 5-5

14

04 单击魔棒工具 ，在属性栏上设置各项参数，如图 5-6 所示，在图像中连续单击创建选区，如图 5-7 所示。

图 5-6

图 5-7

05 执行"选择 > 羽化"命令，在弹出的对话框中设置"羽化半径"为 10 像素，如图 5-8 所示，单击"确定"按钮，得到如图 5-9 所示的效果。

图 5-8

图 5-9

06 单击移动工具 ，将选区图像拖曳至"001"图档中，如图 5-10 所示。

图 5-10

07 执行"图像 > 调整 > 色阶"命令，在弹出的对话框中设置各项参数，如图 5-11 所示，单击"确定"按钮，得到如图 5-12 所示的效果。

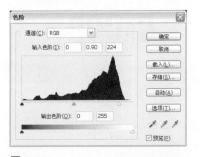

图 5-11

图 5-12

08 单击套索工具 ，在图像中创建选区，如图 5-13 所示。执行"选择 > 羽化"命令，在弹出的对话框中设置"羽化半径"为 5 像素，如图 5-14 所示，单击"确定"按钮。

图 5-13

图 5-14

09 按下 Delete 键删除选区内图像，然后按下快捷键 Ctrl + D 取消选区，效果如图 5-15 所示。

图 5-15

10 复制"图层 1"，得到"图层 1 副本"。执行"编辑 > 变换 > 水平翻转"命令翻转图像，并单击移动工具 ，按下键盘中的左右方向键调整图像的位置，如图 5-16 所示。

图 5-16

11 执行"编辑 > 自由变换"命令，显示出自由变换编辑框，拖动编辑框的节点适当调整图像的大小，如图 5-17 所示，按下 Enter 键确定变换，得到如图 5-18 所示的效果。

图 5-17

图 5-18

12 单击套索工具 ，在图像中
创建选区，如图 5-19 所示。
执行"选择 > 羽化"命令，
在弹出的对话框中设置"羽
化半径"为 5 像素，如图
5-20 所示，单击"确定"按钮。

图 5-19

图 5-20

13 按下 Delete 键删除选区内容，
并按下快捷键 Ctrl + D 取消
选区，效果如图 5-21 所示。

图 5-21

14 单击横排文字工具 ，在属
性栏上单击"显示 / 隐藏字
符和段落调板"按钮 ，在
弹出的字符面板中设置各项
参数，如图 5-22 所示，并在
图像中输入文字。然后单击
移动工具 ，按下键盘中的

上下方向键适当调整文字的
位置，如图 5-23 所示。

图 5-22

图 5-23

15 在文字图层上右击鼠标，在
弹出的快捷菜单中选择"栅
格化文字"命令，将文字图
层转化为一般图层，如图
5-24 所示。执行"编辑 >
自由变换"命令，按住 Ctrl
键拖动编辑框各角的节点适
当变形文字，按下 Enter 键
确定变换，得到如图 5-25
所示的效果。

图 5-24

图 5-25

16 选择"图层 1 副本"图层，
按下 Ctrl + E 键合并图层。
按 住 Ctrl 键单击"CLOUD"
图层前的缩略图，载入选区，
然后单击文字图层前的"指
示图层可视性"按钮 ，隐
藏该图层，如图 5-26 所示。

图 5-26

17 复制"图层 1"图层，得到
"图层 1 副本"。单击"图层
1"前的"指示图层可视性"
图标 隐藏图层。执行"选
择 > 羽化"命令，在弹出的
对话框中设置"羽化半径"
为 10 像素，如图 5-27 所示，
单击"确定"按钮，得到如
图 5-28 所示的效果。

图 5-27

图 5-28

16

18 执行"选择 > 反向"命令，如图 5-29 所示。按下 Delete 键删除选区内图像，然后再按下快捷键 Ctrl + D 取消选区，得到如图 5-30 所示的效果。

图 5-29

图 5-30

19 选择"背景副本"图层，单击魔棒工具，在属性栏上设置各项参数，如图 5-31 所示，然后在图像中连续单击选中云雾图像，如图 5-32 所示。

图 5-31

图 5-32

20 执行"选择 > 羽化"命令，在弹出的对话框中设置"羽化半径"为 10 像素，如图 5-33 所示，单击"确定"按钮，得到的效果如图 5-34 所示。

图 5-33

图 5-34

21 执行"图像 > 调整 > 色阶"命令，在弹出的对话框中设置各项参数，如图 5-35 所示，单击"确定"按钮，得到如图 5-36 所示的效果。

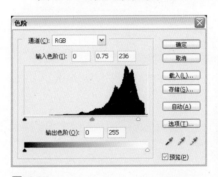

图 5-35

图 5-36

22 执行"图像 > 调整 > 色相/饱和度"命令，在弹出的对话框中设置各项参数，如图 5-37 所示，单击"确定"按钮，得到如图 5-38 所示的效果。

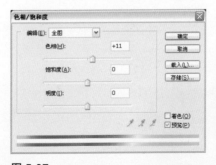

图 5-37

图 5-38

23 单击套索工具，在属性栏上设置各项参数如图 5-39 所示，然后在图像中创建选区，如图 5-40 所示。

图 5-39

图 5-40

24 执行"图像 > 调整 > 色相/饱和度"命令，在弹出的对话框中设置各项参数如图 5-41 所示，单击"确定"按钮，得到如图 5-42 所示的效果。

17

图 5-41

图 5-42

25 单击"CLOUD"图层前的"指示图层可视性"图标👁，显示该图层，如图 5-43 所示。单击套索工具 ⟨⟩，在图像中创建选区，如图 5-44 所示。

图 5-43

图 5-44

26 执行"选择 > 羽化"命令，在弹出的对话框中设置"羽化半径"为 10 像素，单击"确定"按钮，得到的效果如图 5-45 所示。

图 5-45

27 单击"指示图层可视性"图标👁，隐藏"DLOUD"图层，效果如图 5-46 所示。按下 Delete 键删除选区内图像，再按下快捷键 Ctrl + D 取消选区，得到如图 5-47 所示的效果。

图 5-46

图 5-47

28 按住 Ctrl 键单击"图层 1"前的缩略图，载入选区，如图 5-48 所示。

图 5-48

29 执行"选择 > 羽化"命令，在弹出的对话框中设置"羽化半径"为 30 像素，如图 5-49 所示，单击"确定"按钮，得到的效果如图 5-50 所示。

图 5-49

图 5-50

30 执行"选择 > 反向"命令反选选区，按下 Delete 键删除选区内图像，再按下快捷键 Ctrl + D 取消选区，得到如图 5-51 所示的效果。

图 5-51

31 单击套索工具 ⟨⟩，在属性栏上设置各项参数，如图 5-52 所示，然后在图像中创建选区，如图 5-53 所示。

图 5-52

图 5-53

32 执行"选择 > 羽化"命令，在弹出的对话框中设置"羽化半径"为 10 像素，单击"确定"按钮。按下 Delete 键删除选区内图像，再按下快捷键 Ctrl + D 取消选区，完成效果如图 5-54 所示。至此，本实例制作完成。

图 5-54

06 镂空纸孔效果

本实例通过图形的错位处理，制作带有立体阴影的纸孔镂空效果，画面图像突出纸的质感，色彩明快，充分表现出图片轻松趣味的主题。

1	使用功能：矩形工具、椭圆工具、横排文字工具、收缩命令、自定形状工具
2	配色： R:165 G:211 B:151　　R:248 G:200 B:180　　R:222 G:201 B:208　　R:240 G:150 B:193
3	光盘路径：Chapter 1\06 镂空纸孔效果\complete\镂空纸孔效果.psd
4	难易程度：★★☆☆☆

操作步骤

01 执行"文件 > 新建"命令，打开"新建"对话框，在弹出的对话框中设置"宽度"为 8 厘米、"高度"为 6 厘米、"分辨率"为 350 像素 / 英寸，如图 6-1 所示。完成设置后，单击"确定"按钮，新建一个图像文件。

图 6-1

02 在图层面板上新建图层"图层 1"。单击前景色图标，在弹出的"拾色器"对话框中设置颜色为蓝色（R:208 G:237 B:253），单击"确定"按钮，如图 6-2 所示。

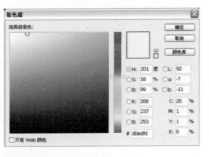

图 6-2

03 单击矩形工具 ，在属性栏上单击"填充像素"按钮，并在画面中绘制适当大小的矩形图像，如图 6-3 所示。

图 6-3

04 设置前景色为黄色（R:255 G:247 B:149）。新建图层"图层 2"，如图 6-4 所示。

图 6-4

05 单击矩形工具 ，在画面中绘制适当大小的矩形图像，如图 6-5 所示。

图 6-5

19

06 新建图层"图层3",单击椭圆工具◎,在属性栏上单击"填充像素"按钮▣,并在制适当大小的椭圆图像,如图6-6所示。

图6-6

07 设置前景色为绿色(R:165 G:211 B:151),然后新建图层"图层4",如图6-7所示。

图6-7

08 单击矩形工具▣,在画面左下角绘制适当大小的矩形图像,如图6-8所示。

图6-8

09 将"图层4"拖曳至"创建新图层"按钮▣上,复制得到"图层4副本"。单击

移动工具▶⊕,水平移动调整图像的位置,如图6-9所示。

图6-9

10 设置前景色为红色(R:248 G:200 B:180)。单击油漆桶工具◇,对复制的矩形图像进行颜色填充,如图6-10所示。

图6-10

11 将"图层4副本"拖曳至"创建新图层"按钮▣上,复制得到"图层4副本2"。单击移动工具▶⊕,水平移动图像,调整位置,如图6-11所示。

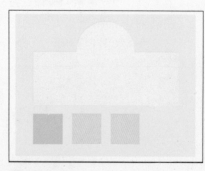

图6-11

12 设置前景色为紫色(R:222 G:201 B:228),单击油漆桶工具◇,对复制的矩形图像进行颜色填充,效果如图6-12所示。

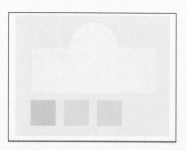

图6-12

13 将"图层4副本2"拖曳至"创建新图层"按钮▣上,复制得到"图层4副本3",如图6-13所示。单击移动工具▶⊕,水平移动图像,调整位置,如图6-14所示。

图6-13

图6-14

14 设置前景色为红色(R:240 G:150 B:193)。单击油漆桶工具◇,对复制的矩形图像进行颜色填充,效果如图6-15所示。

图6-15

20

15 按住 Ctrl 键单击"图层 3"前的缩略图，载入选区。执行"选择 > 修改 > 收缩"命令，在弹出的对话框中设置"收缩量"为 10 像素，如图 6-16 所示，单击"确定"按钮，得到如图 6-17 所示的效果。

图 6-16

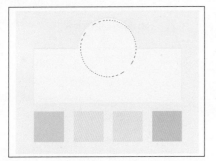

图 6-17

16 单击路径面板上的扩展按钮 ⊙，在弹出的下拉菜单中选择"建立工作路径"命令，并在随后弹出的对话框中设置"容差"为 1.0 像素，如图 6-18 所示，单击"确定"按钮，得到如图 6-19 所示的路径效果。

图 6-18

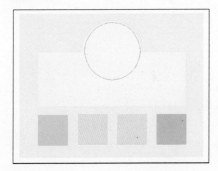

图 6-19

17 单击横排文字工具 T，在属性栏上单击"显示 / 隐藏字符和段落调板"按钮 📋，在弹出的字符面板中设置各项参数，如图 6-20 所示。然后在图像中路径处单击输入圆点符号，得到如图 6-21 所示的效果。

图 6-20

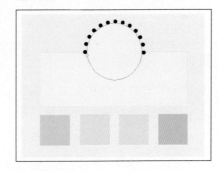

图 6-21

18 单击横排文字工具 T，在图像中输入圆点符号，如图 6-22 所示，系统自动生成新的文字图层，如图 6-23 所示。

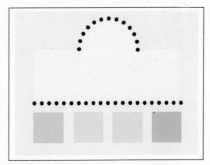

图 6-22

图 6-23

19 将图层"文字 1"拖曳至"创建新图层"按钮 📄 上，复制得到图层"文字 1 副本"，在图层上右击鼠标，在弹出的快捷菜单中选择"栅格化文字"命令，将文字图层转化为一般图层。单击移动工具 ⊕，按下键盘中的方向键移动图像，调整位置，如图 6-24 所示。

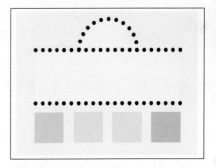

图 6-24

20 将图层"文字 1 副本"拖曳至"创建新图层"按钮 📄 上，复制得到图层"文字 1 副本 2"。执行"编辑 > 变换 > 旋转 90 度（顺时针）"命令，单击移动工具 ⊕，将旋转后的图像移动至矩形左侧边缘，然后单击橡皮擦工具 ⊘，擦去多余的图像，效果如图 6-25。

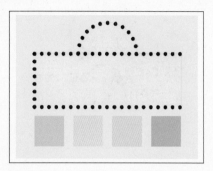

图 6-25

21 将图层〝文字 1 副本 2〞拖曳至〝创建新图层〞按钮 ▣ 上，复制得到图层〝文字 1 副本 3〞。单击移动工具 ▶♦，将图像移动至矩形右侧边缘位置。然后单击橡皮擦工具 ✐，擦去多余的图像，效果如图 6-26 所示。

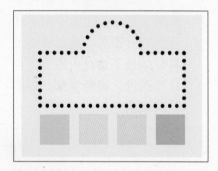

图 6-26

22 使用与上面相同方法，为图像其他部分添加边框，得到如图 6-27 所示的效果。

图 6-27

23 按下 D 键将颜色设置为默认色。按住 Shift 键选中所有边框图层，按下快捷键 Ctrl + E 进行合并，如图 6-28 所示。然后按住 Ctrl 键单击合并图层前的缩略图，选中边框。

按下快捷键 Ctrl + Delete 使用背景色进行填充，最后按下快捷键 Ctrl + D 取消选区，得到的效果如图 6-29 所示。

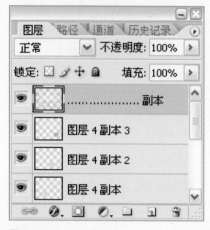

图 6-28

图 6-29

24 按住 Shift 键选中除背景图层外的所有图层，按下快捷键 Ctrl + E 进行合并，并将图层名更改为〝图层 1〞，如图 6-30 所示。单击魔棒工具 ✎，按住 Shift 键在图像中进行选取，并按下 Delete 键删除选区内图像，如图 6-31 所示。

图 6-30

图 6-31

25 单击魔棒工具 ✎，选中黄色图像区域，按下快捷键 Ctrl + X 进行剪切，再按下快捷键 Ctrl+V 进行粘贴，然后单击移动工具 ▶♦，按下键盘中的方向键适当移动图像的位置，如图 6-32 所示。

图 6-32

26 在〝图层 2〞的灰色区域双击，弹出〝图层样式〞对话框，设置参数如图 6-33 所示，单击〝确定〞按钮，得到如图 6-34 所示的效果。

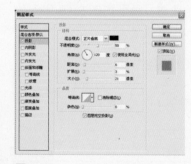

图 6-33

图 6-34

22

27 单击魔棒工具 ，选中绿色方框图像，按下快捷键 Ctrl + X 进行剪切，再按下快捷键 Ctrl +V 进行粘贴，然后单击移动工具 ，按下键盘中的方向键来适当移动图像的位置，效果如图 6-35 所示。

图 6-35

28 在"图层 3"的灰色区域双击，弹出"图层样式"对话框，设置参数如图 6-36 所示，单击"确定"按钮，得到如图 6-37 所示的效果。

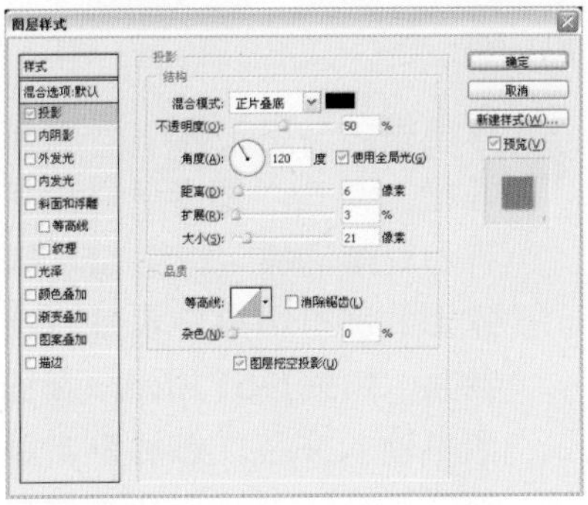

图 6-36

图 6-37

29 使用与上面相同的方法，对图像其他图层进行设置，得到如图 6-38 所示的效果。

图 6-38

30 选择"图层 5"图层，执行"编辑 > 自由变换"命令，显示出自由变换编辑框，如图 6-39 所示旋转图像，按下 Enter 键确定变换，得到如图 6-40 所示的效果。

图 6-39

图 6-40

31 设置前景色为灰色（R:119 G:122 B:127）。单击自定形状工具 ，在属性栏上单击"填充像素"按钮 ，选择"形状"为"飞机"，如图 6-41 所示。在画面中绘制图像，效果如图 6-42 所示。

图 6-41

图 6-42

32 单击自定形状工具 ，选择"形状"为"音量"，如图 6-43 所示。在画面中绘制图像，如图 6-44 所示。

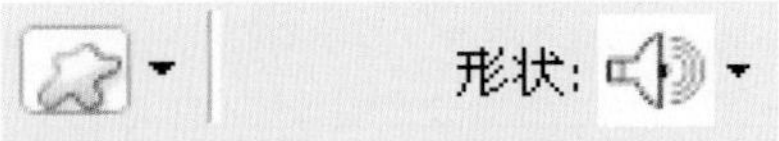

图 6-43

图 6-44

33 单击自定形状工具 ，选择"形状"为"汽车 2"，如图 6-45 所示。在画面中绘制图像，并执行"编辑 > 自由变换"命令，对"汽车 2"图像进行适当旋转，效果如图 6-46 所示。

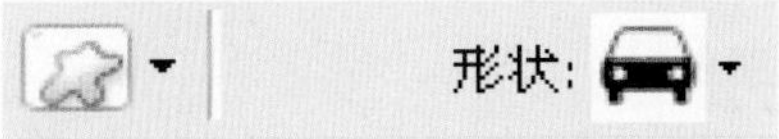

图 6-45

图 6-46

34 单击自定形状工具 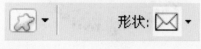，选择"形状"为"信封 2"，如图 6-47 所示。在画面中绘制图像，效果如图 6-48 所示。

图 6-47

图 6-48

35 设置前景色为灰色（R:163 G:166 B:171）。单击自定形状工具 ，选择形状为"10 角星"，如图 6-49 所示。在画面中绘制图像，效果如图 6-50 所示。

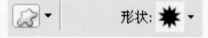

图 6-49

图 6-50

36 单击魔棒工具 ，选中"10 角星"图像。执行"编辑 > 描边"命令，在弹出的对话框中设置各项参数，如图 6-51 所示，单击"确定"按钮。按下 Delete 键删除图像，再按下快捷键 Ctrl + D 取消选区，得到如图 6-52 所示的效果。

图 6-51

图 6-52

37 单击椭圆选框工具 ，在画面中创建正圆选区，如图 6-53 所示。执行"编辑 > 描边"命令，在弹出的对话框中保持默认设置，单击"确定"按钮。按下 Delete 键删除选区内图像，再按下快捷键 Ctrl + D 取消选区，得到的效果如图 6-54 所示。

图 6-53

图 6-54

38 单击椭圆工具 ，在圆形图像中绘制两个圆点。然后单击钢笔工具 ，在圆点下方绘制路径，如图 6-55 所示。单击路径面板上"用前景色填充路径"按钮 ，得到如图 6-56 所示的效果。

图 6-55

图 6-56

39 单击横排文字工具 ，在属性栏上单击"显示 / 隐藏字符和段落调板"按钮 ，在弹出的字符面板中设置各项参数，如图 6-57 所示。在图像中输入文字。然后单击移动工具 ，按下键盘中的方向键适当调整文字的位置，效果如图 6-58 所示。

图 6-57

24

图 6-58

40 单击横排文字工具 [T]，在字符面板中设置各项参数，如图 6-59 所示，并在图像中输入文字。然后单击移动工具 [图]，按下键盘中的方向键适当调整文字的位置，效果如图 6-60 所示。

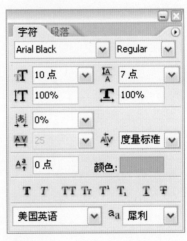

图 6-59

图 6-60

41 单击自定形状工具 [图]，选择"形状"为"5 角星"，如图 6-61 所示。在画面中绘制图像，效果如图 6-62 所示。

图 6-61

图 6-62

42 将"图层 14"拖曳至"创建新图层"按钮 [图] 上，复制得到"图层 14 副本"图层。单击移动工具 [图]，水平移动"5 角星"的位置，得到的效果如图 6-63 所示。至此，本实例制作完成。

图 6-63

07 图案文字

本实例要制作将文字镂空在图案中的效果，使用自定形状工具绘制图案并变形颜色，运用钢笔工具绘制出椰树图案，结合背景中的飞机图案，整体画面风格清新淡雅，图片独具夏天的韵味。

1	使用功能：渐变工具、自定形状工具、魔棒工具、文字工具、自由变换命令、图层样式
2	配色：　R:248 G:248 B:220　■ R:131 G:200 B:231　■ R:69 G:181 B:232
3	光盘路径：Chapter 1\07 图案文字\complete\图案文字.psd
4	难易程度：★★☆☆☆

操作步骤

01 执行"文件 > 新建"命令，打开"新建"对话框，在弹出的对话框中设置"宽度"为 8 厘米、"高度"为 6 厘米、"分辨率"为 350 像素 / 英寸如图 7-1 所示。完成设置后单击"确定"按钮，新建一个图像文件。

图 7-1

02 新建图层"图层 1"。单击矩形选框工具，在画面中创建一个适当大小的矩形选区，如图 7-2 所示。设置前景色为黄色（R:239 G:185 B:19），背景色为蓝色（R:11 G:178 B:247），单击渐变工具，并单击属性栏上的"线

性渐变"按钮，然后在选区中从上到下拖动鼠标，应用前景色到背景色的渐变填充，完成效果如图 7-3 所示。

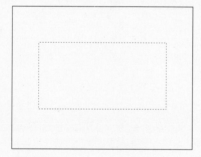

图 7-2

图 7-3

03 设置前景色为蓝色（R:153 G:207 B:255），新建图层"图层 2"。单击自定形状工具，在

属性栏上单击"填充像素"按钮，选择"形状"为"靶心"，如图 7-4 所示，然后在画面中绘制一个适当大小的靶心图案，如图 7-5 所示。

图 7-4

图 7-5

04 单击魔棒工具，在画面中创建选区，如图 7-6 所示。设置前景色为蓝色（R:110 G:184 B:255），按下快捷键 Alt + Delete 进行填充，然后按下快捷键 Ctrl + D 取消选区，效果如图 7-7 所示。

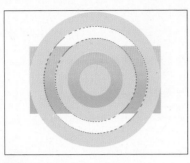

图 7-6

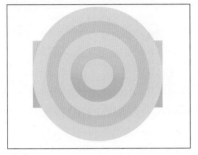

图 7-7

05 单击魔棒工具 ，在图像中创建选区，如图 7-8 所示。设置前景色为蓝色（R:65 G:158 B:255），按下快捷键 Alt + Delete 进行填充，然后按下快捷键 Ctrl + D 取消选区，效果如图 7-9 所示。

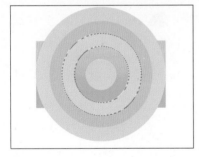

图 7-8

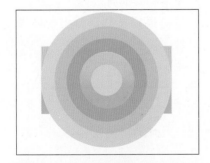

图 7-9

06 单击魔棒工具 ，在图像中创建选区，如图 7-10 所示。设置前景色为蓝色（R:25

G:130 B:255），按下快捷键 Alt + Delete 进行填充，然后按下快捷键 Ctrl + D 取消选区，效果如图 7-11 所示。

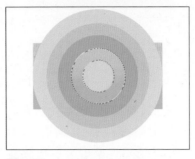

图 7-10

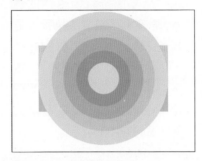

图 7-11

07 单击魔棒工具 ，在图像中创建选区，如图 7-12 所示。设置前景色为蓝色（R:3 G:103 B:222），按下快捷键 Alt + Delete 进行填充，然后按下快捷键 Ctrl + D 取消选区，效果如图 7-13 所示。

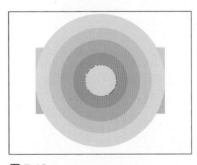

图 7-12

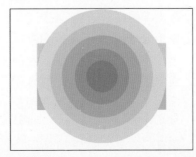

图 7-13

08 将"图层 1"拖曳至"图层 2"上方，如图 7-14 所示，得到如图 7-15 所示的效果。

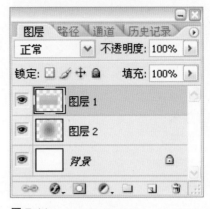

图 7-14

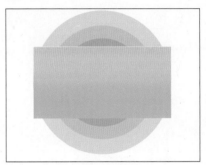

图 7-15

09 设置"图层 1"的"不透明度"为 60%，如图 7-16 所示，得到如图 7-17 所示的效果。

图 7-16

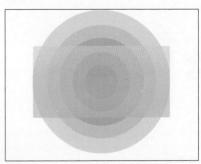

图 7-17

10 单击横排文字工具 T ，在字符面板中设置各项参数如图 7-18 所示，然后在画面中输入如图 7-19 所示的文字。单击移动工具 ，按下键盘中的方向键适当调整文字的位置。

图 7-18

图 7-19

11 执行"编辑 > 自由变换"命令，显示出自由变换编辑框，拖动编辑框的节点适当调整文字的大小，如图 7-20 所示，然后按下 Enter 键确定变换，得到如图 7-21 所示的效果。

图 7-20

图 7-21

12 按住 Ctrl 键单击文字图层前的缩略图，载入选区如图 7-22 所示。单击文字图层前的"指示图层可视性"图标 隐藏文字图层。执行"选择 > 反向"命令，分别选择"图层 1"和"图层 2"，按下 Delete 键删除图像，然后按下快捷键 Ctrl + D 取消选区，如图 7-23 所示。

图 7-22

图 7-23

13 在文字图层上新建"图层 3"，按下 D 键将颜色设置为默认色。单击钢笔工具 ，在画面中绘制路径，如图 7-24 所示。单击路径面板上"用前景色填充路径"按钮 进行填充，效果如图 7-25 所示。

图 7-24

图 7-25

14 复制"图层 3"。执行"编辑 > 自由变换"命令，拖动自由变换编辑框适当调整图像的大小，按下 Enter 键确定变换，得到如图 7-26 所示的效果。

图 7-26

15 使用相同的方法，对"图层 3"进行重复复制及自由变换操作，得到如图 7-27 所示的效果。

图 7-27

16 单击钢笔工具 ，在画面中绘制路径，如图 7-28 所示。单击路径面板上"用前景色填充路径"按钮 进行填充，效果如图 7-29 所示。

图 7-28

图 7-29

17 按住 Shift 键选择"图层 3"及所有复制图层，然后按下快捷键 Ctrl + E 合并图层。执行"编辑 > 自由变换"命令，拖动自由变换编辑框调整图像的大小，按下 Enter 键确定变换。然后单击移动工具 ，拖动图像调整位置，得到如图 7-30 所示的效果。其图层如图 7-31 所示。

图 7-30

图 7-31

18 复制"图层 3 副本 7"，得到图层"图层 3 副本 8"。执行"编辑 > 自由变换"命令，拖动自由变换编辑框调整图像的大小，按下 Enter 键确定变换，然后单击移动工具 ，调整图像的位置，得到如图 7-32 所示的效果。

图 7-32

19 按住 Ctrl 键单击文字图层前的缩略图，执行"选择 > 反向"命令反选选区，如图 7-33 所示。按 Delete 键分别删除"图层 3 副本 8"及"图层 3 副本 7"的图像，然后按快捷键 Ctrl + D 取消选区，得到如图 7-34 所示的效果。

图 7-33

图 7-34

20 新建图层"图层 3"。单击自定形状工具 ，在属性栏上单击"填充像素"按钮 ，选择"形状"为"伞"，如图 7-35 所示，在画面中绘制适当大小的图案，效果如图 7-36 所示。

形状

图 7-35

图 7-36

21 执行"编辑 > 自由变换"命令，拖动自由变换编辑框适当旋转图像，如图 7-37 所示，然后按下 Enter 键确定变换，得到如图 7-38 所示的效果。

图 7-37

图 7-38

22 按住 Ctrl 键单击文字图层前的缩略图，执行"选择 > 反向"命令反选选区，如图 7-39 所示。按下 Delete 键删除"图层 3"的图像，然后按 Ctrl + D 键取消选区，得到如图 7-40 所示的效果。

图 7-39

图 7-40

23 设置前景色为白色，新建图层"图层 4"。单击自定形状工具，在属性栏上单击"填充像素"按钮，选择"形状"为"花 1"，如图 7-41 所示。在画面中绘制若干大小不一的花形图案，如图 7-42 所示。

　　　形状：✽ ▾

图 7-41

图 7-42

24 设置"图层 4"的"不透明度"为 50%，如图 7-43 所示，得到如图 7-44 所示的效果。

图 7-43

图 7-44

25 设置前景色为黄色（R:248 G:248 B:220），在"背景"图层上新建图层"图层 5"。单击自定形状工具，在属性栏上单击"填充像素"按钮，选择"形状"为"飞机"，如图 7-45 所示。在画面中绘制一个适当大小的飞机图案，如图 7-46 所示。

　　　形状：✈ ▾

图 7-45

图 7-46

26 执行"编辑 > 自由变换"命令，拖动自由变换编辑框适当旋转飞机图像，按下 Enter 键确定变换，得到如图 7-47 所示的效果。

图 7-47

27 在"图层 1"的灰色区域双击鼠标，在弹出的"图层样式"对话框中设置各项参数，如图 7-48 所示，单击"确定"按钮，得到如图 7-49 所示的效果。至此，本实例制作完成。

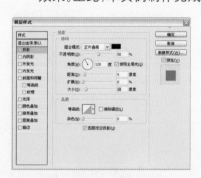

图 7-48

图 7-49

08 像素化图像

APPLE TREE NO.1
SPRIN SUMMER AUTUN WINTER

像素化图像是目前比较流行的设计效果。本实例制作的像素化图案简洁明快，色彩鲜艳，具有比较鲜明跳跃的画面效果，文字的搭配更令整体风格统一，融合自然。

1 🔍 使用功能：缩放工具、矩形选框工具、参考线命令、定义图案命令

2 🎨 配色：　☐ R:255 G:255 B:126　☐ R:103 G:231 B:254　☐ R:102 G:204 B:51　☐ R:255 G:163 B:153

3 💿 光盘路径：Chapter 1\08 像素化图像\complete\像素化图像.psd

4 🗂 难易程度：★★☆☆☆

操作步骤

01 执行"文件 > 新建"命令，在弹出的对话框中设置"宽度"为 18 像素、"高度"为 18 像素，"分辨率"为 72 像素 / 英寸，如图 8-1 所示。完成设置后，单击"确定"按钮，新建一个图像文件。

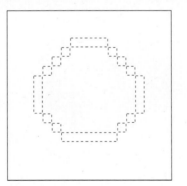

图 8-3

03 设置前景色为绿色（R:2 G:158 B:28），新建图层"图层 1"。按下快捷键 Alt + Delete 填充选区，最后按下快捷键 Ctrl + D 取消选区，效果如图 8-4 所示。

04 设置前景色为绿色（R:26 G:186 B:39）。单击矩形选框工具 ▣，在图像中创建选区，如图 8-5 所示。按下快捷键 Alt + Delete 进行填充，然后按下快捷键 Ctrl + D 取消选区，效果如图 8-6 所示。

图 8-5

31

图 8-1

02 单击缩放工具 🔍，在图像中连续单击，放大图像至最大状态。单击矩形选框工具 ▣，在属性栏上单击"添加到选区"按钮 ▣，并如图 8-2 所示对其样式进行设置，然后在画面中创建选区，如图 8-3 所示。

样式：固定大小 ▾ 宽度：1 px ⇄ 高度：1 px

图 8-2

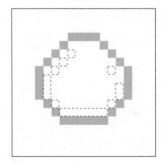

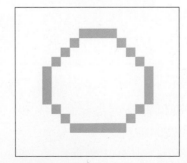

图 8-4

图 8-6

05 设置前景色为绿色（R:100 G:207 B:48）。单击矩形选框工具，在图像中创建选区，如图 8-7 所示。按下快捷键 Alt＋Delete 进行填充，然后按下快捷键 Ctrl＋D 取消选区，效果如图 8-8 所示。

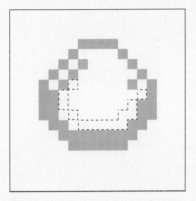

图 8-7

图 8-8

06 设置前景色为绿色（R:153 G:238 B:4）。单击矩形选框工具，在图像中创建选区，如图 8-9 所示。按下快捷键 Alt＋Delete 进行填充，然后按下快捷键 Ctrl＋D 取消选区，效果如图 8-10 所示。

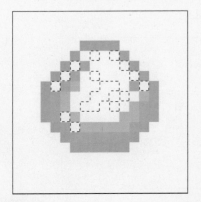

图 8-9

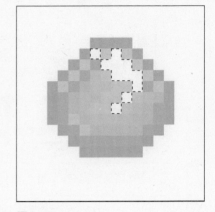

图 8-10

07 设置前景色为绿色（R:116 G:232 B:60）。单击矩形选框工具，在图像中创建选区，如图 8-11 所示。按下快捷键 Alt＋Delete 进行填充，然后按下快捷键 Ctrl＋D 取消选区，效果如图 8-12 所示。

图 8-11

图 8-12

08 设置前景色为绿色（R:185 G:254 B:64）。单击魔棒工具，在图像中创建选区，如

图 8-13 所示。按下快捷键 Alt＋Delete 进行填充，然后按下快捷键 Ctrl＋D 取消选区，效果如图 8-14 所示。

图 8-13

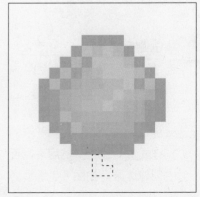

图 8-14

09 设置前景色为褐色（R:114 G:54 B:1）。单击矩形选框工具，在图像中创建选区，如图 8-15 所示。按下快捷键 Alt＋Delete 进行填充，最后按下快捷键 Ctrl＋D 取消选区，效果如图 8-16 所示。

图 8-15

图 8-16

10 设置前景色为浅褐色（R:164 G:79 B:3）。单击矩形选框工具 □，在图像中创建选区，如图 8-17 所示。按下快捷键 Alt + Delete 进行填充，然后按下快捷键 Ctrl + D 取消选区，效果如图 8-18 所示。

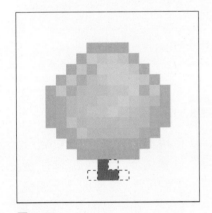

图 8-17

图 8-18

11 执行"视图 > 新建参考线"命令，在弹出的对话框中设置各项参数，如图 8-19 和图 8-20 所示，单击"确定"按钮，完成后效果如图 8-21 所示。

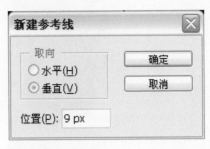

图 8-19

图 8-20

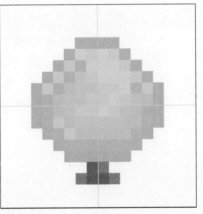

图 8-21

12 在"背景"图层上新建图层"图层 2"，设置前景色为绿色（R:138 G:207 B:16）。按下快捷键 Alt + Delete 进行填充，图层面板如图 8-22 所示，完成效果如图 8-23 所示。

图 8-22

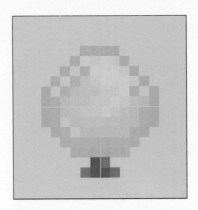

图 8-23

13 选择"图层 1"，单击矩形选框工具 □，如图 8-24 所示将样式设置为"正常"，然后在图像中创建选区，如图 8-25 所示。

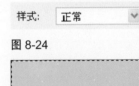

图 8-24

图 8-25

14 按下快捷键 Ctrl + J 复制粘贴选区图像，自动生成新图层"图层 3"。单击移动工具 ，按下键盘中的方向键适当调整图像的位置，如图 8-26 所示。

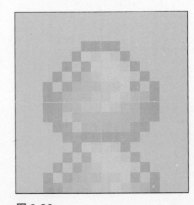

图 8-26

15 选择"图层1"，单击矩形选框工具 ⬚，在图像中创建选区，如图8-27所示。按下快捷键Ctrl＋J复制粘贴选区图像，自动生成"图层4"。单击移动工具 ⯈，按下键盘中的方向键适当调整图像的位置，如图8-28所示。

图 8-27

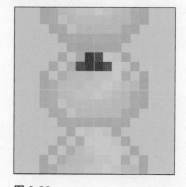

图 8-28

16 选择"图层1"，单击矩形选框工具 ⬚，在图像中创建选区，如图8-29所示。按下快捷键Ctrl＋J复制粘贴选区图像，自动生成"图层5"。单击移动工具 ⯈，按下键盘中的方向键适当调整图像的位置，如图8-30所示。

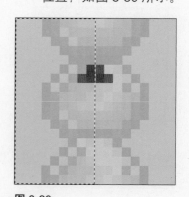

图 8-29

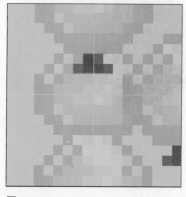

图 8-30

17 复制"图层5"，得到新的"图层5副本"。执行"编辑＞变换＞水平翻转"命令，然后单击移动工具 ⯈，按下键盘中的方向键调整图像的位置，如图8-31所示。然后按下快捷键Ctrl＋H隐藏参考线，并单击"图层1"前"指示图层可视性"图标 ◉，隐藏图层，效果如图8-32所示。

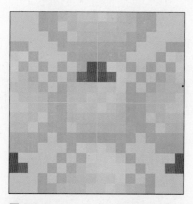

图 8-31

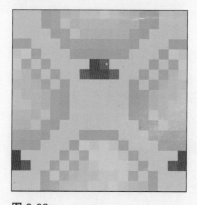

图 8-32

18 执行"编辑＞定义图案"命令，在弹出的对话框中设置名称为"绿色"，单击"确定"按钮，如图8-33所示。

图 8-33

19 使用相同方法，制作出粉色像素图案，如图8-34所示。然后执行"编辑＞定义图案"命令，在弹出的对话框中设置名称为"粉色"，单击"确定"按钮，如图8-35所示。

图 8-34

图 8-35

20 使用相同方法，制作出橙色像素图案，如图8-36所示。然后执行"编辑＞定义图案"命令，在弹出的对话框中设置名称为"橙色"，单击"确定"按钮，如图8-37所示。

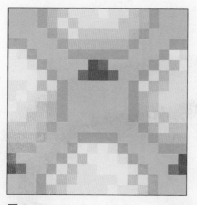

图 8-36

图 8-37

21 使用相同的方法，制作出蓝色像素图案，如图 8-38 所示。然后执行"编辑 > 定义图案"命令，在弹出的对话框中设置名称为"蓝色"，单击"确定"按钮，如图 8-39 所示。

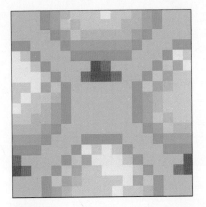

图 8-38

图 8-39

22 执行"文件 > 新建"命令，在弹出的对话框中设置"宽度"为 8 厘米、"高度"为 6 厘米，"分辨率"为 72 像素 / 英寸，如图 8-40 所示。完成设置后，单击"确定"按钮，新建一个图像文件。

图 8-40

23 按下 D 键将颜色设置为默认色，新建图层"图层 1"。单击矩形工具，在属性栏上单击"几何选项"按钮，在弹出的面板中设置各项参数，如图 8-41 所示，然后在图像中绘制矩形，如图 8-42 所示。

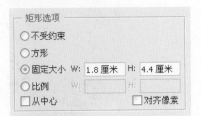

图 8-41

图 8-42

24 连续复制三次"图层 1"，单击移动工具，按下键盘中的方向键调整图像的位置，如图 8-43 所示。

图 8-43

25 按住 Shift 键选中"图层 1"及其复制图层，单击移动工具，在属性栏上单击"水平居中分布"按钮，如图 8-44 所示，得到如图 8-45 所示的效果。

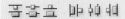

图 8-44

图 8-45

26 单击"指示图层可视性"图标，隐藏"图层 1"及其复制图层。然后在"图层 1 副本 3"上新建图层"图层 2"。执行"编辑 > 填充"命令，在弹出的对话框中设置各项参数如图 8-46 所示，单击"确定"按钮，得到如图 8-47 所示的效果。

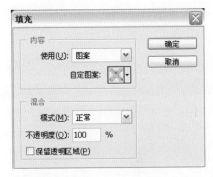

图 8-46

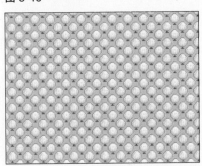

图 8-47

27 按住 Ctrl 键单击"图层 1"前的缩略图，载入选区。然后按下快捷键 Shift+Ctrl+I 进行反选，如图 8-48 所示。按下 Delete 键删除选区内图像，然后按下快捷键 Ctrl + D 取消选区，效果如图 8-49 所示。

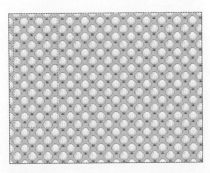

图 8-48

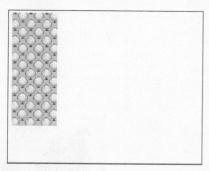

图 8-49

28 使用上面的方法，依次将绘制的图案进行填充，得到如图 8-50 所示的效果。

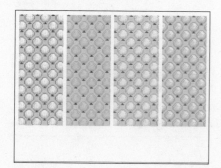

图 8-50

29 单击横排文字工具 T，在弹出的字符面板中设置各项参数如图 8-51 所示。在画面中输入文字。然后单击移动工具，按下键盘中的方向键适当调整文字的位置，如图 8-52 所示。

图 8-51

图 8-52

30 单击横排文字工具 T，在弹出的字符面板中设置各项参数如图 8-53 所示。在画面中输入文字，然后单击移动工具，按下键盘中的方向键调整文字的位置，效果如图 8-54 所示。

图 8-53

图 8-54

31 单击横排文字工具 T，在弹出的字符面板中设置各项参数如图 8-55 所示，并在画面中输入文字。然后单击移动工具，按下键盘中的方向键适当调整文字的位置，如图 8-56 所示。

图 8-55

图 8-56

32 返回"绿色"图档，将"图层 1"内如图 8-57 所示的图像拖曳至"像素化图像"图档中，如图 8-58 所示。至此，本实例制作完成。

图 8-57

图 8-58

36

Chapter

图像的初级加工厂

学习重点 ┃

本章主要对图像进行简单的加工处理，制作出各种色彩对比鲜明，具备动感及时尚气息的图片效果，在广告宣传或图片特效制作中可以广泛应用。重点在于图像的特效加工，以及了解和掌握各种工具和滤镜的使用。

技能提示 ┃

通过本章的学习，可以让读者较为熟练地操作Photoshop，增强读者对于图像处理的想像力及动手能力，在制作加工图片时，能得心应手地利用所学的知识，融入自己的创意，手脑结合，制作出更多精美的作品。

本章实例 ┃

09 矢量化效果　　　　　12 图像高反差效果
10 蓝天白云翱翔图　　　13 镜头旋转特效
11 彩条图像特效　　　　14 宠物相片夹

效果展示 ┃

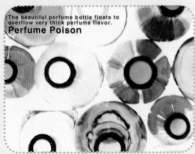

09 矢量化效果

本实例通过使用画笔工具，结合木刻滤镜的应用，将简单的图像制作得富有诗意和艺术感，使画面趣味横生，整体色彩丰富和谐，颇有绘画的意味。

1 🔍 使用功能：画笔工具、木刻滤镜、矩形选框工具、移动工具

2 🎨 配色： R:244 G:238 B:217　■ R:254 G:158 B:110　■ R:112 G:143 B:193　■ R:196 G:224 B:151

3 💿 光盘路径：Chapter 2\09 矢量化效果\complete\矢量化效果.psd

4 🗺 难易程度：★☆☆☆☆

操作步骤

01 执行"文件 > 打开"命令，在弹出的对话框中选择本书配套光盘中 Chapter 2\09 矢量化效果 \media\001.jpg 文件，单击"打开"按钮打开素材文件，如图 9-1 所示。

图 9-1

02 新建图层"图层 1"，单击画笔工具 🖉，在属性栏上设置

直径较大的柔角画笔，然后单击工作界面右上角的"切换画笔调板"按钮，在弹出的面板中勾选"其他动态"复选框，然后设置"不透明度抖动"的"控制"为"渐隐"，如图 9-2 所示。

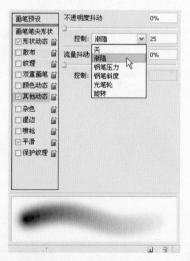

图 9-2

03 选择"图层 1"，将前景色设置为 R:255 G:184 B:128，画笔的"不透明度"设置为 80%，如图 9-3 所示，在画面

中进行描绘，如图 9-4 所示。

图 9-3

图 9-4

04 为了使画面更丰富，分别将前景色设置为 R:255 G:247 B:116 和 R:126 G:172 B:100，分别进行描绘，如图 9-5 所示。可多次进行描绘，得到理想的效果。

图 9-5

05 按下快捷键 Ctrl +E 合并图层，如图 9-6 所示。执行"滤镜 > 艺术效果 > 木刻"命令，弹出"木刻"对话框，设置各项参数如图 9-7 所示，然后单击"确定"按钮，得到效果如图 9-8 所示。

图 9-6

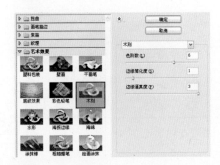

图 9-7

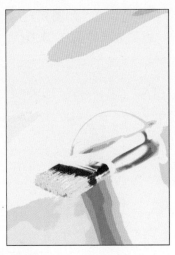

图 9-8

06 新建图层"图层 1"，单击吸管工具 ✎，吸取图片上的颜色，如图 9-9 所示，然后选择"图层 1"，单击画笔工具 ✎ 进行反复描绘并修饰残缺图像，得到如图 9-10 所示的效果。

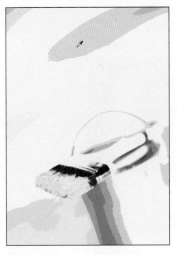

图 9-9

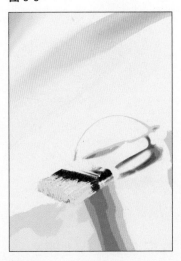

图 9-10

07 单击横排文字工具 Ⓣ，输入数字"2"，并设置文字颜色为 R:127 G:193 B:255。然后在图层面板上将"不透明度"设为 20%，如图 9-11 所示，得到如图 9-12 所示的效果。

图 9-11

图 9-12

08 继续添加数字，并设置不同的文字颜色，对数字分别进行变形，并调整大小和位置，效果如图 9-13 所示。

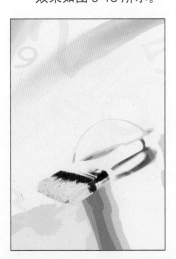

图 9-13

09 新建图层"图层2"，单击矩形选框工具，创建矩形选区，如图9-14所示。将所选区域填充为白色，然后在图层面板上将"不透明度"改为60%，如图9-15所示，得到的效果如图9-16所示。

图9-14

图9-15

图9-16

10 单击横排文字工具，在矩形框中输入文字并对字体等

参数进行设置，如图9-17所示，得到效果如图9-18所示。

图9-17

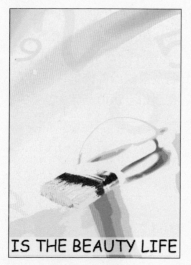

图9-18

11 选择文字图层，单击横排文字工具，将字母"I"的颜色设置为蓝色（R:121 G:200 B:255），如图9-19所示。

图9-19

12 根据画面需要，选择文字图层中的每个单词的首字母，分别设置不同的颜色进行填充，效果如图9-20所示。

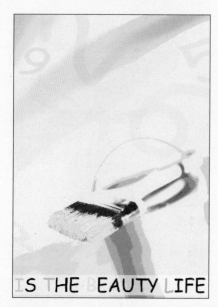

图9-20

13 为了使画面效果更加完整，单击横排文字工具，再添加一些说明文字作为背景元素，如图9-21所示。至此，本实例制作完成。

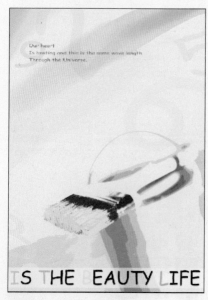

图9-21

40

10 蓝天白云翱翔图

本实例通过对人物和背景图片进行合成并加工润色，表现出画面磅礴澎湃的气势，紧扣图片主题，同时体现出独特的创意效果。

1 🔍 使用功能：钢笔工具、色相/饱和度命令、文字工具

2 🎨 配色： ■ R:90 G:144 B:207 　□ R:255 G:230 B:219 　■ R:18 G:34 B:59

3 💿 光盘路径：Chapter 2\10 蓝天白云翱翔图\complete\蓝天白云翱翔图.psd

4 🎯 难易程度：★☆☆☆☆

操作步骤

01 执行"文件 > 打开"命令，在弹出的对话框中选择本书配套光盘中 Chapter 2\10 蓝天白云翱翔图 \media\001.jpg 文件，单击"打开"按钮打开素材文件，如图 10-1 所示。

图 10-1

02 在图层面板上双击"背景"图层，在弹出的"新建图层"对话框中保持默认设置，单击"确定"按钮，将"背景"图层转换为"图层 0"。单击钢笔工具 🖉，在图像中沿着人物轮廓勾绘路径，如图 10-2 所示。

图 10-2

03 勾绘完毕后，在路径面板上单击"将路径作为选区载入"按钮 ◯ ，路径将自动转换为选区，如图 10-3 所示。

图 10-3

04 按下快捷键 Shift+Ctrl+I 反选选区，得到如图 10-4 所示的效果，然后按下 Delete 键删除背景图像，再按下快捷键

Ctrl+D 取消选区，效果如图 10-5 所示。

图 10-4

图 10-5

05 执行"文件 > 打开"命令，在弹出的对话框中选择本书配套光盘中 Chapter 2\10 蓝天白云翱翔图 \media\002.jpg 文件，单击"打开"按钮，打开

素材文件，如图 10-6 所示。

图 10-6

06 单击移动工具 ⊕，将图像拖曳至图档"001"中，如图 10-7 所示。

图 10-7

07 得到新的"图层 1"图层，将其移动到"图层 0"之下，按下快捷键 Ctrl+T 对图像进行自由变换，调整图像大小，得到的效果如图 10-8 所示。

图 10-8

08 按住 Ctrl 键选择"图层 0"和"图层 1"，然后再按下快捷键 Ctrl+Alt+E 对图层进行合并拷贝，将选区内的图像合并生成新图层，并将新图层重命名为"图层 2"，如图 10-9 所示。

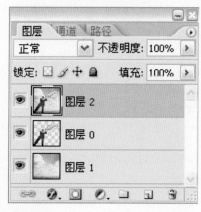

图 10-9

09 为了让图像效果更加柔和，将"图层 2"的混合模式设置为"柔光"，"不透明度"改为 10%，得到如图 10-10 所示的效果。

图 10-10

10 选择"图层 2"图层，执行"图层 > 新建调整图层 > 色相/饱和度"命令，在弹出的"新建图层"对话框中保持默认设置并单击"确定"按钮，弹出"色相/饱和度"对话框，将饱和度调整为 -15，如图 10-11 所示，单击"确定"按钮，得到如图 10-12 所示的效果。

图 10-11

图 10-12

11 执行"图层 > 新建调整图层 > 通道混合器"命令，在弹出的"新建图层"对话框中保持默认设置并单击"确定"按钮，弹出"通道混合器"对话框，在输出通道为红色的情况下，将绿色设置为 70%，蓝色设置为 -30%，如图 10-13 所示，然后单击"确定"按钮，得到的图像效果如图 10-14 所示。

图 10-13

图 10-14

12 在图层面板上双击"通道混合器 1"图层前的缩略图图标，如图 10-15 所示，弹出"通道混合器"对话框，在输出通道为绿色的情况下，将红色改为 10%,然后单击"确定"按钮,得到的图像效果如图 10-16 所示。

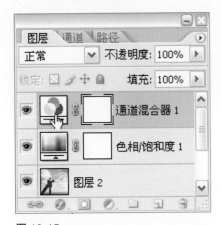

图 10-15

图 10-16

13 将前景色设置为 R:112 G:144 B:181,单击横排文字工具 T,在画面中添加文字并对字体属性的各项参数进行设置,如图 10-17 所示,得到的效果如图 10-18 所示。

图 10-17

图 10-18

14 将前景色设置为 R:54 G:91 B:133,单击横排文字工具 T,在画面中添加文字并对字体属性的各项参数进行设置,如图 10-19 所示,得到的效果如图 10-20 所示。

图 10-19

图 10-20

15 在"城市之巅"文字图层的下层新建一个"图层 3",单击矩形选框工具,在文字"城市"的位置绘制一个矩形选区,并设置填充颜色为 R:98 G:120 B:165 填充选区,效果如图 10-21 所示。

图 10-21

16 选择"城市之巅"文字图层,单击横排文字工具 T,单独选择"城市"两个字,将文字颜色设置为白色。然后单击移动工具,移动调整文字位置,得到的图像效果如图 10-22 所示。

图 10-22

17 为了使画面效果更加完善,再添加一些文字作为修饰,效果如图 10-23 所示。至此,本实例制作完成。

图 10-23

11 彩条图像特效

本实例要制作渐变彩色条纹的图像效果，使普通的建筑物图片经过滤镜处理，得到梦幻般效果的图像，画面中色彩变化柔和亮丽，建筑物的质感突出，条纹层次分明，整体画面效果颇具特色。

1 使用功能：渐变工具、抽出滤镜、马赛克滤镜、横排文字工具

2 配色： R:253 G:209 B:39 R:254 G:100 B:140 R:255 G:8 B:226

3 光盘路径：Chapter 2\11 彩条图像特效\complete\彩条图像特效.psd

4 难易程度：★☆☆☆☆

操作步骤

01 执行"文件 > 打开"命令，弹出如图 11-1 所示的对话框，选择本书配套光盘中 Chapter 2\ 彩条图像特效 \media\001.jpg 文件，单击"打开"按钮打开素材文件，如图 11-2 所示。

02 在图层面板上将"背景"图层拖曳至"创建新图层"按钮 上，复制得到图层"背景副本"，然后单击"背景"图层上的"指示图层可视性"按钮，隐藏图层，如图 11-3 所示。

单击绘制的范围内部进行填充，如图 11-5 所示，再单击"确定"按钮，得到如图 11-6 所示的效果。

图 11-1

图 11-2

图 11-3

03 执行"滤镜 > 抽出"命令，在弹出的对话框中单击边缘高光器工具，在对话框中图像画面内沿着建筑的边缘进行绘制，如图 11-4 所示。然后单击填充工具，

图 11-4

图 11-5

44

图 11-6

04 执行"图像 > 调整 > 去色"命令，将图像直接转化为灰度模式，效果如图 11-7 所示。

图 11-7

05 新建图层"图层 1"，设置前景色为粉色（R:255 G:1 B:232），背景色为黄色（R:253 G:250 B:1）。单击渐变工具，并在其属性栏上设置各项参数，如图 11-8 所示，然后选择"图层 1"，在画面中从上到下拖动鼠标应用前景色到背景色的渐变填充，得到的效果如图 11-9 所示。

图 11-8

图 11-9

06 执行"滤镜 > 像素化 > 马赛克"命令，在弹出的对话框中设置"单元格大小"为120 方形，如图 11-10 所示，单击"确定"按钮，得到如图 11-11 所示的效果。

图 11-10

图 11-11

07 将"图层 1"拖曳至"背景副本"图层之下，然后选择"背景副本"图层，设置其混合模式为"叠加"，如图11-12 所示，得到的效果如图 11-13 所示。

图 11-12

图 11-13

08 选择"图层 1"，执行"图像 > 调整 > 亮度 / 对比度"命令，在弹出的对话框中设置各项参数，如图 11-14 所示，单击"确定"按钮，得到如图11-15 所示的效果。

图 11-14

图 11-15

09 复制"背景副本"图层，得到图层"背景副本2"，此时的图像效果如图 11-16 所示。

图 11-16

10 单击横排文字工具 T，在字符面板中设置"字体"为 Arial Black，"字体大小"为

10点，"文本颜色"为白色，在图像中输入文字。然后单击移动工具 ，按下键盘中的方向键适当调整文字的位置，效果如图 11-17 所示。

图 11-17

11 单击横排文字工具 T，在字符面板中设置"字体"为 Arial Black，"字体大小"为 8点，"文本颜色"为白色，在图像中输入文字。然后单击移动工具 ，按下键盘中的方向键适当调整文字的位置，此时的图层面板如图 11-18 所示，得到的效果如图 11-19 所示。至此，本实例制作完成。

图 11-18

图 11-19

12 图像高反差效果

The beautiful perfume bottle floats to overflow very thick perfume flavor.

Perfume Poison

高反差效果是图像处理的一种常用的技法，运用高饱和度的色彩制作出较强烈的对比效果，提高图像的视觉吸引力，并可随机应用于各种图片的色彩处理。

1 🔍 使用功能：色阶命令、色相/饱和度命令、波浪滤镜、图层混合模式

2 🎨 配色：■ R:178 G:224 B:31　■ R:53 G:48 B:186　■ R:238 G:207 B:248

3 💿 光盘路径：Chapter 2\12 图像高反差效果\complete\图像高反差效果.psd

4 🎯 难易程度：★★☆☆☆

▌操作步骤

01 执行"文件 > 打开"命令，弹出如图 12-1 所示的对话框，选择本书配套光盘中 Chapter 2\12 图像高反差效果 \media\001.jpg 文件，单击"打开"按钮打开素材文件。

图 12-1

02 在图层面板中将"背景"图层拖曳至"创建新图层"按钮 🔳 上，复制得到图层"背景副本"。执行"图像 > 调整 > 色阶"命令，在弹出的对话框中设置各项参数，如图 12-2 所示，单击"确定"按钮，得到如图 12-3 所示的效果。

图 12-2

图 12-3

03 重复复制"背景副本"图层，得到图层"背景副本 2"、"背景副本 3"及"背景副本 4"，如图 12-4 所示。单击"背景副本 2"、"背景副本 3"及"背景副本 4"图层前的"指示图层可视性"图标 👁️，隐藏这

三个图层。选择图层"背景副本"，执行"图像 > 调整 > 去色"命令，得到如图 12-5 所示的效果。

图 12-4

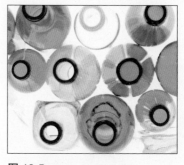

图 12-5

04 执行"图像 > 调整 > 色相/饱和度"命令，在弹出的对话

框中设置各项参数，如图 12-6 所示，单击"确定"按钮，得到如图 12-7 所示的效果。

图 12-6

图 12-7

05 选择"背景副本 2"图层，单击其前面的"指示图层可视性"图标 👁，显示图层。执行"滤镜 > 扭曲 > 波浪"命令，在弹出的对话框中设置各项参数，如图 12-8 所示，单击"确定"按钮，得到如图 12-9 所示的效果。

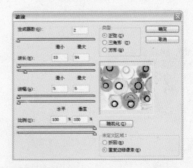

图 12-8

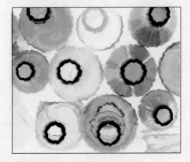

图 12-9

06 设置"背景副本 2"图层的混合模式为"叠加"，得到如图 12-10 所示的效果。

图 12-10

07 选择"背景副本 3"图层，并单击其前面的"指示图层可视性"图标 👁，显示图层，设置其混合模式为"变亮"，"不透明度"为 80%，得到如图 12-11 所示的效果。

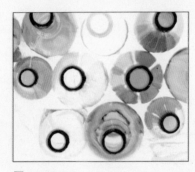

图 12-11

08 选择"背景副本 4"图层，并单击其前面的"指示图层可视性"图标 👁，显示图层，设置其混合模式为"强光"得到如图 12-12 所示的效果。

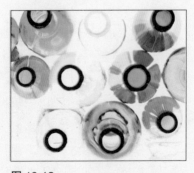

图 12-12

09 单击"背景副本 2"、"背景副本 3"及"背景副本 4"图层前的"指示图层可视性"

图标 👁，隐藏这三个图层。复制"背景副本"图层，得到图层"背景副本 5"，如图 12-13 所示，单击移动工具 ▸, 按下键盘中的方向键略微向右移动图像的位置，如图 12-14 所示。

图 12-13

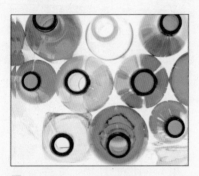

图 12-14

10 设置"背景副本 5"图层的混合模式为"正片叠底"，得到如图 12-15 所示的效果。

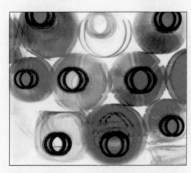

图 12-15

11 执行"图像 > 调整 > 色相/饱和度"命令，在弹出的对话框中设置各项参数，如图 12-16 所示，单击"确定"按钮，得到如图 12-17 所示的效果。

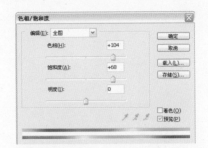

图 12-16

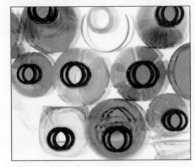

图 12-17

12 单击"背景副本 2"、"背景副本 3"及"背景副本 4"图层前的"指示图层可视性"图标 👁，显示这三个图层，得到的图像效果如图 12-18 所示。

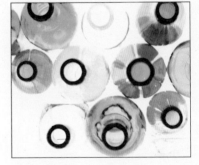

图 12-18

13 单击裁剪工具 🔲，在图像中拖动鼠标创建适当大小的裁剪范围，如图 12-19 所示，按下 Enter 键确定裁剪，得到如图 12-20 所示的图像效果。

图 12-19

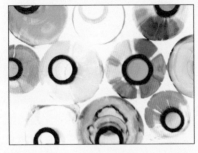

图 12-20

14 单击横排文字工具 T，在字符面板中设置各项参数，如图 12-21 所示，在图像中输入文字。然后单击移动工具 ➤⊕，按下键盘中的方向键适当调整文字的位置，效果如图 12-22 所示。

图 12-21

图 12-22

15 单击横排文字工具 T，在字符面板中设置各项参数，如图 12-23 所示，在图像中输入文字。然后单击移动工具 ➤⊕，按下键盘中的方向键适当调整文字的位置，得到的效果如图 12-24 所示。至此，本实例制作完成。

图 12-23

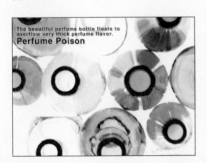

图 12-24

13 镜头旋转特效

本实例运用简单的径向模糊滤镜，将绽放的花朵和散落的花瓣的动静效果配合表现，制作出镜头旋转的图像特效，方法实用，效果鲜明，适用于制作个性壁纸、明信片和广告等。

1 🔍 使用功能：裁剪工具、钢笔工具、径向模糊滤镜、椭圆选框工具、矩形选框工具、色彩平衡命令

2 🎨 配色： R:253 G:247 B:53 　■ R:140 G:174 B:30

3 💿 光盘路径：Chapter 2\13 镜头旋转特效\complete\镜头旋转特效.psd

4 🎲 难易程度：★★☆☆☆

操作步骤

01 执行"文件 > 打开"命令，弹出如图 13-1 所示的对话框，选择本书配套光盘中 Chapter 2\13 镜头旋转特效 \media\001.jpg 文件，单击"打开"按钮打开素材文件，如图 13-2 所示。

02 单击裁剪工具 ⛏，在图像中拖动鼠标创建矩形选框确定裁剪范围，单击 Enter 键确定裁剪，效果如图 13-3 所示。

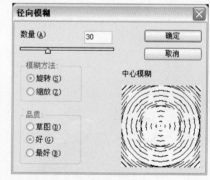

图 13-4

图 13-3

图 13-1

03 在图层面板上将"背景"图层拖曳至"创建新图层"按钮 🔲 上，新建图层"背景副本"。执行"滤镜 > 模糊 > 径向模糊"命令，在弹出的对话框中设置"数量"为 30，如图 13-4 所示，单击"确定"按钮，得到如图 13-5 所示的效果。

图 13-5

04 选择"背景"图层，单击椭圆选框工具 ⬭，按住 Shift 键拖动鼠标在图像中创建正圆形选区，如图 13-6 所示。

图 13-2

50

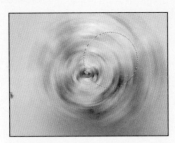

图 13-6

05 执行"选择 > 羽化"命令，在弹出的对话框中设置"羽化半径"为 10 像素，如图 13-7 所示，单击"确定"按钮。保持选区按下快捷键 Ctrl + J，将选区内的图像复制粘贴到"图层 1"，再将"图层 1"拖曳至"背景副本"图层之上，然后单击移动工具，将图像移动至旋转中心，得到如图 13-8 所示的效果。

图 13-7

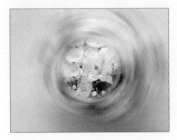

图 13-8

06 按住 Ctrl 键选择图层"背景副本"和"图层 1"，单击移动工具，将选中图层向右上角方向拖曳，图像效果如图 13-9 所示。

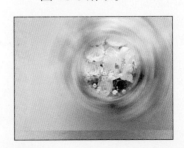

图 13-9

07 选择图层"背景副本"。单击矩形选框工具，在图像下方创建选区，如图 13-10 所示。

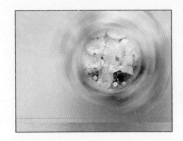

图 13-10

08 单击移动工具，按下 Ctrl+T 快捷键，向下拖曳自由变换编辑框拉伸选区内图像，按下 Enter 键确定变换，得到如图 13-11 所示的效果。

图 13-11

09 使用同上方法，单击矩形选框工具，在图像左方创建选区，如图 13-12 所示，按下 Ctrl+T 快捷键，将选区内图像向左拖曳拉伸，得到如图 13-13 所示的效果。

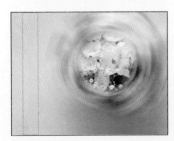

图 13-12

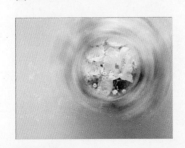

图 13-13

10 执行"文件 > 打开"命令，弹出如图 13-14 所示的对话框，选择本书配套光盘中 Chapter 2\13 镜头旋转特效 \media\002.jpg 文件，单击"打开"按钮打开素材文件，如图 13-15 所示。

图 13-14

图 13-15

11 单击钢笔工具，在图像中沿着花的边缘绘制路径，如图 13-16 所示。然后按下快捷键 Ctrl + Enter 将路径转化为选区，如图 13-17 所示。

图 13-16

图 13-17

12 单击移动工具 ，将选区内
图像拖曳至＂001＂图档中，
按下 Ctrl+T 快捷键缩小图
像，并按下键盘中的方向键
适当调整花朵的位置，效果
如图 13-18 所示。

图 13-18

13 单击钢笔工具 ，在图像
中沿着花瓣的边缘绘制路
径，如图 13-19 所示。然
后按下快捷键 Ctrl + Enter
将路径转化为选区，如图
13-20 所示。

图 13-19

图 13-20

14 按下快捷键 Ctrl +J 进行复
制粘贴，自动生成＂图层 3＂。
将＂图层 3＂拖曳至＂图层 1＂
之上，如图 13-21 所示。单
击移动工具 ，调整花瓣的
位置，效果如图 13-22 所示。

图 13-21

图 13-22

15 执行＂编辑 ＞ 自由变换＂
命令，显示出自由变换编辑
框，将光标放置在编辑框外
任意位置，光标自动变成旋
转状态，适当拖动鼠标对花
瓣进行旋转处理，并拖动编
辑框适当调整花瓣的大小，
按下 Enter 键确定变换，得
到如图 13-23 所示的效果。

图 13-23

16 将＂图层 3＂拖曳至＂创建
新图层＂按钮 上，复制
得到＂图层 3 副本＂。执行＂编
辑 ＞ 自由变换＂命令，对复
制的花瓣进行旋转及缩小操
作，得到如图 13-24 所示的
效果。

图 13-24

17 使用以上同样的方法，对花
瓣进行重复复制及自由变换
调整。最后单击移动工具 ，
按下键盘中的方向键适当调
整各花瓣的位置，得到如图
13-25 所示的效果。

图 13-25

18 按住 Shift 键选中＂图层 3＂
及所有复制花瓣图层，按下
快捷键 Ctrl + E 合并所选图
层。执行＂滤镜 ＞ 模糊 ＞
动感模糊＂命令，在弹出的
对话框中设置各项参数，如
图 13-26 所示，单击＂确定＂
按钮，得到如图 13-27 所示
的效果。

图 13-26

图 13-27

19 单击横排文字工具 T ，在字符面板中设置各项参数，如图 13-28 所示，然后在图像中输入文字。单击移动工具 ，按下键盘中的方向键适当调整文字的位置，效果如图 13-29 所示。

图 13-28

图 13-29

20 双击文字图层的灰色区域，在弹出的"图层样式"对话框中设置各项参数，如图 13-30 所示，单击"确定"按钮，得到如图 13-31 所示的效果。

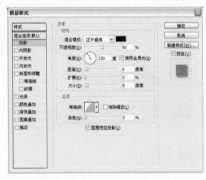

图 13-30

图 13-31

21 单击横排文字工具 T ，在字符面板中设置各项参数，如图 13-32 所示，然后在图像中输入文字。单击移动工具 ，按下键盘中的方向键适当调整文字的位置，效果如图 13-33 所示。

图 13-32

图 13-33

22 双击文字图层的灰色区域，在弹出的"图层样式"对话框中设置各项参数，如图 13-34 所示，单击"确定"按钮，效果如图 13-35 所示。

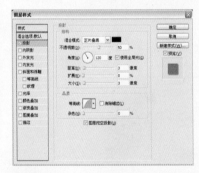

图 13-34

图 13-35

23 在图层面板中分别右击文字图层，在弹出的菜单中单击"栅格化文字"命令，将文字图层转化为一般图层，此时的图层面板如图 13-36 所示。

图 13-36

24 选择"背景副本"图层，执行"图像 > 调整 > 色相/饱和度"命令，在弹出的对话框中设置各项参数，如图 13-37 所示，单击"确定"按钮，得到的效果如图 13-38 所示。

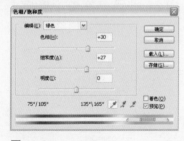

图 13-37

图 13-38

25 执行"图像 > 调整 > 色阶"命令，在弹出的对话框中设置各项参数，如图 13-39 所示，单击"确定"按钮，得到如图 13-40 所示的效果。

图 13-39

图 13-40

26 执行"图像 > 调整 > 色彩平衡"命令，在弹出的对话框中设置各项参数，如图 13-41 所示，单击"确定"按钮，得到如图 13-42 所示的效果。至此，本实例制作完成。

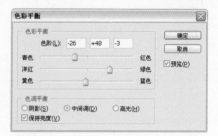

图 13-41

图 13-42

54

14 宠物相片夹

本实例要将图像制作成简洁清新的相片夹效果，为可爱的狗狗制作相片夹，制作中采用一些简单的线条和圆点，使普通的相片变得个性时尚、富于装饰性，相片中的狗狗也变得更加可爱了。

1 🔍 使用功能：渐变工具、自由变换命令、裁剪工具、移动工具、马赛克滤镜、彩色半调滤镜

2 🎨 配色： R:255 G:243 B:0 ■ R:112 G:128 B:54 ■ R:64 G:63 B:37

3 💿 光盘路径： Chapter 2\14 宠物相片夹\complete\宠物相片夹.psd

4 🏆 难易程度：★★☆☆☆

操作步骤

01 执行"文件 > 新建"命令，打开"新建"对话框，在弹出的对话框中设置"宽度"为 6 厘米、"高度"为 8 厘米，"分辨率"为 350 像素 / 英寸，如图 14-1 所示。完成设置后，单击"确定"按钮，新建一个图像文件。

图 14-1

02 新建图层"图层 1"。单击渐变工具■，并单击属性栏上的"线性渐变"按钮，设置渐变如图 14-2 所示，然后在图像中从上到下拖动鼠标应用设置的渐变填充，得到的效果如图 14-3 所示。

图 14-2

图 14-3

03 执行"滤镜 > 像素化 > 马赛克"命令，在弹出的对话框中设置"单元格大小"为 80 方形，如图 14-4 所示，单击"确定"按钮，得到如图 14-5 所示的效果。

图 14-4

图 14-5

04 执行"编辑 > 自由变换"命令,显示出自由变换编辑框,将光标放置在编辑框外任意位置,光标自动变成旋转状态,适当拖动鼠标对图像进行旋转处理,并拖动编辑框适当调整图像的大小,按下Enter 键确定变换,得到如图14-6 所示的效果。此时的图层面板如图 14-7 所示。

图 14-8

图 14-6

图 14-7

05 执行"文件 > 打开"命令,弹出如图 14-8 所示的对话框,选择本书配套光盘中 Chapter 2\14 宠物相片夹\media\001.jpg 文件,单击"打开"按钮打开素材文件,如图 14-9 所示。

图 14-9

06 单击裁剪工具,框选图像中的小狗,如图 14-10 所示,调整到适当大小时按下Enter 键确定裁剪,得到如图14-11 所示的效果。

图 14-10

图 14-11

07 单击移动工具,将裁剪后的图像拖曳至"宠物相片夹"图档中,执行"编辑 > 自由变换"命令,拖动自由变换编辑框适当调整图像的大小,按下 Enter 键确定变换。然后按下键盘中的方向键适当调整图像的位置,得到如图14-12 所示的效果。

图 14-12

08 执行"滤镜 > 艺术效果 > 海报边缘"命令,在弹出的对话框中设置各项参数,如图14-13 所示,单击"确定"按钮,得到如图 14-14 所示的效果。

图 14-13

图 14-14

09 按住 Ctrl 键单击"图层 2"前的缩略图，载入选区。执行"编辑 > 描边"命令，在弹出的对话框中设置各项参数，设置颜色为白色，如图 14-15 所示，单击"确定"按钮，按下快捷键 Ctrl + D 取消选区，得到如图 14-16 所示的效果。

图 14-15

图 14-16

10 双击"图层 2"的灰色区域，在弹出的"图层样式"对话框中设置各项参数，如图 14-17 所示，单击"确定"按钮，效果如图 14-18 所示。

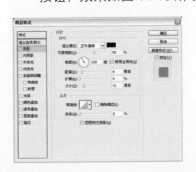

图 14-17

图 14-18

11 在通道面板上单击"创建新通道"按钮，新建通道"Alpha 1"。单击矩形选框工具，在"通道 1"中创建一个适当大小的选区，如图 14-19 所示。

图 14-19

12 按下 D 键将颜色设置为默认色。单击渐变工具，并单击属性栏上的"线性渐变"按钮，设置渐变如图 14-20 所示，然后在选区中从右到左拖曳鼠标应用前景色到背景色的渐变填充，得到的效果如图 14-21 所示。

图 14-20

图 14-21

13 执行"滤镜 > 像素化 > 彩色半调"命令，在弹出的对话框中设置各项参数，如图 14-22 所示，单击"确定"按钮，得到如图 14-23 所示的效果。

图 14-22

图 14-23

14 按住 Ctrl 键单击"通道 1"前的缩略图，载入选区，如图 14-24 所示。返回图层面板，选择"图层 1"，新建图层"图层 3"，设置前景色为灰色（R:101 G:101 B:101），按下快捷键 Alt + Delete 进行填充，然后按下快捷键 Ctrl + D 取消选区，得到如图 14-25 所示的效果。

图 14-24

图 14-25

15 单击移动工具，按下键盘中的方向键调整网点图像的位置，将网点右移，如图14-26所示。单击矩形选框工具，框选图像上下两侧超出的网点创建选区，按下Delete键删除选区内图像，然后按下快捷键Ctrl + D取消选区，效果如图14-27所示。

图 14-26

图 14-27

16 将"图层3"拖曳至"创建新图层"按钮上，复制得到"图层3副本"。执行"编辑 > 变换 > 水平翻转"命令，变换图像，然后单击移动工具，按下键盘中的方向键调整图像的位置，效果如图14-28所示。

图 14-28

17 将"图层3副本"拖曳至"创建新图层"按钮上，复制得到"图层3副本2"。执行"编辑 > 变换 > 旋转90度(顺时针)"命令，变换图像。单击矩形选框工具，框选图像左右两侧超出的网点创建选区，按下Delete键删除选区内图像，按下快捷键Ctrl + D取消选区。然后单击移动工具，按下键盘中的方向键适当调整图像的位置，效果如图14-29所示。此时

的图层面板如图 14-30 所示。

图 14-29

图 14-30

18 将"图层3副本2"拖曳至"创建新图层"按钮上，复制得到"图层3副本3"。执行"编辑 > 变换 > 垂直翻转"命令，变换图像。然后单击移动工具，按下键盘中的方向键调整网点的位置，效果如图14-31所示。

图 14-31

19 选择"图层2",新建图层"图层4"。单击钢笔工具 ✐,在小狗图像的一角绘制不规则形状,如图14-32所示。

图 14-32

20 设置前景色为浅灰色（R:238 G:238 B:238），背景色为白色。按下快捷键 Ctrl + Enter 将路径转化为选区，如图 14-33 所示。单击渐变工具 ▨,在选区中从上到下拖动鼠标应用前景色到背景色的渐变填充，然后按下快捷键 Ctrl + D 取消选区，得到的效果如图 14-34 所示。

图 14-33

图 14-34

21 选择"图层2",新建图层"图层5"。单击钢笔工具 ✐,在"图层4"中绘制的图形基础上绘制路径，如图 14-35 所示。图层面板如图 14-36 所示。

图 14-35

图 14-36

22 设置前景色为深灰色（R:81 G:79 B:72）。按下快捷键 Ctrl + Enter 将路径转化为选区，执行"选择 > 羽化"

命令，在弹出的对话框中设置"羽化半径"为5像素，单击"确定"按钮。按下快捷键 Alt + Delete 进行填充，然后按下快捷键 Ctrl + D 取消选区，得到如图 14-37 所示的效果。

图 14-37

23 按住 Ctrl 键选择"图层4"及"图层5",将其拖曳至"创建新图层"按钮 ▫ 上，复制出"图层4副本"及"图层5副本"。执行"编辑 > 变换 > 旋转180度"命令，得到的效果如图 14-38 所示。然后单击移动工具 ▸⊕,调整图像的位置，效果如图 14-39 所示。

图 14-38

图 14-39

图 14-41

图 14-44

24 单击橡皮擦工具 ，分别选择 "图层 3" 及 "图层 3 副本"，将相册两角多余的网点图像擦除，效果如图 14-40 所示。

图 14-40

25 单击横排文字工具 ，在属性栏上单击 "显示/隐藏字符和段落调板" 按钮 ，在弹出的字符面板中设置各项参数，如图 14-41 所示，并在图像中输入文字。然后单击移动工具 ，按下键盘中的方向键适当调整文字的位置，效果如图 14-42 所示。

图 14-42

26 双击文字图层的灰色区域，在弹出的 "图层样式" 对话框中设置各项参数，如图 14-43 所示，单击 "确定" 按钮，得到如图 14-44 所示的效果。

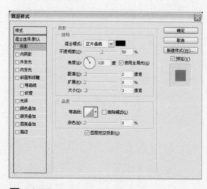

图 14-43

27 单击横排文字工具 ，在字符面板中设置各项参数，如图 14-45 所示，并在图像中输入文字。然后单击移动工具 ，按下键盘中的方向键适当调整文字的位置，得到的效果如图 14-46 所示。至此，本实例制作完成。

图 14-45

图 14-46

60

Chapter 03

文字特效

学习重点

本章主要对文字进行各种特效制作。不同的色彩及质感，搭配不同的背景图像，可以表现出各种不同的文字效果。本章通过较为典型的几个文字实例，重点讲解图层样式及滤镜的一些特殊使用方法，直观地演示文字处理的方法和途径。

技能提示

通过本章的学习，可以让读者对图层样式及滤镜的使用方法有更深的认识，并将文字的多种处理方法更广泛灵活地应用到独立的设计创作中。

本章实例

15 塑料气模文字　　　　19 印章效果文字
16 金属文字　　　　　　20 颜料文字
17 布绒彩块文字　　　　21 霓虹灯文字
18 矢量拼贴文字

效果展示

15 塑料气模文字

本实例要制作塑料气模效果的文字，图像色彩明快，对比鲜明，可爱的卡通造型背景令画面更加活泼生动，趣味盎然，适用于各种DM传单及宣传广告。

1	🔍 使用功能：	魔棒工具、移动工具、合并图层命令、画笔工具、图层样式
2	🎨 配色：	■ R:252 G:153 B:0 ■ R:254 G:119 B:201 ■ R:200 G:0 B:252 ■ R:0 G:226 B:255
3	💿 光盘路径：	Chapter 3\15 塑料气模文字\complete\塑料气模文字.psd
4	🏵 难易程度：	★★★☆☆

操作步骤

01 执行"文件 > 新建"命令，打开"新建"对话框，在弹出的对话框中设置"宽度"为 3 厘米、"高度"为 3 厘米，"分辨率"为 350 像素 / 英寸，如图 15-1 所示，单击"确定"按钮，新建一个图像文件。

图 15-1

02 新建图层"图层 1"，设置前景色为黄色（R:253 G:185 B:2）。按下快捷键 Alt + Delete 填充画面，效果如图 15-2 所示。

图 15-2

03 执行"文件 > 打开"命令，弹出如图 15-3 所示的对话框，选择本书配套光盘中 Chapter 3\15 塑料气模文字 \media\01.jpg 文件，单击"打开"按钮打开素材文件，如图 15-4 所示。

图 15-3

图 15-4

04 单击魔棒工具，选取图像中的空白区域。执行"选择 > 反向"命令，对图像进行反选，如图 15-5 所示。

图 15-5

62

05 单击移动工具 ，将选区内图像拖曳至"图案"图档中，如图 15-6 所示。执行"编辑 > 自由变换"命令，显示出自由变换编辑框，适当缩小图像，按下 Enter 键确定变换，得到如图 15-7 所示的效果。

图 15-6

图 15-7

06 执行"文件 > 新建"命令，在弹出的对话框中设置"宽度"为 12 厘米、"高度"为12 厘米，"分辨率"为 350像素 / 英寸，如图 15-8 所示。完成设置后，单击"确定"按钮，新建一个图像文件。

图 15-8

07 返回"图案"图档，单击移动工具 ，按住 Shift 键选中"图层 1"和"背景"图层，将图像拖曳至"塑料气模文字"图档中，移动图像至画面的左上角位置，然后按下快捷键 Ctrl + E 合并图层，效果如图 15-9 所示。

图 15-9

08 使用以上方法，在"图案"图档中依次设置不同的颜色，并搭配配套光盘中的不同卡通图案，然后在"塑料气模文字"图档中进行排列，效果如图 15-10 所示。

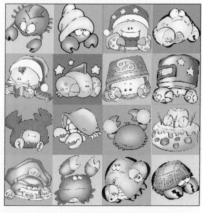

图 15-10

09 在"图层 1"的灰色区域双击鼠标，在弹出的"图层样式"对话框中设置各项参数，如图 15-11、15-12 和 15-13 所示，单击"确定"按钮，得到如图 15-14 所示的效果。

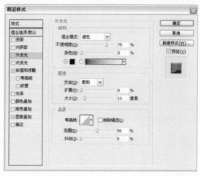

图 15-11

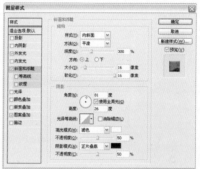

图 15-12

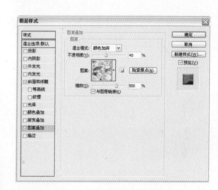

图 15-13

图 15-14

10 使用以上方法，依次对所有图案图层进行设置，如图15-15 所示，完成后得到如图 15-16 所示的效果。

图 15-15

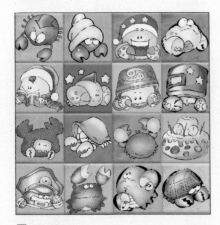

图 15-16

11 新建图层"图层17",按 D 键将颜色设置为默认色。单击铅笔工具 ✐,按住 Shift 键从左向右在画面中绘制水平直线,如图 15-17 所示。单击移动工具 ⊕,按下键盘中的方向键移动直线至图案缝隙的位置,如图 15-18 所示。

图 15-17

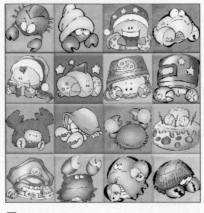

图 15-18

12 按住 Shift + Alt 键向下拖曳直线,复制得到"图层17副本",如图 15-19 所示。单击移动工具 ⊕,按下键盘中的方向键移动直线至下一条缝隙的位置,如图 15-20 所示。

图 15-19

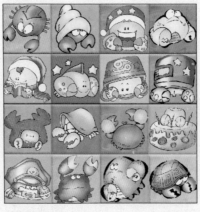

图 15-20

13 使用以上方法,重复复制直线,并依次排列在图像的横向交接缝隙位置,如图 15-21 所示。

图 15-21

14 复制"图层17副本4",得到"图层17副本5",如图 15-22 所示。执行"编辑 > 变换 > 旋转90度(顺时针)"命令,然后单击移动工具 ⊕,调整直线的位置至图案的纵向交接缝隙位置,如图 15-23 所示。

图 15-22

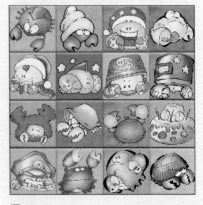

图 15-23

15 使用以上方法,重复复制直线,并依次排列在图像的纵向交接缝隙位置,如图 15-24 所示。

图 15-24

16 重复按下快捷键 Ctrl + E，合并所有直线图层，如图 15-25 所示。

图 15-25

17 在"图层 17"的灰色区域双击鼠标，在弹出的"图层样式"对话框中设置各项参数，如图 15-26、15-27 和 15-28 所示，单击"确定"按钮，得到如图 15-29 所示的效果。

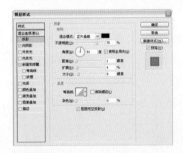

图 15-26

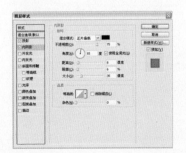

图 15-27

图 15-28

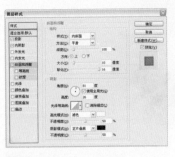

图 15-29

18 按住 Ctrl 键单击"图层 17"前的缩略图，载入选区，如图 15-30 所示。单击路径面板上的扩展按钮，在弹出的下拉菜单中选择"建立工作路径"命令，在弹出的对话框中单击"确定"按钮，效果如图 15-31 所示。

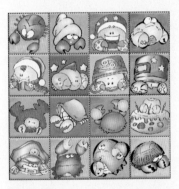

图 15-30

图 15-31

19 单击画笔工具，在画笔预设画板中设置各项参数，如图 15-32 所示。然后单击路径面板上的"用画笔描边路径"按钮 描边路径，再在路径面板的灰色区域单击，得到如图 15-33 所示的效果。

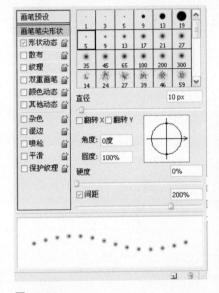

图 15-32

图 15-33

20 单击横排文字工具，在属性栏上单击"显示 / 隐藏字符和段落调板"按钮，在弹出的字符面板中设置"字体"为 Impact，"字体大小"为 100 点，"文本颜色"为白色，在图像中输入文字。然后单击移动工具，按下键盘中的方向键适当调整文字的位置，效果如图 15-34 所示。

图 15-34

21 双击文字图层的灰色区域,在弹出的"图层样式"对话框中设置各项参数,如图 15-35、15-36、15-37、15-38 和 15-39 所示,单击"确定"按钮,得到如图 15-40 所示的文字效果。

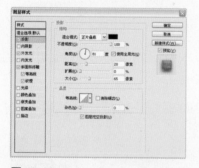

图 15-35

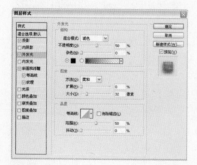

图 15-36

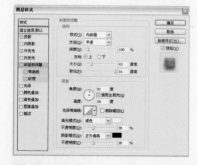

图 15-37

图 15-38

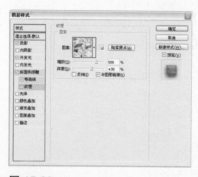

图 15-39

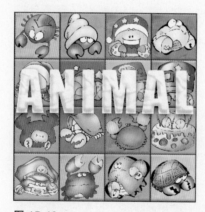

图 15-40

22 新建图层"图层 18"。单击圆角矩形工具,设置前景色为白色,在画面中绘制图形,如图 15-41 所示。

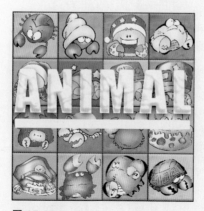

图 15-41

23 双击"图层 18"的灰色区域,在弹出的"图层样式"对话框中设置各项参数,如图 15-42 所示,单击"确定"按钮,得到如图 15-43 所示的效果。

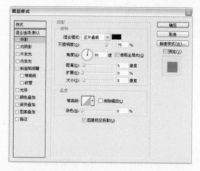

图 15-42

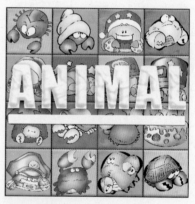

图 15-43

24 单击横排文字工具T,在字符面板中设置"字体"为 Impact,"字体大小"为 12 点,"文本颜色"为黑色,在图像中输入文字。然后单击移动工具,按下键盘中的方向键调整文字的位置,效果如图 15-44 所示。

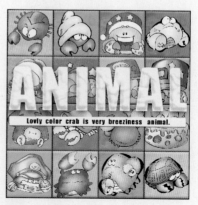

图 15-44

25 新建图层"图层 19",设置前景色为黑色。单击椭圆工具 ◯,在图像中绘制圆点,如图 15-45 所示。复制"图层 19",得到"图层 19 副本"。单击移动工具 ⊕,将圆点水平移动至文字右边位置,如图 15-46 所示。

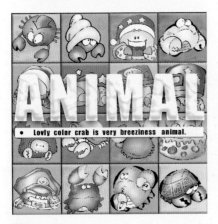

图 15-45

图 15-46

26 按下快捷键 Ctrl + E,合并"图层 19"及"图层 19 副本"。双击"图层 19"的灰色区域,在弹出的"图层样式"对话框中设置各项参数,如图 15-47 和 15-48 所示,单击"确定"按钮,得到如图 15-49 所示的效果。

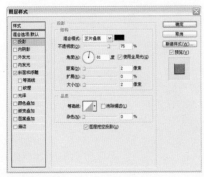

图 15-47

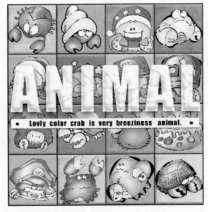

图 15-48

图 15-49

27 按住 Ctrl 键单击文字图层"ANIMAL"前的缩略图,载入选区,如图 15-50 所示。单击路径面板上的扩展按钮 ⊙,在弹出的下拉菜单中选择"建立工作路径"命令创建文字路径,效果如图 15-51 所示。

图 15-50

图 15-51

28 单击画笔工具 ✎,在画笔预设面板中设置各项参数,如图 15-52 所示。然后单击路径面板上的"用画笔描边路径"按钮 ◯ 为路径描边,然后在路径面板的灰色区域单击,得到如图 15-53 所示的效果。至此,本实例制作完成。

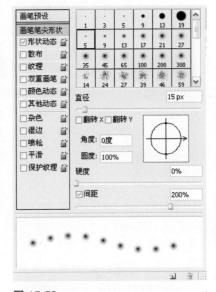

图 15-52

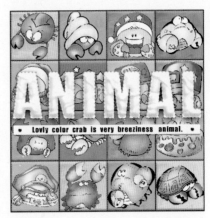

图 15-53

16 金属文字

本实例要制作逼真的金属文字特效，使文字具有金属实物质感，效果突出，暖色调的美女图像与冷冷的金属文字形成强烈对比，引人注目。

1 🔍 使用功能：图层样式、铅笔工具、抽出滤镜、画笔工具

2 🎨 配色：■ R:237 G:78 B:194 ■ R:155 G:1 B:1 ■ R:128 G:125 B:52

3 💿 光盘路径：Chapter 3\16 金属文字\complete\金属文字.psd

4 🌏 难易程度：★★★☆☆

操作步骤

01 执行"文件 > 新建"命令，打开"新建"对话框，在弹出的对话框中设置"宽度"为 10 厘米、"高度"为 7.5 厘米、"分辨率"为 350 像素 / 英寸，如图 16-1 所示。完成设置后，单击"确定"按钮，新建一个图像文件。

图 16-1

02 新建图层"图层 1"，按下 D 键将颜色设置为默认色。单击圆角矩形工具🔲，在属性栏上单击"填充像素"按钮🔲，并在画面中绘制适当大小的圆角矩形，如图 16-2 所示。

图 16-2

03 双击"图层 1"的灰色区域，在弹出的"图层样式"对话框中设置各项参数，如图 16-3 和 16-4 所示。单击图 16-4 中的"光泽等高线"图标，在弹出的"等高线编辑器"对话框中设置映射曲线如图 16-5 所示，然后设置"渐变叠加"样式的各项参数如图 16-6 所示，单击渐变条打开"渐变编辑器"对话框，在其中设置渐变颜色分别为 R:136 G:132 B:55 和 R:255 G:222 B:58，如图 16-7 所示，最后单击"确定"按钮，得到如图 16-8 所示的效果。

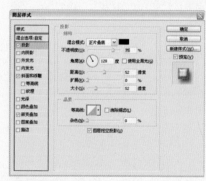

图 16-3

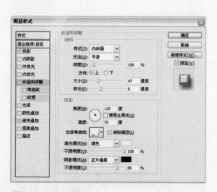

图 16-4

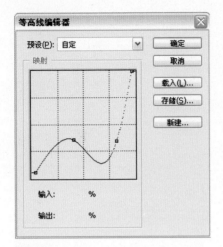

图 16-5

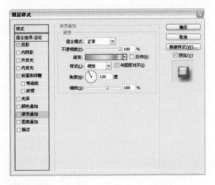

图 16-6

图 16-7

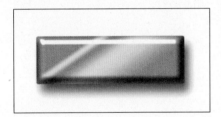

图 16-8

04 单击横排文字工具[T]，在属性栏上单击"显示/隐藏字符和段落调板"按钮[■]，在弹出的字符面板中设置参数，如图 16-9 所示，然后在图像中输入文字。单击移动工具[►]，按下键盘中的方向键适当调整文字的位置，得到的效果如图 16-10 所示。

图 16-9

图 16-10

05 双击文字图层的灰色区域，在弹出的"图层样式"对话框中设置各项参数，如图 16-11 和 16-12 所示，单击"确定"按钮，得到如图 16-13 所示的效果。

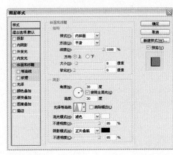

图 16-11

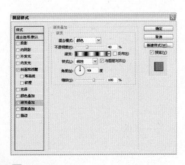

图 16-12

图 16-13

06 按住 Ctrl 键单击文字图层前的缩略图，载入选区。执行"选择 > 修改 > 扩展"命令，在弹出的对话框中设置"扩展量"为 15 像素，单击"确定"按钮，得到如图 16-14 所示的选区效果。

图 16-14

07 在"图层 1"上新建图层"图层 2"。设置前景色为白色，按下快捷键 Alt + Delete 进行填充，再按下快捷键 Ctrl + D 取消选区，效果如图 16-15 所示。

图 16-15

08 双击"图层 2"的灰色区域，在弹出的"图层样式"对话框中设置各项参数，如图 16-16 和 16-17 所示，设置斜面和浮雕的光泽等高线如图 16-18 所示，单击"确定"按钮，再设置"颜色叠加"样式的各项参数如图 16-19 所示，完成设置后再次单击"确定"按钮，得到如图 16-20 所示的效果。

图 16-16

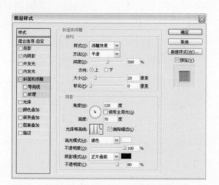

图 16-17

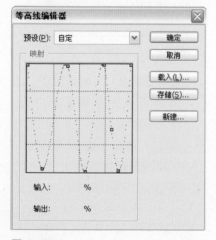

图 16-18

图 16-19

图 16-20

09 新建图层"图层3"。单击铅笔工具，在画笔预设面板上设置各项参数如图 16-21 所示。按住 Shift 键在图像中绘制圆点直线，如图 16-22 所示。

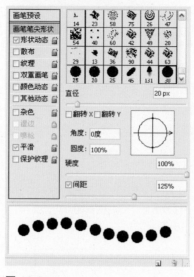

图 16-21

图 16-22

10 将"图层3"拖曳至"创建新图层"按钮 上，复制得到"图层3副本"。单击移动工具，将"图层3副本"图像移动至文字上方位置，效果如图 16-23 所示。

图 16-23

11 按下快捷键 Ctrl + E 合并"图层3副本"及"图层3"，合并后的图层为"图层3"。双击"图层3"的灰色区域，在弹出的"图层样式"对话框中设置各项参数，如图 16-24 和 16-25 所示，设置斜面和浮雕的光泽等高线，如图 16-26 所示，单击"确定"按钮，再设置"颜色叠加"的各项参数如图 16-27 所示。

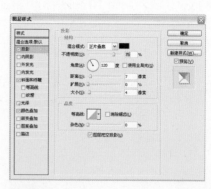

图 16-24

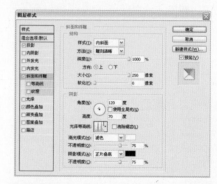

图 16-25

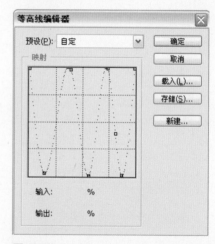

图 16-26

图 16-27

12 完成设置后再次单击"确定"按钮，得到如图 16-28 所示的效果。

图 16-28

13 执行"文件 > 打开"命令，在弹出的对话框中选择本书配套光盘中 Chapter 3\16 金属文字 \media\001.jpg 文件，单击"打开"按钮打开素材文件，如图 16-29 所示。

图 16-29

14 执行"滤镜 > 抽出"命令，在弹出的对话框中单击边缘高光器工具 🖊，然后在人物图像的边缘进行描绘，如图 16-30 所示。完成后单击填充工具 🪣，对图像进行填充，单击"确定"按钮，得到如图 16-31 所示的效果。

图 16-30

图 16-31

15 单击移动工具 ➤，将图像拖曳至"金属文字"图档中，并将生成的"图层 4"拖曳至图层面板最上层，得到如图 16-32 所示的效果。

图 16-32

16 按住 Shift 键选中"图层 1"、"图层 2"、"图层 3"以及文字图层。单击移动工具 ➤，按下键盘中的方向键适当调整图像的位置。设置前景色为灰色（R:231 G:231 B:231）。选择"背景"图层，按下快捷键 Alt + Delete 进行填充，得到如图 16-33 所示的效果。

图 16-33

17 设置前景色为白色，在"图层 4"上新建图层"图层 5"。单击画笔工具 🖊，在画笔预设面板中设置各项参数，如图 16-34 所示，然后在图像中进行绘制。

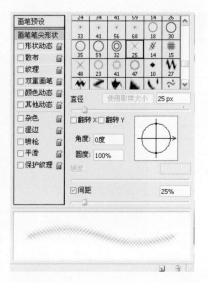

图 16-34

18 新建图层"图层 6"。单击画笔工具 🖊，在画笔预设面板中设置各项参数，如图 16-35 所示，然后在图像中上一步绘制的效果上进一步绘制，得到闪光的效果，如图 16-36 所示。至此，本实例制作完成。

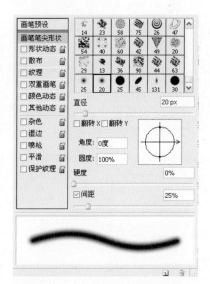

图 16-35

图 16-36

17 布绒彩块文字

本实例要制作在黑色布底衬托下的布绒彩块文字，凸显出布绒的质感，色彩艳丽，画面效果突出，在各种广告中使用应能收到不错的效果。

1	使用功能：横排文字工具、画笔工具、矩形选框工具
2	配色：■ R:72 G:230 B:1　■ R:252 G:179 B:4　■ R:210 G:1 B:205
3	光盘路径：Chapter 3\17 布绒彩块文字\complete\布绒彩块文字.psd
4	难易程度：★★☆☆☆

操作步骤

01 执行"文件 > 新建"命令，打开"新建"对话框，在弹出的对话框中设置"宽度"为 10 厘米、"高度"为 7.5 厘米，"分辨率"为 350 像素 / 英寸，如图 17-1 所示。完成设置后，单击"确定"按钮，新建一个图像文件。

图 17-1

02 按下 D 键将颜色设置为默认色。然后再按下快捷键 Alt + Delete 对"背景"图层进行填充，得到的效果如图 17-2 所示。

图 17-2

03 单击横排文字工具 T，在属性栏上单击"显示 / 隐藏字符和段落调板"按钮，在弹出的字符面板中设置各项参数，如图 17-3 所示，然后在画面中输入文字。最后单击移动工具，按下键盘中的方向键调整文字的位置，得到的效果如图 17-4 所示。

图 17-3

图 17-4

04 在文字图层上右击鼠标，在弹出的快捷菜单中选择"栅格化文字"命令，得到如图 17-5 所示的图层效果。

72

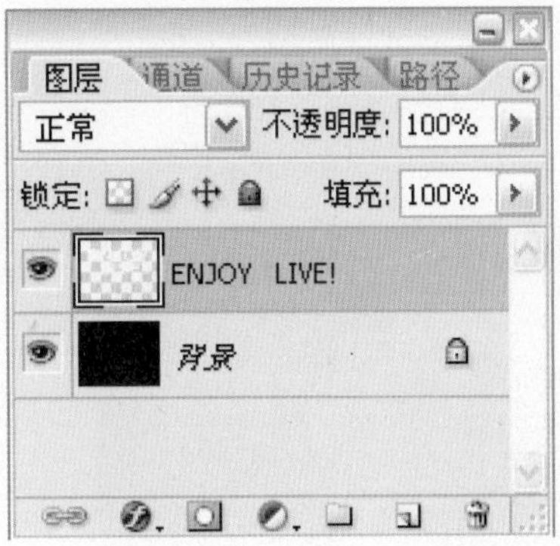

图 17-5

05 单击矩形选框工具，选中文字“E”，如图 17-6 所示。执行“编辑 > 自由变换”命令，拖动自由变换编辑框进行适当旋转，按下 Enter 键确定变换，然后按下快捷键 Ctrl+D 取消选区，得到如图 17-7 所示的效果。

图 17-6

图 17-7

06 单击矩形选框工具，选中文字“L”，如图 17-8 所示。执行“编辑 > 自由变换”命令，拖动自由变换编辑框进行适当旋转，按下 Enter 键确定变换，然后按下快捷键 Ctrl+D 取消选区，得到如图 17-9 所示的效果。

图 17-8

图 17-9

07 单击矩形选框工具，选中标点“！”，如图 17-10 所示。执行“编辑 > 自由变换”命令，拖动自由变换编辑框进行适当旋转，按下 Enter 键确定变换，然后按下快捷键 Ctrl + D 取消选区，得到如图 17-11 所示的效果。

图 17-10

图 17-11

08 按住 Ctrl 键单击“ENJOYLIVE！”图层前的缩略图，载入如图 17-12 所示的选区。单击路径面板上的扩展按钮，在弹出的下拉菜单中选择“建立工作路径”命令，并在随后弹出的对话框中设置参数如图 17-13 所示，单击“确定”按钮，得到如图 17-14 所示的路径效果。

图 17-12

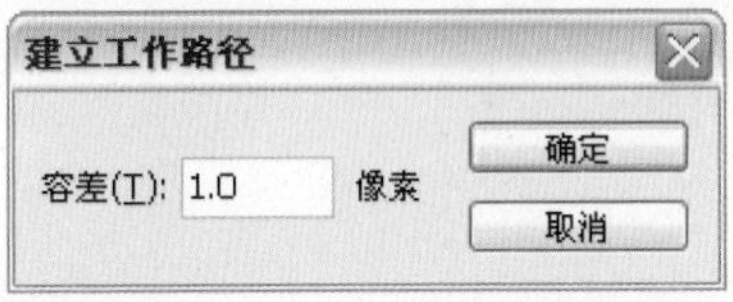

图 17-13

图 17-14

09 单击“ENJOYLIVE！”图层前的“指示图层可视性”图标，隐藏文字，图像效果如图 17-15 所示。单击直接选择工具，选择文字“E”的路径，如图 17-16 所示。

图 17-15

图 17-16

10 单击画笔工具 ✐，在画笔预设面板中对画笔笔尖形状以及颜色动态进行设置，如图 17-17 和 17-18 所示。

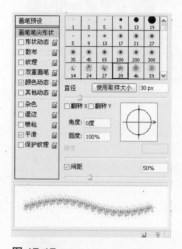

图 17-17

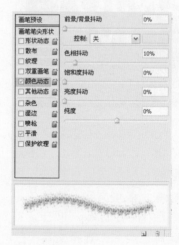

图 17-18

11 设置前景色为红色（R:250 G:66 B:2），新建图层"图层 1"。连续三次单击路径面板上的"用画笔描边路径"按钮 ○，对选中路径进行重复描边，得到的效果如图 17-19 所示。在路径面板的灰色区域上单击，取消路径，得到如图 17-20 所示的效果。

图 17-19

图 17-20

12 单击画笔工具 ✐，在文字图像内进行描绘，填补文字内部区域，如图 17-21 所示，完成后效果如图 17-22 所示。

图 17-21

图 17-22

13 使用以上相同方法，对其他文字选区进行描绘，得到如图 17-23 所示的效果。

图 17-23

14 设置前景色为红色（R:250 G:66 B:2），新建图层"图层 10"，如图 17-24 所示。单击画笔工具 ✐，在画面中进行描绘，如图 17-25 所示。

图 17-24

图 17-25

15 使用以上相同方法，继续在图像中绘制不同色彩的笔触图案，效果如图 17-26 所示。

图 17-26

16 单击横排文字工具 T，在字符面板中设置各项参数，如图 17-27 所示，在画面中输入文字。然后单击移动工具 ，按下键盘中的方向键调整文字的位置，效果如图 17-28 所示。

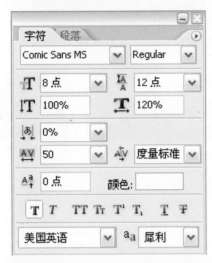

图 17-27

图 17-28

17 单击横排文字工具 T，在文字上单击鼠标，选中第一个字母，补选中的字母显示为反白状态，如图 17-29 所示。在字符面板中更改文字颜色为绿色（R:4 G:252 B:45），

如图 17-30 所示。然后单击移动工具 ，退出文字编辑状态，得到如图 17-31 所示的效果。

图 17-29

图 17-30

图 17-31

18 使用以上相同方法，给各个英文单词的字母更换字体颜色，图层面板如图 17-32 所示，得到如图 17-33 所示的效果。至此，本实例制作完成。

图 17-32

图 17-33

18 矢量拼贴文字

本实例要制作具有错位与重叠效果的矢量拼贴文字，四周零星散布的色块点缀使画面更加丰富饱满。在宣传海报中使用不失为一种独具特色的设计。

1 🔍 使用功能：横排文字工具、魔棒工具、移动工具、不透明度设置、自由变换命令、旋转扭曲滤镜

2 🎨 配色： ■ R:0 G:255 B:226　■ R:153 G:250 B:90　■ R:255 G:0 B:0

3 💿 光盘路径：Chapter 3\18 矢量拼贴文字\complete\矢量拼贴文字.psd

4 🌐 难易程度：★★☆☆☆

操作步骤

01 执行"文件 > 新建"命令，打开"新建"对话框，在弹出的对话框中设置"宽度"为 10 厘米、"高度"为 7.5 厘米，"分辨率"为 350 像素 / 英寸，如图 18-1 所示。完成设置后，单击"确定"按钮，新建一个图像文件。

图 18-1

02 单击横排文字工具 T，在属性栏上单击"显示 / 隐藏字符和段落调板"按钮 📋，在弹出的字符面板中设置各项参数，如图 18-2 所示。在画面中输入文字，然后单击移动工具 ⊕，按下键盘中的方向键适当调整文字的位置，

得到的效果如图 18-3 所示。

图 18-2

图 18-3

03 在文字图层上右击鼠标，在弹出的快捷菜单中选择"栅格化文字"命令，得到如图 18-4 所示的图层效果。

图 18-4

04 在图层"LUCKY"上双击图层名，图层名显示为反白状态，如图 18-5 所示，将图层名更改为"图层 1"，如图 18-6 所示。然后将"图层 1"拖曳至"创建新图层"按钮 📄 上，复制得到"图层 1 副本"，如图 18-7 所示。

76

图 18-5

图 18-6

图 18-7

05 按住 Ctrl 键单击"图层 1 副本"前的缩略图，载入选区。设置前景色为黑色，按下快捷键 Alt ＋ Delete 进行填充，然后按下快捷键 Ctrl ＋ D 取消选区，如图 18-8 所示。设置图层的"不透明度"为 60%，然后单击移动工具，按下键盘中的方向键适当移动文字的位置，得到的效果如图 18-9 所示。

图 18-8

图 18-9

06 将"图层 1 副本"拖曳至"创建新图层"按钮 上，复制得到"图层 1 副本 2"。按住 Ctrl 键单击"图层 1 副本 2"前的缩略图，载入选区。设置前景色为绿色（R:0 G:255 B:226），按下快捷键 Alt＋Delete 进行填充，然后按下快捷键 Ctrl ＋ D 取消选区，如图 18-10 所示。设置其图层混合模式为"正片叠底"，并单击移动工具，按下键盘中的方向键适当移动文字的位置，效果如图 18-11 所示。

图 18-10

图 18-11

07 将"图层 1 副本 2"拖曳至"创建新图层"按钮 上，复制得到"图层 1 副本 3"。按住 Ctrl 键单击"图层 1 副本 2"前的缩略图，载入选区。设置前景色为黄色（R:255 G:246 B:0），按下快捷键 Alt＋Delete 进行填充，然后按下快捷键 Ctrl ＋ D 取消选区，如图 18-12 所示。设置其图层混合模式为"正常"，"不透明度"为 60%，并单击移动工具，按下键盘中的方向键适当移动文字的位置，效果如图 18-13 所示。

图 18-12

图 18-13

08 单击魔棒工具，在属性栏上设置各项参数，如图 18-14 所示，在图像中单击创建选区，如图 18-15 所示。

容差：10 ☑消除锯齿 ☑连续 ☑对所有图层取样

图 18-14

图 18-15

09 选择"图层1",如图18-16 所示。单击移动工具 ⊕,按下键盘中的方向键移动选区图像的位置,然后按下快捷键 Ctrl + D 取消选区,效果如图18-17所示。

图 18-16

图 18-17

10 使用以上相同方法,单击魔棒工具 ⊛ 选取图像,并选择不同的图层对图像进行剪切拖曳,得到如图18-18所示的效果。

图 18-18

11 新建图层"图层2",设置其"不透明度"为80%,如图18-19所示。单击矩形工具 □,在属性栏上单击"填充像素"按钮 □,然后在"拾色器"对话框中设置不同的颜色,在图像中绘制多个矩形图案,得到如图18-20所示的效果。

图 18-19

图 18-20

12 单击横排文字工具 T,在字符面板中设置各项参数,如图18-21所示。在画面中输入文字,然后单击移动工具 ⊕,按下键盘中的方向键适当调整文字的位置,效果如图18-22所示。

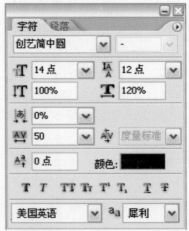

图 18-21

图 18-22

13 单击横排文字工具 T,在字符面板中设置各项参数,如图18-23所示,然后在画面中输入文字。单击移动工具 ⊕,按下键盘中的方向键适当调整文字的位置,得到的效果如图18-24所示。

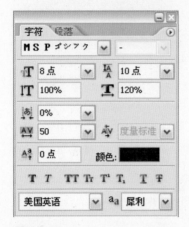

图 18-23

图 18-24

14 在"图层2"上新建图层"图层3",设置前景色为蓝色(R:0 G:255 B:255)。单击直线工具 \,在属性栏上设置"粗细"为20px,如图18-25所示,然后在画面中绘制适当大小的直线,效果如图18-26所示。

图 18-25

图 18-26

15 执行〝滤镜 > 扭曲 > 旋转扭曲〞命令，在弹出的对话框中设置各项参数，如图18-27所示，单击〝确定〞按钮，得到如图18-28所示的效果。

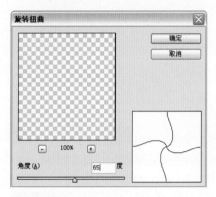

图 18-27

图 18-28

16 执行〝编辑 > 自由变换〞命令，显示出自由变换编辑框，拖动编辑框旋转图像，如图18-29所示，按下 Enter 键确定变换，得到如图18-30所示的效果。

图 18-29

图 18-30

17 单击橡皮擦工具，擦去曲线两端多余的部分，如图18-31所示。

图 18-31

18 设置〝图层3〞的〝不透明度〞为50%，如图18-32所示，得到如图18-33所示的效果。至此，本实例制作完成。

图 18-32

图 18-33

Chapter 03 文字特效

79

19 印章效果文字

本实例要制作模拟印章特效的文字，红色文字中的白色斑点使图像具备印章盖印后的缝隙感，适用于制作某些个性海报或招贴的场合。

1	使用功能：	横排文字工具、自定形状工具、魔棒工具、描边命令、海洋波纹滤镜、高斯模糊滤镜、纹理化滤镜
2	配色：	R:255 G:255 B:205　■ R:255 G:78 B:0
3	光盘路径：	Chapter 3\19 印章效果文字\complete\印章效果文字.psd
4	难易程度：	★★☆☆☆

操作步骤

01 执行"文件 > 新建"命令，在弹出的对话框中设置"宽度"为 12 厘米、"高度"为 12 厘米，"分辨率"为 350 像素 / 英寸，如图 19-1 所示。完成设置后，单击"确定"按钮，新建一个图像文件。

图 19-1

02 单击横排文字工具T，在字符面板中设置各项参数，如图 19-2 所示，然后在画面中输入文字。单击移动工具，按下键盘中的方向键适当调整文字的位置，如图 19-3 所示。

图 19-2

图 19-3

03 在文字图层上右击鼠标，在弹出的快捷菜单中选择"栅格化文字"命令，将文字图

层转化为一般图层，如图 19-4 所示。单击橡皮擦工具，擦去图像中的字母"O"，效果如图 19-5 所示。

图 19-4

图 19-5

04 新建图层"图层1"。单击自定形状工具 ，在属性栏上单击"填充像素"按钮 ，选择形状为"圆形画框"，如图 19-6 所示。然后在图像中字母之间的空白位置绘制图案，并单击移动工具 ，按下键盘中的方向键适当调整图像的位置，效果如图 19-7 所示。

形状: ⭕ ▾

图 19-6

图 19-7

05 按住 Ctrl 键单击"图层1"前的缩略图，载入选区。执行"编辑 > 描边"命令，在弹出的对话框中设置各项参数，如图 19-8 所示，单击"确定"按钮，得到如图 19-9 所示的效果。

图 19-8

图 19-9

06 新建图层"图层2"。单击矩形工具 ，在圆形画框中绘制适当大小的矩形图案，如图 19-10 所示。执行"编辑 > 自由变换"命令，显示出自由变换编辑框，拖动鼠标旋转图像，按下 Enter 键确定变换，得到如图 19-11 所示的效果。

图 19-10

图 19-11

07 新建图层"图层3"。单击矩形选框工具 ，在图像中绘制一个适当大小的矩形选区，

如图 19-12 所示。执行"编辑 > 描边"命令，在弹出的对话框中设置"宽度"为10px，如图 19-13 所示，单击"确定"按钮，得到如图 19-14 所示的效果。

图 19-12

图 19-13

图 19-14

08 在路径面板上单击扩展按钮 ，在弹出的下拉菜单中选择"建立工作路径"命令，在弹出的对话框中设置"容差"为1像素，如图 19-15 所示，单击"确定"按钮，得到如图 19-16 所示的效果。

图 19-15

图 19-16

09 将路径面板上的工作路径拖曳至"创建新路径"按钮 □ 上，新建一个"路径1"，如图 19-17 所示。单击路径面板上的灰色区域，取消路径，如图 19-18 所示。

图 19-17

图 19-18

10 新建图层"图层4"。单击圆角矩形工具 □，在属性栏上单击"填充像素"按钮 □，并如图 19-19 所示设置半径

为 50px，在画面中绘制适当大小的图案，如图 19-20 所示。

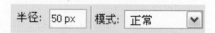

图 19-19

图 19-20

11 按住 Ctrl 键单击"图层4"前的缩略图，载入选区。执行"编辑 > 描边"命令，在弹出的对话框中设置"宽度"为 10px，如图 19-21 所示，单击"确定"按钮，然后按下 Delete 键删除选区内图像，得到如图 19-22 所示的效果。

图 19-21

图 19-22

12 在路径面板上单击扩展按钮 ⊙，在弹出的下拉菜单中选择"建立工作路径"命令，并在弹出的对话框中设置"容差"为 1 像素，如图 19-23 所示，单击"确定"按钮，然后按下快捷键 Ctrl + C 复制工作路径，选择"路径1"，按下快捷键 Ctrl + V 粘贴工作路径，最后删除工作路径，如图 19-24 所示。

图 19-23

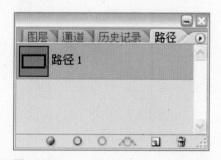

图 19-24

13 按住 Shift 键选择除"背景"图层以外的所有图层，按下快捷键 Ctrl + E 合并图层，得到如图 19-25 所示的图层效果。单击魔棒工具 ，在图像中选取字母部分创建选区，如图 19-26 所示。

图 19-25

82

图 19-26

14 新建图层"图层 5"。执行"编辑 > 描边"命令，在弹出的对话框中设置"宽度"为 10px，如图 19-27 所示，单击"确定"按钮，然后选择"图层 4"，按下 Delete 键删除选区内图像，得到如图 19-28 所示的效果。

图 19-27

图 19-28

15 在路径面板上单击扩展按钮 ⊙，在弹出的下拉菜单中选择"建立工作路径"命令，在弹出的对话框中设置"容差"为 1 像素，如图 19-29 所示，单击"确定"按钮，然后按

下快捷键 Ctrl + C 复制工作路径，选择"路径 1"，按下快捷键 Ctrl + V 粘贴工作路径，最后删除工作路径，如图 19-30 所示。

图 19-29

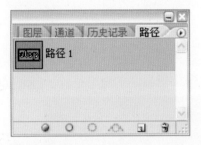

图 19-30

16 按下快捷键 Ctrl + Shift + E 合并可见图层，如图 19-31 所示。按下 D 键将颜色设置为默认色，新建图层"图层 1"，按下快捷键 Ctrl + Delete 填充白色，图层面板的效果如图 19-32 所示。

图 19-31

图 19-32

17 执行"滤镜 > 素描 > 半调图案"命令，在弹出对话框中设置各项参数，如图 19-33 所示，单击"确定"按钮，得到如图 19-34 所示的效果。

图 19-33

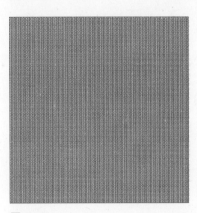

图 19-34

18 执行"滤镜 > 扭曲 > 海洋波纹"命令，在弹出的对话框中设置各项参数，如图 19-35 所示，单击"确定"按钮，得到如图 19-36 所示的效果。

图 19-35

图 19-36

19　执行"滤镜 > 模糊 > 高斯模糊"命令，在弹出的对话框中设置"半径"为 2 像素，如图 19-37 所示，单击"确定"按钮，得到如图 19-38 所示的效果。

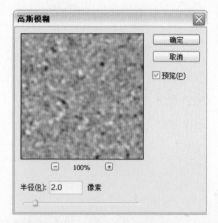

图 19-37

图 19-38

20　执行"图像 > 调整 > 色阶"命令，在弹出的对话框中设置各项参数，如图 19-39 所示，单击"确定"按钮，得到如图 19-40 所示的效果。

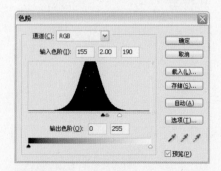

图 19-39

图 19-40

21　选择路径面板上的"路径 1"，按下快捷键 Ctrl + Enter 将路径转化为选区，如图 19-41 所示。

图 19-41

22　执行"选择 > 反向"命令，对选区进行反选，按下 Delete 键删除选区内图像，然后按下快捷键 Ctrl + D 取消选区，得到如图 19-42 所示的效果。

图 19-42

23　执行"滤镜 > 扭曲 > 波浪"命令，在弹出的对话框中设置各项参数，如图 19-43 所示，单击"确定"按钮，得到如图 19-44 所示的效果。

图 19-43

图 19-44

24　在"背景"图层上新建"图层 2"，按下快捷键 Ctrl + Delete 填充白色，如图 19-45 所示，得到如图 19-46 所示的效果。

图 19-45

图 19-46

25 双击"图层 1"的灰色区域，在弹出的对话框中设置各项参数，如图 19-47 和 19-48 所示，单击"确定"按钮，得到如图 19-49 所示的效果。

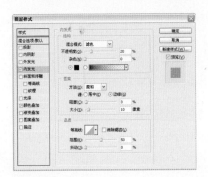

图 19-47

图 19-48

图 19-49

26 新建图层"图层 3"，按下 Alt + Delete 快捷键填充黑色。选择路径面板上的"路径 1"，然后按下 X 键切换前景色和背景色，单击"用前景色填充路径"按钮 ⊙ 将路径填充为白色，然后单击路径面板的灰色区域取消路径，得到如图 19-50 所示的效果。

图 19-50

27 执行"滤镜 > 模糊 > 高斯模糊"命令，在弹出的对话框中设置各项参数，如图 19-51 所示，单击"确定"按钮，得到如图 19-52 所示的效果。

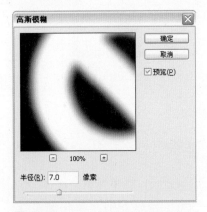

图 19-51

图 19-52

28 执行"图像 > 调整 > 色阶"命令，在弹出的对话框中设置各项参数，如图 19-53 所示，单击"确定"按钮，得到如图 19-54 所示的效果。

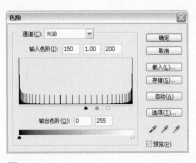

图 19-53

图 19-54

29 执行"滤镜 > 扭曲 > 波浪"命令，在弹出的对话框中设置各项参数，如图 19-55 所示，单击"确定"按钮，得到如图 19-56 所示的效果。

图 19-55

图 19-56

30 单击魔棒工具，在属性栏上设置"容差"为10，如图 19-57 所示，连续单击图像中的黑色区域，得到如图 19-58 所示的选区效果。

图 19-57

图 19-58

31 单击"图层 3"前的"指示图层可视性"图标隐藏图层，如图 19-59 所示。选择"图层 1"，按下 Delete 键删除多余图像，再按下快捷键 Ctrl + D 取消选区，效果如图 19-60 所示。

图 19-59

图 19-60

32 复制"图层 1"，得到"图层 1 副本"，并设置其图层混合模式为"线性减淡"，如图 19-61 所示，得到如图 19-62 所示的效果。

图 19-61

图 19-62

33 选择"图层 2"，设置前景色为淡黄色（R:255 G:255 B:223），背景色为黄色（R:237 G:234 B:156）。单击渐变工具，并单击属性栏上的"径向渐变"按钮，如图 19-63 所示，然后在画面中拖动鼠标从左上到右下应用前景色到背景色的渐变填充，得到效果如图 19-64 所示。

图 19-63

图 19-64

34 执行"滤镜 > 纹理 > 纹理化"命令，在弹出的对话框中设置各项参数，如图 19-65 所示，单击"确定"按钮，得到如图 19-66 所示的效果。

图 19-65

图 19-66

35 选择"图层 2"，执行"滤镜 > 渲染 > 光照效果"命令，在弹出的对话框中设置各项参数如图 19-67 所示，单击"确定"按钮，得到如图 19-68 所示的效果。至此，本实例制作完成。

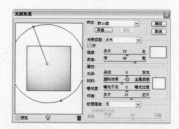

图 19-67

图 19-68

20 颜料文字

本实例要制作模拟颜料喷溅的文字特效，凸显文字书写过程中的颜料滴洒的效果，同时背景图片色彩明快，与文字搭配相宜，适用于各种饮料的宣传广告。

1	使用功能：横排文字工具、自定形状工具、自由变换命令、反向命令、木刻滤镜、半调图案滤镜、波浪滤镜

2	配色：■ R:242 G:225 B:42 ■ R:253 G:2 B:2 ■ R:246 G:185 B:6

3	光盘路径：Chapter 3\20 颜料文字\complete\颜料文字.psd

4	难易程度：★★☆☆☆

操作步骤

01 执行"文件 > 新建"命令，打开"新建"对话框，在弹出的对话框中设置"宽度"为 10 厘米、"高度"为 7.5 厘米，"分辨率"为 350 像素/英寸，如图 20-1 所示。完成设置后，单击"确定"按钮，新建一个图像文件。

图 20-1

02 按下 D 键将颜色设置为默认色。单击横排文字工具 T，在属性栏上单击"显示/隐藏字符和段落调板"按钮，在弹出的字符面板中设置各项参数，如图 20-2 所示，然后在画面中输入文字。单击移动工具，按下键盘中的方向键适当调整文字的位置，

效果如图 20-3 所示。

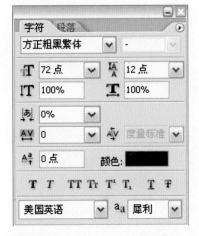

图 20-2

图 20-3

03 执行"编辑 > 自由变换"命令，显示出自由变换编辑框，将光标移动至编辑框外任意

位置时，光标自动变为旋转状态，适当拖动鼠标对图像进行旋转，如图 20-4 所示。按下 Enter 键确定变换，得到如图 20-5 所示的效果。

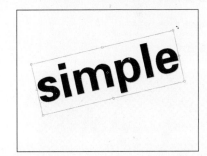

图 20-4

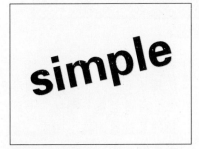

图 20-5

04 在图层面板上的文字图层上右击鼠标，在弹出的快捷菜单中

选择"栅格化文字"命令,将文字图层转化为一般图层,得到如图 20-6 所示的图层效果。

图 20-6

05 将"背景"图层拖曳至"创建新图层"按钮 ![] 上,复制得到图层"背景副本",执行"滤镜 > 素描 > 半调图案"命令,在弹出的对话框中设置各项参数,如图 20-7 所示,单击"确定"按钮,得到如图 20-8 所示的效果。

图 20-7

图 20-8

06 选择"simple"图层,按下快捷键 Ctrl + E 合并该图层至"背景副本"图层,得到新的"背景副本"图层。单击魔棒工具 ![] ,按住 Shift 键依次选中文字图像创建选区,如图 20-9 所示。

图 20-9

07 执行"选择 > 修改 > 收缩"命令,在弹出的对话框中设置"收缩量"为 5 像素,单击"确定"按钮,得到如图 20-10 所示的选区效果。

图 20-10

08 执行"选择 > 反向"命令反选选区,如图 20-11 所示。按下 Delete 键删除选区内图像,再按下快捷键 Ctrl + D 取消选区,得到的效果如图 20-12 所示。

图 20-11

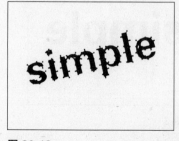

图 20-12

09 单击画笔工具 ![] ,在画笔预设面板中设置各项参数,如

图 20-13 和 20-14 所示,新建图层"图层 1",在画面中文字区域进行适当描绘,得到如图 20-15 所示的效果。

图 20-13

图 20-14

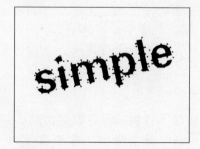

图 20-15

10 执行"滤镜 > 扭曲 > 波浪"命令,在弹出的对话框中设置各项参数,如图 20-16 所示,单击"确定"按钮,得到如图 20-17 所示的效果。

图 20-16

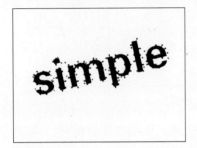

图 20-17

11 按下快捷键 Ctrl + E 合并"图层 1"及"背景副本",如图 20-18 所示。按住 Ctrl 键单击"背景副本"前的缩略图,载入选区。设置前景色为红色(R:255 G:0 B:0),按下快捷键 Alt + Delete 进行填充,然后再按下快捷键 Ctrl + D 取消选区,得到如图 20-19 所示的效果。

图 20-18

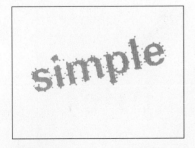

图 20-19

12 执行"文件 > 打开"命令,弹出如图 20-20 所示的对话框,选择本书配套光盘中 Chapter 3\20 颜料文字\media\001.jpg 文件,单击"打开"按钮打开素材文件,如图 20-21 所示。

图 20-20

图 20-21

13 单击移动工具,将文件中的图像拖曳至"颜料文字"图档中,生成"图层 1",并按下键盘中的方向键适当调整图像的位置,在图层面板上将"图层 1"拖曳至"背景副本"之下,得到如图 20-22 所示的效果。

图 20-22

14 选择"背景副本"图层,单击移动工具,按下键盘中的方向键适当调整文字的位置,然后单击裁剪工具,沿着图像边缘进行裁剪,按下 Enter 键确定,如图 20-23 所示。

图 20-23

15 选择"图层 1",执行"滤镜 > 艺术效果 > 木刻"命令,在弹出的对话框中设置各项参数,如图 20-24 所示,单击"确定"按钮,得到如图 20-25 所示的效果。

图 20-24

图 20-25

16 执行"文件 > 新建"命令,打开"新建"对话框,在弹出的对话框中设置"宽度"为 100 像素、"高度"为 100 像素,"分辨率"为 350 像素 / 英寸,如图 20-26 所示。完成设置后,单击"确定"按钮,新建一个图像文件。

图 20-26

17 设置前景色为橙色（R:254 G:198 B:18），新建图层"图层 1"。单击自定形状工具 ，在属性栏上单击"填充像素"按钮，选择形状为"靶心"，如图 20-27 所示，然后在画面中绘制图案，并调整大小和位置，如图 20-28 所示。

形状: ◎ ▼

图 20-27

图 20-28

18 设置前景色为橙色（R:254 G:218 B:18），单击油漆桶工具，在图像内单击进行填充，得到如图 20-29 所示的效果。

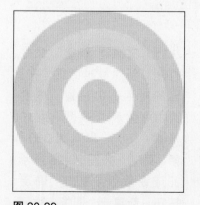

图 20-29

19 设置前景色为淡橙色（R:255 G:234 B:95），单击油漆桶工具，在图像内单击进行填充，得到如图 20-30 所示的效果。

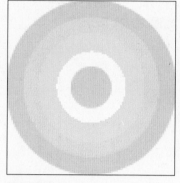

图 20-30

20 设置前景色为黄色（R:255 G:245 B:121），单击油漆桶工具，在图像内进行填充，得到如图 20-31 所示的效果。

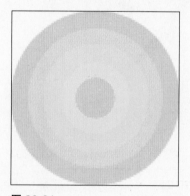

图 20-31

21 设置前景色为淡黄色（R:253 G:248 B:186），单击油漆桶工具，在图像内单击进行填充，得到如图 20-32 所示的效果。

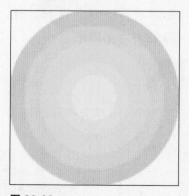

图 20-32

22 单击移动工具，将绘制的图案拖曳至"颜料文字"图档中，系统将自动生成新的图层"图层 2"，按下键盘中的方向键适当调整图像的位置，效果如图 20-33 所示。

图 20-33

23 将"图层 2"拖曳至"创建新图层"按钮 上，复制得到"图层 2 副本"，执行"编辑 > 自由变换"命令，显示出自由变换编辑框，拖动鼠标适当缩小图像，按下 Enter 键确定变换，得到的效果如图 20-34 所示。

图 20-34

24 使用以上相同方法，复制圆形图案，然后分别调整大小和位置，最后合并所有复制图案图层，得到如图 20-35 所示的效果。至此，本实例制作完成。

图 20-35

21 霓虹灯文字

本实例要制作在黑色背景衬托下的霓虹灯文字特效。图像中的文字散发出荧光般的光彩，霓虹灯的灯光效果跃然纸上，适用于一些特殊文字或图片效果的处理。

1	🔍	使用功能：渐变工具、图层样式、描边命令、彩色半调滤镜、高斯模糊滤镜
2	✋	配色： ■ R:228 G:140 B:47　■ R:234 G:79 B:170　■ R:69 G:102 B:205
3	💿	光盘路径：Chapter 3\21 霓虹灯文字\complete\霓虹灯文字.psd
4	🗡	难易程度：★★☆☆☆

操作步骤

01 执行"文件 > 新建"命令，打开"新建"对话框，在弹出的对话框中设置"宽度"为 10 厘米、"高度"为 5 厘米，"分辨率"为 350 像素 / 英寸，如图 21-1 所示。完成设置后，单击"确定"按钮，新建一个图像文件。

图 21-1

02 单击横排文字工具 T，在字符面板中设置各项参数，如图 21-2 所示，在画面中输入文字。然后单击移动工具 ⊹，按下键盘中的方向键适当调整文字的位置，得到的效果如图 21-3 所示。

图 21-2

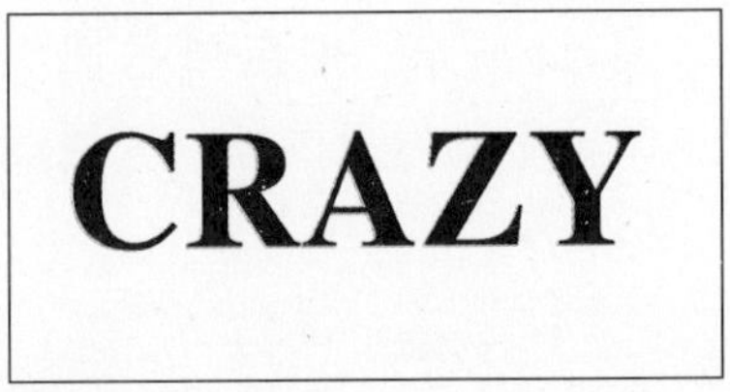

图 21-3

03 执行"编辑 > 自由变换"命令，按住 Alt 键向上拖动自由变换编辑框，如图 21-4 所示，按下 Enter 键确定变换，得到如图 21-5 所示的效果。

CRAZY

图 21-4

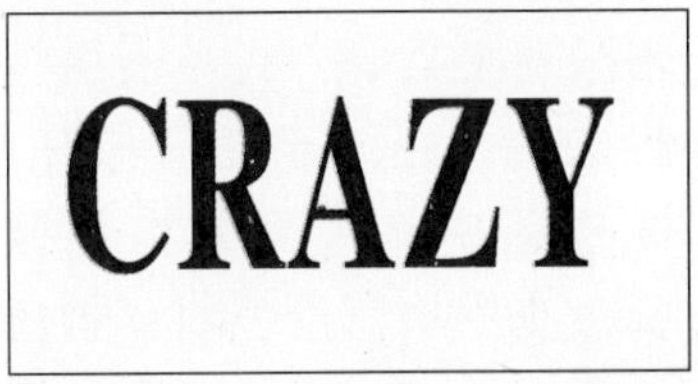

CRAZY

图 21-5

04 在属性栏上单击"创建文字变形"按钮 ⬆，在弹出的对话框中设置各项参数，如图 21-6 所示，单击"确定"按钮，得到如图 21-7 所示的效果。

图 21-6

图 21-7

05 在文字图层上右击鼠标，在弹出的快捷菜单中选择"栅格化文字"命令，将文字图层转化为一般图层，得到如图 21-8 所示的图层效果。

图 21-8

06 设置前景色为深灰色（R:129 G:129 B:129），背景色为浅灰色（R:199 G:199 B1:99）。单击魔棒工具，选中文字"C"，如图 21-9 所示。单击渐变工具，并单击属性栏上的"径向渐变"按钮，在选区中从内到外拖动鼠标，应用从前景色到背景色的渐变填充，完成效果如图 21-10 所示。

图 21-9

图 21-10

07 执行"滤镜 > 像素化 > 彩色半调"命令，在弹出的对话框中设置各项参数如图 21-11 所示，单击"确定"按钮。然后按下快捷键 Ctrl + D 取消选区，得到如图 21-12 所示的效果。

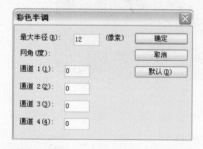

图 21-11

图 21-12

08 使用以上相同方法，依次对文字进行设置，完成后效果如图 21-13 所示。

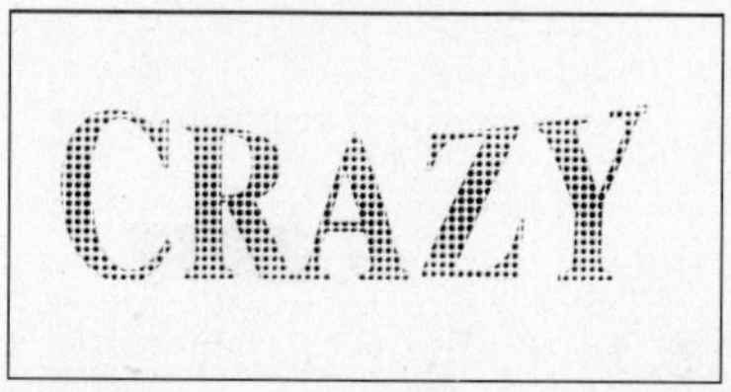

图 21-13

09 单击魔棒工具，在属性栏上设置"容差"为 10，如图 21-14 所示，然后单击选中图像中的黑点区域，创建选区，如图 21-15 所示。

容差: 10　☑消除锯齿　☐连续

图 21-14

图 21-15

10 执行"选择 > 羽化"命令，在弹出的对话框中设置"羽化半径"为 3 像素，如图 21-16 所示，单击"确定"按钮。新建图层"图层1"，重复按下快捷键 Ctrl + Delete 进行填充并加深灰度，然后按下快捷键 Ctrl + D 取消选区，得到如图 21-17 所示的效果。

图 21-16

图 21-17

11 在文字图层上新建图层"图层2"，如图 21-18 所示，然后将画面颜色填充为黑色，效果如图 21-19 所示。

图 21-18

图 21-19

92

12 选择"图层1"，执行"滤镜 > 模糊 > 高斯模糊"命令，在弹出的对话框中设置"半径"为2像素，如图21-20所示，单击"确定"按钮，得到如图21-21所示的效果。

图 21-20

图 21-21

13 双击"图层1"的灰色区域，在弹出的"图层样式"对话框中设置各项参数，如图21-22所示，单击渐变条，在弹出的"渐变编辑器"对话框中设置渐变，如图21-23所示，单击"确定"按钮返回"图层样式"对话框，完成设置后再次单击"确定"按钮，得到如图21-24所示的效果。

图 21-22

图 21-23

图 21-24

14 按住 Ctrl 键单击"CRAZY"图层前的缩略图，载入选区，如图21-25所示。新建图层"图层3"，执行"编辑 > 描边"命令，在弹出的对话框中设置"宽度"为5px，如图21-26所示，单击"确定"按钮，然后按下快捷键 Ctrl + D 取消选区，得到如图21-27所示的效果。

图 21-25

图 21-26

图 21-27

15 双击"图层3"的灰色区域，在弹出的"图层样式"对话框中设置各项参数，如图21-28、21-29和21-30所示，单击"确定"按钮，得到如图21-31所示的效果。

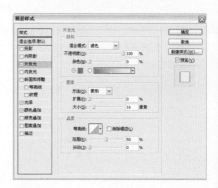

图 21-28

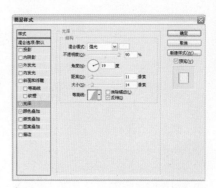

图 21-29

图 21-30

93

图 21-31

16 单击横排文字工具 T，在字符面板中设置各项参数，如图 21-32 所示，在画面中输入文字。然后单击移动工具 ⊕，按下键盘中的方向键适当调整文字的位置，效果如图 21-33 所示。

图 21-32

图 21-33

17 按住 Ctrl 键单击文字图层前的缩略图，载入选区。新建图层"图层 4"，单击文字图层前的"指示图层可视性"图标 ● 隐藏图层，得到如图 21-34 所示的选区效果。图层面板如图 21-35 所示。

图 21-34

图 21-35

18 执行"编辑 > 描边"命令，在弹出的对话框中设置"宽度"为 2px，如图 21-36 所示，单击"确定"按钮，然后按下快捷键 Ctrl + D 取消选区，得到如图 21-37 所示的效果。

图 21-36

图 21-37

19 双击"图层 3"的灰色区域，在弹出的"图层样式"对话框中设置各项参数，如图 21-38 和 21-39 所示，单击"确定"按钮，得到如图 21-40 所示的效果。至此，本实例制作完成。

图 21-38

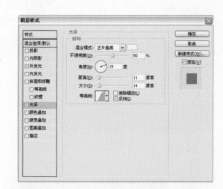

图 21-39

图 21-40

Chapter

特殊图像特效

效果展示 |

22 十字绣

本实例将卡通图案处理成十字绣效果，具有较强的质感，色块与色块搭配相宜，效果逼真，适用于制作十字绣的特殊效果。

1 🔍 使用功能：马赛克滤镜、羽化命令、反向命令、图层样式

2 🎨 配色：■ R:61 G:202 B:250　■ R:242 G:14 B:14　■ R:238 G:118 B:251

3 💿 光盘路径：Chapter 4 \22 十字绣\complete\十字绣.psd

4 🏔 难易程度：★★★☆☆

操作步骤

01 执行"文件 > 打开"命令，在弹出的对话框中选择本书配套光盘中 Chapter 4\22 十字绣 \media\001.jpg 文件，单击"打开"按钮打开素材文件，如图 22-1 所示。

图 22-1

02 在图层面板上将"背景"图层拖曳到"创建新图层"按钮 🔲 上，得到"背景副本"图层后隐藏"背景"图层，如图 22-2 所示。

图 22-2

03 选择"背景副本"图层，执行"滤镜 > 像素化 > 马赛克"命令，在弹出的对话框中设置"单元格大小"为 24 方形，如图 22-3 所示，单击"确定"按钮，得到如图 22-4 所示的效果。

图 22-3

图 22-4

04 执行"文件 > 新建"命令，在弹出的对话框中设置"宽度"和"高度"都为 24 像素，"分辨率"为 350 像素 / 英寸，"背景内容"为透明，如图 22-5 所示，单击"确定"按钮新建图像文件。单击缩放工具 🔍 放大图像。

图 22-5

05 单击矩形选框工具 ⬚，在画面中创建适当大小的矩形选区，设置前景色为黑色，按下快捷键 Alt + Delete 将选区填充为黑色，最后按下快捷键 Ctrl + D 取消选区，得到如图 22-6 所示的效果。

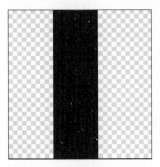

图 22-6

06 执行"编辑 > 自由变换"命令，显示出自由变换编辑框，在属性栏上如图 22-7 所示设置旋转角度为 -45°，得到如图 22-8 的效果，然后拖动编辑框调整图像的大小，按下 Enter 键确定变换，效果如图 22-9 所示。

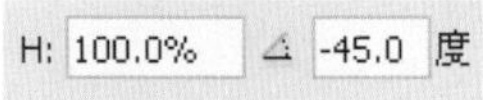

H: 100.0% △ -45.0 度

图 22-7

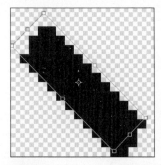

图 22-8

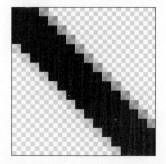

图 22-9

07 执行"编辑 > 定义图案"命令，弹出"图案名称"对话框，保持默认设置单击"确定"按钮，如图 22-10 所示。

图 22-10

08 返回"001"图档，新建图层"图层 1"，执行"编辑 > 填充"命令，在弹出的对话框中设置"使用"为"图案"，"自定图案"选择刚定义的斜线图案，如图 22-11 所示，单击"确定"按钮，得到如图 22-12 所示的效果。

图 22-11

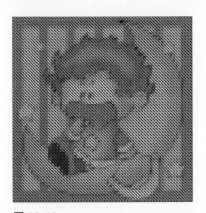

图 22-12

09 按住 Ctrl 键单击"图层 1"前的缩览图，载入选区，如图 22-13 所示。按下快捷键 Alt+Ctrl+D，羽化选区，在弹出对话框中设置"羽化半径"为 3 像素，如图 22-14 所示，单击"确定"按钮，得到如图 22-15 所示的效果。

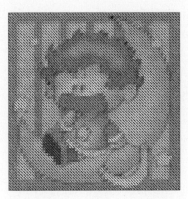

图 22-13

图 22-14

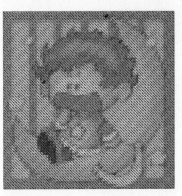

图 22-15

10 选择"背景副本"图层，按下快捷键 Ctrl+J 复制粘贴选区，自动生成"图层 2"，如图 22-16 所示。双击"图层 2"的灰色区域，在弹出的"图层样式"对话框中设置各项参数，如图 22-17 所示，单击"确定"按钮，得到如图 22-18 所示的效果。

图 22-16

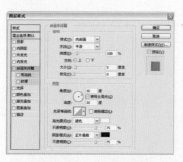

图 22-17

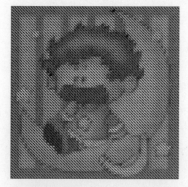

图 22-18

11 复制"图层 1"图层,得到"图层 1 副本",单击"图层 1"前的"指示图层可视性"图标●隐藏图层,选择"图层 1 副本",执行"编辑 > 变换 > 水平翻转"命令,得到如图 22-19 所示的效果。

图 22-19

12 选择"背景副本"图层,按住 Ctrl 键单击"图层 1 副本"前的缩略图,载入选区,如图 22-20 所示。执行"选择 > 羽化"命令,在弹出的对话框中设置"羽化半径"为 3 像素,如图 22-21 所示,单击"确定"按钮,得到如图 22-22 所示的效果。

图 22-20

图 22-21

图 22-22

13 按下快捷键 Ctrl+J 复制粘贴选区,自动生成"图层 3",如图 22-23 所示。单击"图层 1 副本"前的"指示图层可视性"图标●隐藏图层,得到如图 22-24 所示的效果。

图 22-23

图 22-24

14 在"图层 2"上右击鼠标,在弹出的快捷菜单中选择"拷贝图层样式"命令,然后在"图层 3"上右击鼠标,在弹出的快捷菜单中选择"粘贴图层样式"命令,图层面板如图 22-25 所示,得到如图 22-26 所示的效果。

图 22-25

图 22-26

15 在"背景"图层上新建图层"图层 4"。按下快捷键 Alt + Delete 填充黑色,如图 22-27 所示。

图 22-27

16 按住 Ctrl 键选择"图层 2"和"图层 3"图层，然后按下快捷键 Ctrl + E 合并图层，如图 22-28 示。再次按住 Ctrl 键单击"图层 2"前的缩略图，将"图层 2"载入选区，如图 22-29 示。

图 22-28

图 22-29

17 按下快捷键 Shift+Ctrl+I 进行反选，然后执行"选择 > 修改 > 收缩"命令，在弹出的对话框中设置"收缩量"为 2 像素，如图 22-30 所示，单击"确定"按钮，得到如图 22-31 示的效果。

图 22-30

图 22-31

18 选择"背景副本"图层，按下 Delete 键删除选区内图像，按下快捷键 Ctrl+D 取消选区，得到如图 22-32 所示的效果。

图 22-32

19 选择"图层 2"图层，单击图层面板上的"创建新的填充或调整图层"按钮 ，在弹出的菜单中选择"色阶"命令，并在随后弹出的对话框中设置各项参数，如图 22-33 所示，单击"确定"按钮，得到如图 22-34 所示的效果。至此，本实例制作完成。

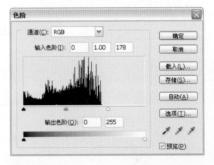

图 22-33

图 22-34

99

23 撕纸效果

本实例要制作的是具有撕纸效果的图像特效，背景图片的撕纸效果真实且颇有动感，令图片意境深远，回味无穷。本实例可为一些印刷品广告提供创意参考。

1. 🔍 使用功能：反向命令、色阶命令、钢笔工具、波浪滤镜、高斯模糊滤镜

2. 🎨 配色：▨ R:238 G:169 B:161　▨ R:232 G:252 B:149　■ R:13 G:41 B:253

3. 💿 光盘路径：Chapter 4 \23 撕纸效果\complete\撕纸效果.psd

4. 🎫 难易程度：★★★☆☆

操作步骤

01 执行"文件 > 打开"命令，在弹出的对话框中选择本书配套光盘中 Chapter 4\23 撕纸效果 \media\001.jpg 文件，单击"打开"按钮打开素材文件，如图 23-1 所示。

图 23-1

02 在图层面板中复制"背景"图层，得到图层"背景副本"。单击钢笔工具 ✍，在图像中沿着人物边缘绘制路径，如图 23-2 所示。

图 23-2

03 按下快捷键 Ctrl + Enter 将路径转化为选区，如图 23-3 所示。执行"选择 > 羽化"命令，在弹出的对话框中设置"羽化半径"为 2 像素，单击"确定"按钮，得到如图 23-4 所示的选区效果。

图 23-3

图 23-4

04 执行"选择 > 反选"命令反选选区，如图 23-5 所示。单击"背景"图层前的"指示图层可视性"图标 👁，隐藏图层。然后按下 Delete 键删除选区内图像，并按下快捷键 Ctrl + D 取消选区，效果如图 23-6 所示。

图 23-5

图 23-6

05 单击"背景"图层前的"指示图层可视性"图标👁，显示图层。双击"背景"图层，在弹出的"新建图层"对话框中单击"确定"按钮，将背景图层转为普通图层。单击钢笔工具 ✍，在图像中沿着墙壁的裂痕边缘绘制路径，如图 23-7 所示。

图 23-7

06 按下快捷键 Ctrl + Enter 将路径转化为选区，如图 23-8 所示。然后按下 Delete 键删除选区内图像，效果如图 23-9 所示。

图 23-8

图 23-9

07 在"背景"图层上新建图层"图层 1"，单击路径面板上的扩展按钮，在弹出的下拉菜单中选择"建立工作路径"命令，建立工作路径，然后执行"编辑 > 描边"命令，在弹出的对话框中设置参数如图 23-10 所示，单击"确定"按钮，按下快捷键 Ctrl+D 取消选区。

图 23-10

08 执行"文件 > 打开"命令，在弹出的对话框中选择本书配套光盘中 Chapter 4\23 撕纸效果 \media\002.jpg 文件，单击"打开"按钮打开素材文件，如图 23-11 所示。

图 23-11

09 单击移动工具 ⊕，将图像拖曳至"撕纸效果"图档中，如图 23-12 所示。将"图层 2"拖曳至图层最下层，得到如图 23-13 所示的效果。

图 23-12

图 23-13

10 选择"图层 1"，执行"滤镜 > 扭曲 > 波浪"命令，在弹出的对话框中设置参数，如图 23-14 所示，单击"确定"按钮，得到如图 23-15 所示的效果。

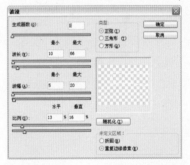

图 23-14

图 23-15

11 双击"图层 0"的灰色区域，在弹出的"图层样式"对话框中设置各项参数，如图 23-16 所示，单击"确定"

按钮，得到如图23-17所示
的效果。

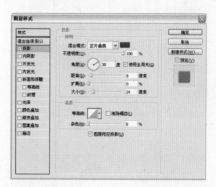

图 23-16

图 23-17

12 执行"文件 > 新建"命令，
打开"新建"对话框，在弹
出的对话框中设置"宽度"
为 6 厘米、"高度"为 6 厘米、
"分辨率"为 350 像素 / 英寸，
如图 23-18 所示。完成设置
后，单击"确定"按钮，新
建一个图像文件。

图 23-18

13 单击钢笔工具，在画面中
绘制路径，如图 23-19 所示。
然后按下快捷键 Ctrl + Enter
将路径转化为选区。

图 23-19

14 按下 D 键将颜色设置为默
认色。按下快捷键 Ctrl +
Delete 对选区进行填充，如
图 23-20 所示。单击渐变工
具，在属性栏上单击渐变
条，在弹出的"渐变编辑器"
对话框中设置各项参数，如
图 23-21 所示，完成后单击
"确定"按钮。

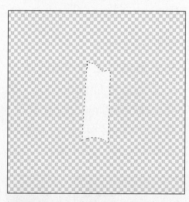

图 23-20

图 23-21

15 新建图层"图层 2"，在选区
中从左至右拖动鼠标进行渐
变填充，效果如图 23-22 所示。

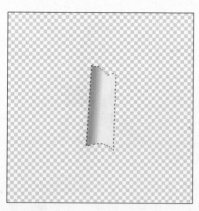

图 23-22

16 执行"滤镜 > 模糊 > 高斯
模糊"命令，在弹出的对话
框中设置"半径"为 15 像素，
单击"确定"按钮，按下快
捷键 Ctrl + D 取消选区，得
到如图 23-23 所示的效果。

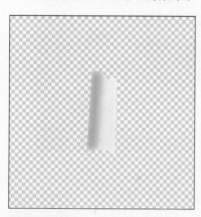

图 23-23

17 单击钢笔工具，在画面中
绘制路径，如图 23-24 所示。
按下快捷键 Ctrl + Enter 将路
径转化为选区，如图 23-25
所示。

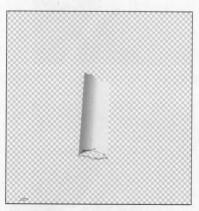

图 23-24

102

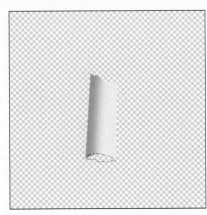

图 23-25

18 选择〝图层 1〞，按下快捷键 Ctrl + Delete 将选区填充为白色，如图 23-26 所示。然后选择〝图层 2〞，单击渐变工具 ，在选区中从右至左拖动鼠标进行渐变填充，效果如图 23-27 所示。

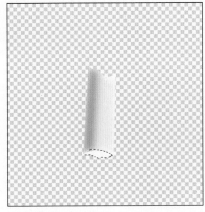

图 23-26

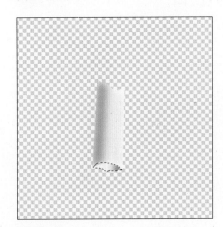

图 23-27

19 执行〝滤镜 > 模糊 > 高斯模糊〞命令，在弹出的对话框中设置〝半径〞为 5 像素，单击〝确定〞按钮，按下快捷键 Ctrl + D 取消选区，得到如图 23-28 所示的效果。

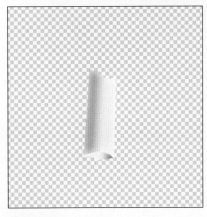

图 23-28

20 使用以上相同方法，继续绘制路径，并填充渐变制作撕纸效果，得到如图 23-29 所示的效果。

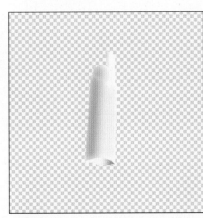

图 23-29

21 按下快捷键 Ctrl + E 合并图层，如图 23-30 所示。单击移动工具 ，将图像拖曳至〝撕纸效果〞图档中，并按下键盘中的方向键适当调整图像的位置，如图 23-31 所示。

图 23-30

图 23-31

22 执行〝图像 > 调整 > 色阶〞命令，在弹出的对话框中设置各项参数，如图 23-32 所示，单击〝确定〞按钮，得到如图 23-33 所示的效果。至此，本实例制作完成。

图 23-32

图 23-33

24 图案拼合特效

本实例要制作的是具有特殊花纹的图像效果，背景图案规则有趣，富有质感，画面厚重且层次分明，适用于特效背景纹理的制作。

1 使用功能：移动工具、定义图案命令、极坐标滤镜、色相/饱和度命令、亮度/对比度命令

2 配色： R:251 G:254 B:2　 R:51 G:196 B:126　 R:255 G:11 B:124

3 光盘路径：Chapter 4 \24 图案拼合特效\complete\图案拼合特效.psd

4 难易程度：★★★☆☆

操作步骤

01 执行"文件 > 新建"命令，打开"新建"对话框，在弹出的对话框中设置"宽度"为 10 厘米、"高度"为 10 厘米，"分辨率"为 350 像素 / 英寸，如图 24-1 所示。完成设置后，单击"确定"按钮，新建一个图像文件。

图 24-2

图 24-4

图 24-1

02 新建图层"图层 1"。执行"编辑 > 填充"命令，在弹出的对话框中设置各项参数如图 24-2 所示，单击"确定"按钮，得到的效果如图 24-3 所示。

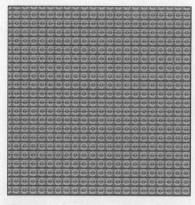

图 24-3

03 执行"滤镜 > 扭曲 > 极坐标"命令，在弹出的对话框中设置各项参数，如图 24-4 所示，单击"确定"按钮，得到效果如图 24-5 所示。

图 24-5

04 单击椭圆选框工具，在属性栏上设置各项参数，如图 24-6 所示，然后在画面中间位置单击鼠标创建选区，如图 24-7 所示。

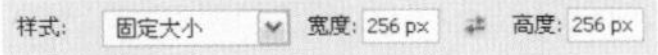

样式: 固定大小 宽度: 256 px 高度: 256 px

图 24-6

图 24-7

05 执行"选择 > 反向"命令，对选区进行反选，按下 Delete 键删除选区内图像，得到的效果如图 24-8 所示。

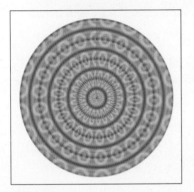

图 24-8

06 复制"图层 1"，得到"图层 1 副本"。单击移动工具，将复制的图移动至原图像下方，如图 24-9 所示。

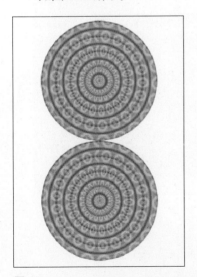

图 24-9

07 使用相同的方法，重复复制"图层 1"，得到"图层 1 副本 2"及"图层 1 副本 3"。单击移动工具，调整图像的位置，效果如图 24-10 所示。

图 24-10

08 选择"图层 1 副本"，按下快捷键 Ctrl + E 合并"图层 1"及"图层 1 副本"，再选择"图层 1 副本 3"，按下快捷键 Ctrl + E 合并"图层 1 副本 3"及"图层 1 副本 2"，得到的图层效果如图 24-11 所示。

图 24-11

09 执行"图像 > 调整 > 色相/饱和度"命令，在弹出的对话框中设置各项参数，如图 24-12 所示，单击"确定"按钮，得到的效果如图 24-13 所示。

图 24-12

图 24-13

10 单击"图层 1 副本 2"前的"指示图层可视性"图标，隐藏该图层。单击矩形选框工具，在属性栏上设置各项参数如图 24-14 所示，然后在画面中单击创建选区，效果如图 24-15 所示。

样式: 固定大小 宽度: 178 px 高度: 128 px

图 24-14

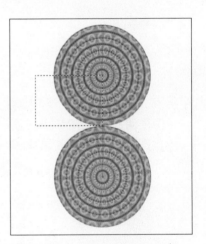

图 24-15

11 选择"图层 1"，按下快捷键 Ctrl + J 复制粘贴选区图像，自动生成"图层 2"，将"图层 2"拖曳至图层最上层。再次单击矩形选框工具，在画面中单击创建选区，如图 24-16 所示。选择"图层 1"，按下快捷键 Ctrl + J 复制粘贴选区图像，自动生成"图层 3"，将"图层 3"拖曳至图层最上层，如图 24-17 所示。

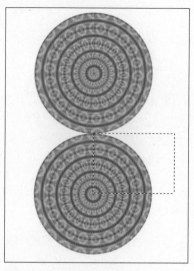

图 24-16

图 24-17

12 单击"图层1副本2"前的"指示图层可视性"图标 👁，显示该图层，得到的效果如图 24-18 所示。

图 24-18

13 单击矩形选框工具 📷，在属性栏上设置各项参数，如图 24-19 所示，在画面中单击创建选区，如图 24-20 所示。

图 24-19

图 24-20

14 执行"编辑 > 定义图案"命令，在弹出的对话框中定义名称为"图案1"，单击"确定"按钮，如图 24-21 所示。

图 24-21

15 按下快捷键 Shift+Ctrl + E，合并可见图层，再按下快捷键 Ctrl + D 取消选区，图层效果如图 24-22 所示。

图 24-22

16 新建图层"图层1"。执行"编辑 > 填充"命令，在弹出的对话框中设置各项参数如图 24-23 所示，其中"自定图案"选择刚刚定义的"图案1"图案单击"确定"按钮，得到的效果如图 24-24 所示。

图 24-23

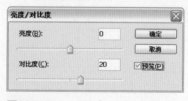

图 24-24

17 执行"图像 > 调整 > 亮度/对比度"命令，在弹出的对话框中设置各项参数如图 24-25 所示，单击"确定"按钮，得到的效果如图 24-26 所示。

图 24-25

图 24-26

18 执行"图像 > 调整 > 色相/饱和度"命令，在弹出的对话框中设置各项参数如

图 24-27 所示，单击"确定"按钮，得到的效果如图24-28 所示。

图 24-27

图 24-28

19 单击横排文字工具 T，在字符面板中设置各项参数，如图 24-29 所示，然后在画面中输入文字。单击移动工具 ，按下键盘中的方向键调整文字的位置，效果如图24-30 所示。

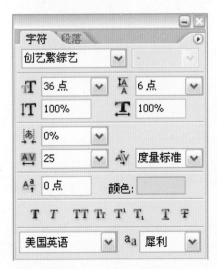

图 24-29

图 24-30

20 单击横排文字工具 T，选择字母"C"至反白状态，在字符面板中设置"字体大小"为 60 点，如图 24-31 所示，然后单击移动工具 ，按下键盘中的方向键适当调整文字的位置，效果如图 24-32所示。

图 24-31

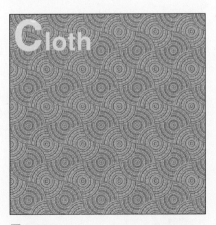

图 24-32

21 双击文字图层的灰色区域，在弹出的"图层样式"对话框中设置各项参数，如图 24-33 所示，单击"确定"按钮，得到的效果如图24-34 所示。

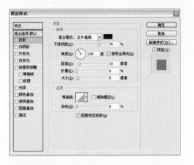

图 24-33

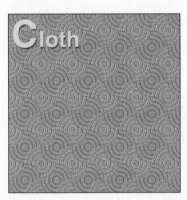

图 24-34

22 单击横排文字工具 T，在字符面板中设置各项参数，如图 24-35 所示，然后在画面中输入文字。单击移动工具 ，按下键盘中的方向键调整文字的位置，效果如图24-36 所示。

图 24-35

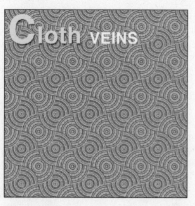

图 24-36

23 单击横排文字工具 T，选中、字母"N"至反白状态，在字符面板中设置各项参数，如图 24-37 所示，在画面中输入文字。然后单击移动工具，按下键盘中的方向键调整文字的位置，效果如图 24-38 所示。

图 24-37

图 24-38

24 双击文字图层的灰色区域，在弹出的"图层样式"对

话框中设置各项参数，如图 24-39 所示，单击"确定"按钮，得到的效果如图 24-40 所示。

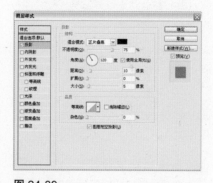

图 24-39

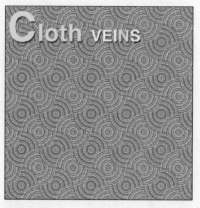

图 24-40

25 单击横排文字工具 T，在字符面板中设置各项参数，如图 24-41 所示，然后在画面中输入文字。单击移动工具，按下键盘中的方向键适当调整文字的位置，效果如图 24-42 所示。

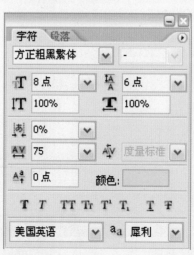

图 24-41

图 24-42

26 双击文字图层的灰色区域，在弹出的"图层样式"对话框中设置各项参数，如图 24-43 所示，单击"确定"按钮，得到的效果如图 24-44 所示。

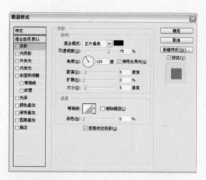

图 24-43

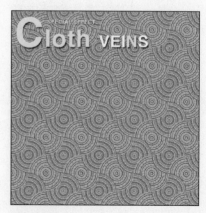

图 24-44

27 单击横排文字工具 T，在字符面板中设置各项参数，如图 24-45 所示，然后在画面中输入文字。单击移动工具，按下键盘中的方向键适当调整文字的位置，效果如图 24-46 所示。

108

图 24-45

图 24-46

定"按钮, 得到的效果如图 24-48 所示。

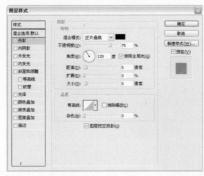

图 24-47

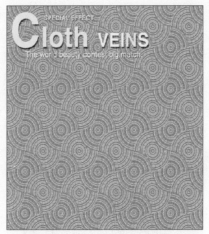

图 24-48

28 双击文字图层的灰色区域, 在弹出的"图层样式"对话框中设置各项参数, 如图 24-47 所示, 单击"确

29 单击横排文字工具 [T], 在字符面板中设置各项参数, 如图 24-49 所示, 然后在画面中输入文字。单击移动工具

[图标], 按下键盘中的方向键适当调整文字的位置, 得到的效果如图 24-50 所示。至此, 本实例制作完成。

图 24-49

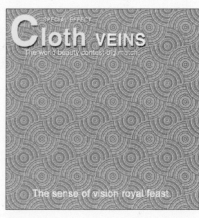

图 24-50

25 星云特效

本实例要制作的是星云图案的图像特效，该渲染效果层次分明，对比强烈，给人以强烈的视觉冲击力，同时整个图片效果厚重而不失柔和，使用此处理手法制作个性图片相当实用。

1 使用功能：画笔工具、图层混合模式、曲线命令、图层蒙版、横排文字工具、云彩滤镜

2 配色：☐ R:255 G:255 B:255 ■ R:0 G:0 B:0

3 光盘路径：Chapter 4\25 星云特效\complete\星云特效.psd

4 难易程度：★★★☆☆

操作步骤

01 执行"文件 > 新建"命令，打开"新建"对话框，在弹出的对话框中设置"宽度"为 8 厘米、"高度"为 6 厘米，"分辨率"为 350 像素 / 英寸，如图 25-1 所示。完成设置后，单击"确定"按钮，新建一个图像文件。

图 25-1

02 按下 D 键将颜色设置为默认色。按下快捷键 Alt + Delete 填充"背景"图层，效果如图 25-2 所示。

图 25-2

03 新建图层"图层 1"，按下 X 键切换前景色和背景色。单击画笔工具，在属性栏上选择画笔"喷枪柔边圆形 200"，并按下 [及] 键适当调整画笔大小，在图像中进行绘制，效果如图 25-3 所示。

图 25-3

04 新建图层"图层 2"。执行"滤镜 > 渲染 > 云彩"命令，得到的效果如图 25-4 所示。

图 25-4

05 设置"图层 2"的混合模式为"颜色减淡"，如图 25-5 所示，得到如图 25-6 所示的效果。

图 25-5

110

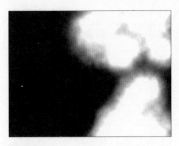

图 25-6

06 单击"创建新的填充或调整图层"按钮 ⊘.，在弹出的菜单中选择"曲线"命令，然后在弹出的对话框中设置曲线，如图 25-7 所示，单击"确定"按钮，得到如图 25-8 所示的效果。

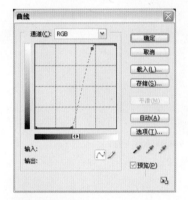

图 25-7

图 25-8

07 按下快捷键 Alt+Ctrl+G，创建图层剪贴蒙版，得到的效果如图 25-9 所示，图层面板如图 25-10 所示。

图 25-9

图 25-10

08 单击横排文字工具 T.，在字符面板中设置各项参数，如图 25-11 所示，然后在画面中输入如图 25-12 所示的文字。单击移动工具 ⊕.，按下键盘中的方向键适当调整文字的位置。

图 25-11

图 25-12

09 双击文字图层，在弹出的"图层样式"对话框中设置各项参数，如图 25-13 所示，单击"确定"按钮，得到的效果如图 25-14 所示。

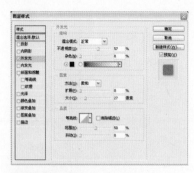

图 25-13

图 25-14

10 单击横排文字工具 T.，在字符面板中设置各项参数，如图 25-15 所示，然后在画面中输入文字。单击移动工具 ⊕.，按下键盘中的方向键适当调整文字的位置，如图 25-16 所示。

图 25-15

图 25-16

11 单击横排文字工具 T，在字符面板中设置各项参数，如图 25-17 所示，然后在画面中输入文字。单击移动工具 ⊕，按下键盘中的方向键适当调整文字的位置，如图 25-18 所示。

图 25-17

图 25-18

12 新建图层"图层 3"。单击圆角矩形工具 ，在画面中绘

制适当大小的圆角矩形，如图 1-19 所示。

图 25-19

13 单击横排文字工具 T，在字符面板中设置各项参数，如图 25-20 所示，然后在画面中输入文字。单击移动工具 ⊕，按下键盘中的方向键适当调整文字的位置，图层面板如图 25-21 所示，得到的效果如图 25-22 所示。至此，本实例制作完成。

图 25-20

图 25-21

图 25-22

Chapter 05

材质纹理特效

效果展示

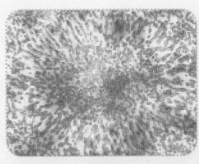
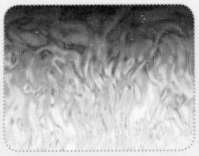

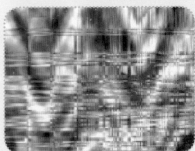

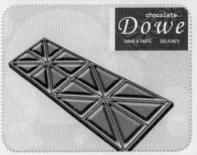

26 岩浆效果

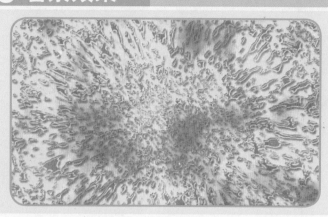

本实例制作具有岩浆喷溅效果的纹理图像,画面真实,色彩强烈,凸显出溶浆的灼热感以及涌动的流动感。

1 🔍 使用功能: 自由变换命令、图层混合模式、海绵滤镜、挤压滤镜、云彩滤镜

2 🎨 配色: ■ R:252 G:235 B:4 ■ R:251 G:100 B:0

3 💿 光盘路径: Chapter 5\26 岩浆效果\complete\岩浆效果.psd

4 🔨 难易程度: ★★☆☆☆

操作步骤

01 执行"文件 > 新建"命令,在弹出的对话框中设置"宽度"为 8 厘米、"高度"为 6 厘米,"分辨率"为 350 像素 / 英寸, 如图 26-1 所示。完成设置后,单击"确定"按钮,新建一个图像文件。

图 26-1

02 复制"背景"图层,得到图层"背景副本",如图 26-2 所示。

图 26-2

03 执行"滤镜 > 艺术效果 > 海绵"命令,在弹出的对话框中设置各项参数,如图 26-3 所示,单击"确定"按钮,得到如图 26-4 所示的效果。

图 26-3

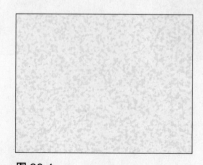

图 26-4

04 单击魔棒工具 🖌 ,在属性栏上设置"容差"为 10, 如图 26-5 所示,然后在画面中单击灰色区域创建选区,如图 26-6 所示。

容差: 10 ☑消除锯齿 □连续

图 26-5

图 26-6

05 按下快捷键 Ctrl + J 复制粘贴选区图像,自动生成"图层 1",如图 26-7 所示。

图 26-7

114

06 双击"图层1"的灰色区域，在弹出的"图层样式"对话框中设置各项参数，如图26-8、图26-9和图26-10所示，单击"确定"按钮，得到如图26-11所示的效果。

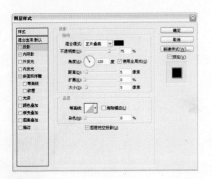

图 26-8

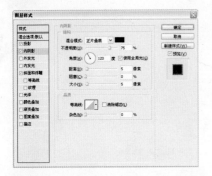

图 26-9

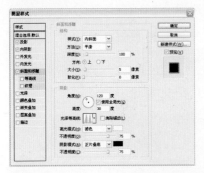

图 26-10

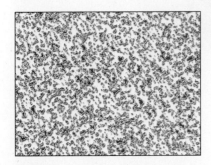

图 26-11

07 执行"滤镜 > 扭曲 > 挤压"命令，在弹出的对话框中设置各项参数，如图26-12所示，单击"确定"按钮，得到如图26-13所示的效果。

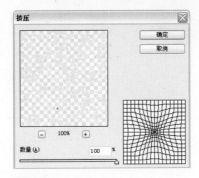

图 26-12

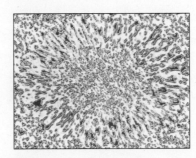

图 26-13

08 执行"编辑 > 自由变换"命令，显示出自由变换编辑框，按下 Shift+Alt 键拖动编辑框调整图像的大小，如图26-14所示，按下 Enter 键确定变换，得到如图26-15所示的效果。

图 26-14

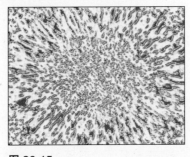

图 26-15

09 设置前景色为黄色（R:253 G:203 B:4），背景色为红色（R:215 G:35 B:0），新建图层"图层2"，执行"滤镜 > 渲染 > 云彩"命令，直接生成云彩图像，效果如图26-16所示。

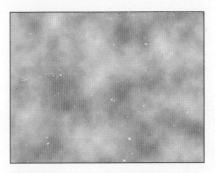

图 26-16

10 设置"图层2"的混合模式为"强光"，如图26-17所示，得到如图26-18所示的图像效果。至此，本实例制作完成。

图 26-17

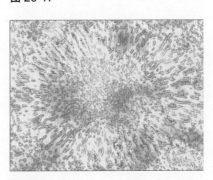

图 26-18

27 燃烧效果

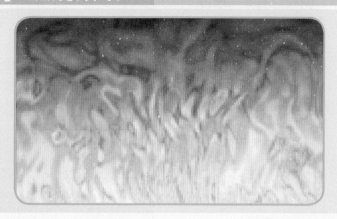

本实例制作燃烧的火焰特效，图像中的火焰柔和而真实，色彩的渐变充分表现出火焰的炽热和燃烧的跃动。

1. 🔍 使用功能：渐变工具、曲线命令、云彩滤镜、铬黄滤镜、极坐标滤镜、波浪滤镜、高斯模糊滤镜

2. 🎨 配色：　R:255 G:226 B:4　■ R:255 G:88 B:1

3. 💿 光盘路径：Chapter 5 \27 燃烧效果\complete\燃烧效果.psd

4. 🎯 难易程度：★★★☆☆

操作步骤

01 执行"文件 > 新建"命令，打开"新建"对话框，在弹出的对话框中设置"宽度"为 8 厘米、"高度"为 6 厘米，"分辨率"为 350 像素 / 英寸，如图 27-1 所示。完成设置后，单击"确定"按钮，新建一个图像文件。

图 27-1

02 在图层面板上新建图层"图层 1"，如图 27-2 所示。按下 D 键将颜色设置为默认色，执行"滤镜 > 渲染 > 云彩"命令，自动生成云彩图像，效果如图 27-3 所示。

图 27-2

图 27-3

03 执行"滤镜 > 素描 > 铬黄"命令，在弹出的对话框中设置各项参数，如图 27-4 所示，单击"确定"按钮，得到如图 27-5 所示的效果。

图 27-4

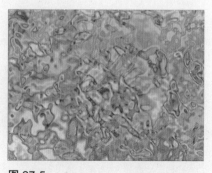

图 27-5

04 执行"滤镜 > 扭曲 > 极坐标"命令，在弹出的对话框中设置各项参数，如图 27-6 所示，单击"确定"按钮，得到如图 27-7 所示的效果。

116

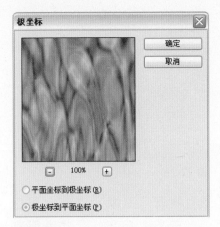

图 27-6

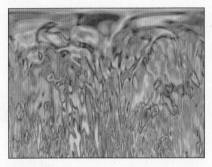

图 27-7

05 执行"滤镜 > 扭曲 > 波浪"命令,在弹出的对话框中设置各项参数,如图 27-8 所示,单击"确定"按钮,得到如图 27-9 所示的效果。

图 27-8

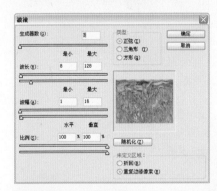

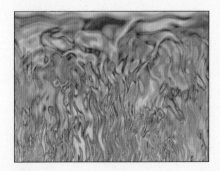

图 27-9

06 单击渐变工具，设置从黑色到透明的渐变,单击属性栏上的"线性渐变"按钮,如图 27-10 所示,然后在画面上方拖动鼠标应用渐变填充,完成效果如图 27-11 所示。

图 27-10

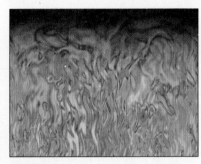

图 27-11

07 设置前景色为红色(R:255 G:0 B:0),背景色为黄色(R:255 G:223 B:4),新建图层"图层 2"。单击渐变工具，并单击属性栏上的"线性渐变"按钮,如图 27-12 所示,在画面中从上到下拖动鼠标应用前景色到背景色的渐变填充,完成效果如图 27-13 所示。

图 27-12

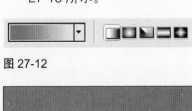

图 27-13

08 设置"图层 2"的混合模式为"叠加",如图 27-14 所示,得到如图 27-15 所示的效果。

图 27-14

图 27-15

09 选择"图层 1",执行"图像 > 调整 > 曲线"命令,在弹出的对话框中设置曲线如图 27-16 所示,单击"确定"按钮,得到如图 27-17 所示的效果。

图 27-16

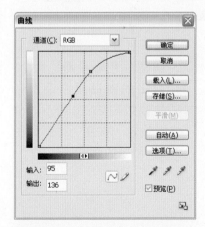

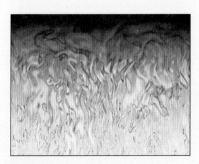

图 27-17

10 执行"编辑 > 自由变换"命令，显示出自由变换编辑框，按住 Shift+Alt 键拖动编辑框适当调整图像的大小，并移动图像调整位置，如图 27-18 所示，按下 Enter 键确定变换，得到如图 27-19 所示的效果。

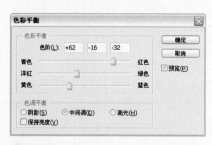

图 27-20

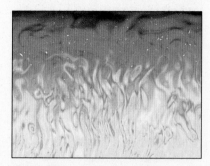

图 27-23

13 执行"图像 > 调整 > 可选颜色"命令，在弹出的对话框中设置各项参数，如图 27-24 所示，单击"确定"按钮，得到如图 27-25 所示的效果。至此，本实例制作完成。

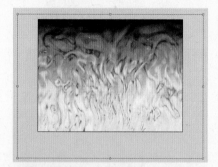

图 27-18

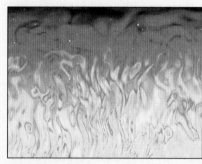

图 27-21

12 执行"滤镜 > 模糊 > 高斯模糊"命令，在弹出的对话框中设置参数如图 27-22 所示，单击"确定"按钮，得到如图 27-23 所示的效果。

图 27-24

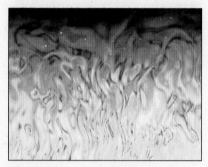

图 27-19

11 选择"图层 1"，执行"图像 > 调整 > 色彩平衡"命令，在弹出的对话框中设置各项参数如图 27-20 所示，单击"确定"按钮，得到如图 27-21 所示的效果。

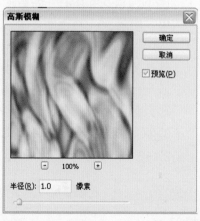

图 27-22

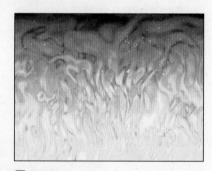

图 27-25

28 砖纹效果

本实例制作具真实感的砖纹效果，突出砖纹的质感与空间感，给人以自然神秘之感，结合墙壁上的光影，表现出深邃的意境。

	使用功能：椭圆选框工具、图层混合模式、曲线命令、云彩滤镜、基底凸现滤镜
1	
2	配色：■ R:174 G:177 B:182　■ R:37 G:61 B:93　■ R:4 G:146 B:252
3	光盘路径：Chapter 5 \28 砖纹效果\complete\砖纹效果.psd
4	难易程度：★★★☆☆

操作步骤

01　执行"文件 > 新建"命令，打开"新建"对话框，在弹出的对话框中设置"宽度"为 8 厘米、"高度"为 6 厘米，"分辨率"为 350 像素 / 英寸，如图 28-1 所示。完成设置后，单击"确定"按钮，新建一个图像文件。

图 28-1

02　新建图层"图层 1"，按下 D 键将颜色设置为默认色，执行"滤镜 > 渲染 > 云彩"命令，自动生成云彩图像，图层面板如图 28-2 所示。图像效果如图 28-3 所示。

图 28-2

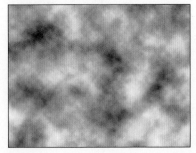

图 28-3

03　执行"图像 > 调整 > 曲线"命令，在弹出的对话框中设置曲线如图 28-4 所示，单击"确定"按钮，得到如图 28-5 所示的效果。

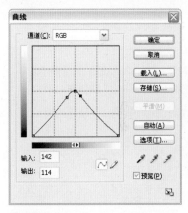

图 28-4

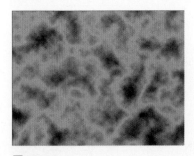

图 28-5

04　执行"滤镜 > 素描 > 基底凸现"命令，在弹出的对话框中设置各项参数，如图 28-6 所示，单击"确定"按钮，得到如图 28-7 所示的效果。

119

图 28-6

图 28-7

05 新建图层"图层 2",如图 28-8 所示。设置前景色为蓝灰色（R:80 G:88 B:100），按下快捷键 Alt+ Delete 进行填充，效果如图 28-9 所示。

图 28-8

图 28-9

06 设置"图层 2"的混合模式为"柔光",如图 28-10 所示,

得到如图 28-11 所示的效果。

图 28-10

图 28-11

07 新建图层"图层 3",如图 28-12 所示。单击铅笔工具 ，在属性栏上设置各项参数，如图 28-13 所示，然后按住 Shift 键在图像中绘制水平与垂直直线，效果如图 28-14 所示。

图 28-12

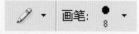

图 28-13

图 28-14

08 双击"图层 3"的灰色区域，在弹出的"图层样式"对话框中设置各项参数，如图 28-15 和图 28-16 所示，单击"确定"按钮，得到如图 28-17 所示的效果。

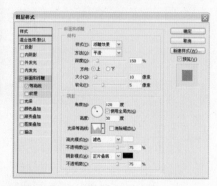

图 28-15

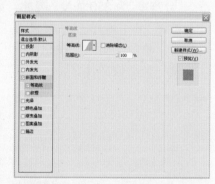

图 28-16

图 28-17

120

09 新建图层"图层4",如图 28-18 所示。设置前景色为深蓝色(R:80 G:88 B:100),按下快捷键 Alt + Delete 进行填充,效果如图 28-19 所示。

图 28-18

图 28-19

10 设置"图层4"的混合模式为"正片叠底","不透明度"为80%,如图 28-20 所示,得到如图 28-21 所示的效果。

图 28-20

图 28-21

11 单击椭圆选框工具○,在图像中创建适当大小的圆形选区,如图 28-22 所示。执行"选择 > 羽化"命令,在弹出的对话框中设置"羽化半径"为 20 像素,如图 28-23 所示,单击"确定"按钮,然后按下 Delete 键删除选区内图像,并按下快捷键 Ctrl + D 取消选区,得到如图 28-24 所示的效果。

图 28-22

图 28-23

图 28-24

12 新建图层"图层5",如图 28-25 所示。设置前景色为蓝色(R:4 G:146 B:252)。单击矩形工具□,在图像中绘制长条矩形,效果如图 28-26 所示。

图 28-25

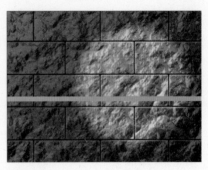

图 28-26

13 单击横排文字工具T,在字符面板中设置各项参数,如图 28-27 所示,在画面中输入文字。然后单击移动工具,按下键盘中的方向键调整文字的位置,效果如图 28-28 所示。图层面板如图 28-29 所示。

图 28-27

图 28-28

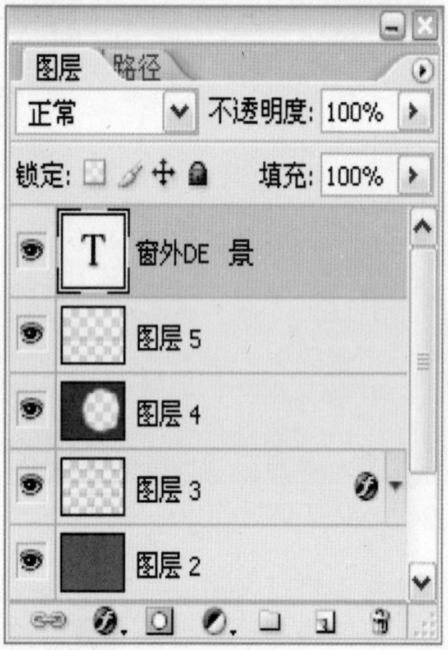

图 28-30

图 28-31

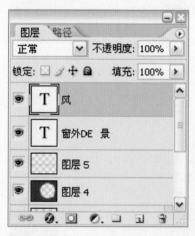

图 28-32

15 单击横排文字工具 T，在字符面板中设置各项参数，如图 28-33 所示，在画面中输入文字。然后单击移动工具 ，按下键盘中的方向键适当调整文字的位置，得到的效果如图 28-34 所示。至此，本实例制作完成。

图 28-33

图 28-34

图 28-29

14 单击横排文字工具 T，在字符面板中设置各项参数，如图 28-30 所示，在画面中输入文字。然后单击移动工具 ，按下键盘中的方向键适当调整文字的位置，效果如图 28-31 所示。图层面板如图 28-32 所示。

29 泥浆效果

本实例要制作的是模拟泥浆流淌效果的图像，画面感觉真实且具有动感，凹凸不平的印迹体现出泥浆特有的质感。

1 🔍 使用功能：渐变工具、曲线命令、云彩滤镜、铬黄滤镜、光照效果滤镜

2 🎨 配色：■ R:255 G:226 B:158　■ R:152 G:121 B:55　■ R:70 G:37 B:0

3 💿 光盘路径：Chapter 5 \29 泥浆效果\complete\泥浆效果.psd

4 ✏️ 难易程度：★★☆☆☆

操作步骤

01 执行"文件 > 新建"命令，打开"新建"对话框，在弹出的对话框中设置"宽度"为 8 厘米、"高度"为 6 厘米，"分辨率"为 350 像素/英寸，如图 29-1 所示。完成设置后，单击"确定"按钮，新建一个图像文件。

图 29-1

02 单击渐变工具 ▦，并单击属性栏上的"线性渐变"按钮，然后单击渐变条，在渐变编辑器中设置渐变，如图 29-2 所示，最后在画面中从左上到右下拖动鼠标应用渐变填充，得到的效果如图 29-3 所示。

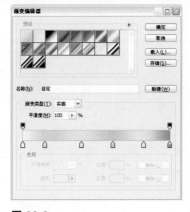

图 29-2

图 29-3

03 按下 D 键将颜色设置为默认色，新建图层"图层 1"，如图 29-4 所示。执行"滤镜 > 渲染 > 云彩"命令，自动生成云彩图像，效果如图 29-5 所示。

图 29-4

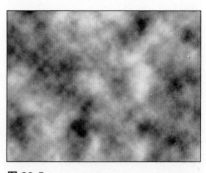

图 29-5

04 执行"滤镜 > 素描 > 铬黄"命令，在弹出的对话框中设置各项参数，如图 29-6 所示，单击"确定"按钮，得到如图 29-7 所示的效果。

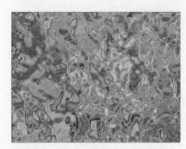

图 29-6

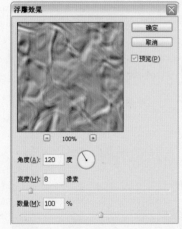

图 29-7

05 执行"滤镜 > 风格化 > 浮雕效果"命令，在弹出的对话框中置各项参数，如图29-8 所示，单击"确定"按钮，得到如图 29-9 所示的效果。

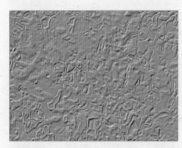

图 29-8

图 29-9

06 设置"图层 1"的混合模式为"线性光"，如图 29-10 所示，得到的效果如图 29-11 所示。

图 29-10

图 29-11

07 执行"图像 > 调整 > 曲线"命令，在弹出的对话框中设置曲线，如图 29-12 所示，单击"确定"按钮，得到的效果如图 29-13 所示。

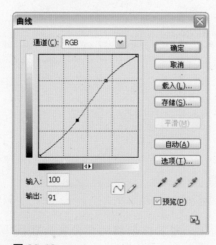

图 29-12

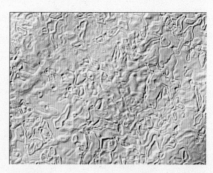

图 29-13

08 执行"滤镜 > 渲染 > 光照效果"命令，在弹出的对话框中进行参数设置，如图 29-14 所示，单击"确定"按钮，得到如图 29-15 所示的效果。至此，本实例制作完成。

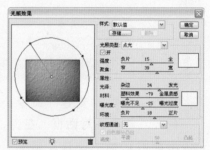

图 29-14

图 29-15

30 玻璃效果

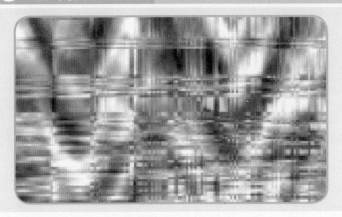

本实例要制作的是具有玻璃色泽的抽象图案，图像色泽光亮，对比较强，充分表现出玻璃的质感及反光性。可用于某些图片抽象背景底纹的处理。

1 🔍 使用功能：色相/饱和度命令、云彩滤镜、波浪滤镜、高斯模糊滤镜

2 🎨 配色：■ R:186 G:127 B:181　■ R:160 G:79 B:152

3 💿 光盘路径：Chapter 5 \30 玻璃效果\complete\玻璃效果.psd

4 🗾 难易程度：★☆☆☆☆

操作步骤

01 执行"文件 > 新建"命令，打开"新建"对话框，在弹出的对话框中设置"宽度"为 8 厘米、"高度"为 6 厘米，"分辨率"为 350 像素 / 英寸，如图 30-1 所示。完成设置后，单击"确定"按钮，新建一个图像文件。

图 30-1

图 30-2

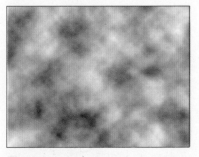

图 30-3

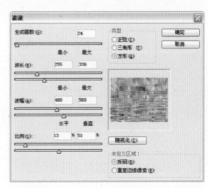

图 30-4

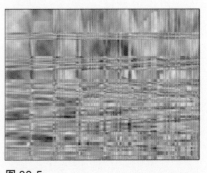

图 30-5

02 按下 D 键将颜色设置为默认色，新建图层"图层 1"，如图 30-2 所示。执行"滤镜 > 渲染 > 云彩"命令，自动生成云彩图像，效果如图 30-3 所示。

03 执行"滤镜 > 扭曲 > 波浪"命令，在弹出的对话框中设置各项参数，如图 30-4 所示，单击"确定"按钮，得到如图 30-5 所示的效果。

04 执行"图像 > 调整 > 色相/饱和度"命令，在弹出的对话框中设置各项参数，如图 30-6 所示，单击"确定"按钮，得到如图 30-7 所示的效果。

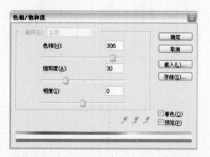

图 30-6

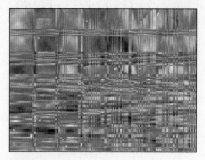

图 30-7

05 新建图层"图层2",执行
"滤镜 > 渲染 > 云彩"命令,
自动生成云彩图像,效果如
图 30-8 所示。

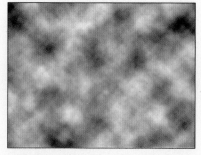

图 30-8

06 执行"滤镜 > 扭曲 > 波浪"
命令,在弹出的对话框中设
置各项参数,如图 30-9 所示,
单击"确定"按钮,得到如
图 30-10 所示的效果。

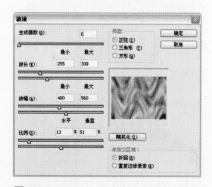

图 30-9

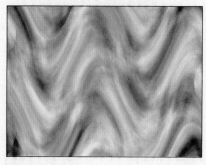

图 30-10

07 执行"滤镜 > 模糊 > 高斯
模糊"命令,在弹出的对话
框中设置"半径"为 10 像素,
单击"确定"按钮,得到如
图 30-11 所示的效果。

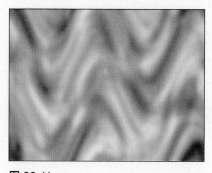

图 30-11

08 设置"图层2"的混合模式
为"亮光",得到如图 30-12
所示的效果。

图 30-12

09 至此,本实例已制作完成,
读者可自行调整色彩得到多
种效果。选择"图层1",执
行"图像 > 调整 > 色相/饱
和度"命令,在弹出的对话框
中设置各项参数如图 30-13
所示,单击"确定"按钮,
得到如图 30-14 所示的效果。

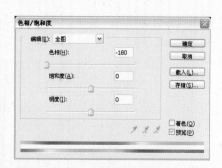

图 30-13

图 30-14

10 执行"图像 > 调整 > 色相/饱
和度"命令,在弹出的对
话框中设置各项参数如图
30-15 所示,单击"确定"
按钮,得到如图 30-16 所示
的效果。

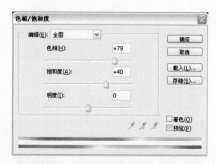

图 30-15

图 30-16

126

31 地面砖效果

本实例要制作的是具有花纹纹理的地面磁砖效果，模拟常见的地面砖花纹，画面效果真实，凹凸感强，色彩贴近自然，充分表现出地面砖的质感和特色。

1 🔍 使用功能：图层混合模式、纹理化滤镜、颗粒滤镜、海报边缘滤镜、中间值滤镜、绘图笔滤镜

2 🎨 配色：■ R:212 G:195 B:142　■ R:136 G:194 B:179　■ R:103 G:188 B:195

3 💿 光盘路径：Chapter 5 \31 地面砖效果\complete\地面砖效果.psd

4 📊 难易程度：★★★☆☆

操作步骤

01 执行"文件 > 新建"命令，打开"新建"对话框，在弹出的对话框中设置"宽度"为 8 厘米、"高度"为 6 厘米，"分辨率"为 350 像素 / 英寸，如图 31-1 所示。完成设置后，单击"确定"按钮，新建一个图像文件。

图 31-1

图 31-2

图 31-3

图 31-4

图 31-5

04 设置"图层 2"的混合模式为"柔光"，如图 31-6 所示，得到如图 31-7 所示的效果。

图 31-6

02 新建图层"图层 1"，设置前景色为灰色（R:129 G:129 B:129），按下快捷键 Alt+Delete 为画面填充灰色。执行"滤镜 > 纹理 > 纹理化"命令，在弹出的对话框中设置各项参数，如图 31-2 所示，单击"确定"按钮，得到如图 31-3 所示的效果。

03 新建图层"图层 2"，设置背景色为白色，按下 Ctrl+Delete 快捷键填充画面为白色。执行"滤镜 > 纹理 > 颗粒"命令，在弹出的对话框中设置各项参数，如图 31-4 所示，单击"确定"按钮，得到如图 31-5 所示的效果。

图 31-7

图 31-11

图 31-15

05 新建图层"图层3", 画面填充颜色为白色。执行"滤镜 > 纹理 > 颗粒"命令, 在弹出的对话框中设置各项参数, 如图 31-8 所示, 单击"确定"按钮, 得到如图 31-9 所示的效果。

07 设置"图层3"的混合模式为"正片叠底", 如图 31-12 所示, 得到如图 31-13 所示的效果。

09 执行"滤镜 > 素描 > 绘图笔"命令, 在弹出的对话框中设置各项参数, 如图 31-16 所示, 单击"确定"按钮, 得到如图 31-17 所示的效果。

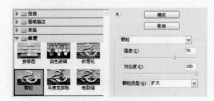

图 31-8

图 31-12

图 31-16

图 31-9

06 执行"滤镜 > 艺术效果 > 海报边缘"命令, 在弹出的对话框中设置各项参数, 如图 31-10 所示, 单击"确定"按钮, 得到如图 31-11 所示的效果。

08 执行"滤镜 > 杂色 > 中间值"命令, 在弹出的对话框中设置"半径"为1像素, 如图 31-14 所示, 单击"确定"按钮, 得到如图 31-15 所示的效果。

图 31-13

图 31-17

10 新建图层"图层4", 如图 31-18 所示。设置前景色为蓝色 (R:3 G:197 B:253), 单击椭圆工具 , 按住 Shift 键在画面 中绘制适当大小的正圆图形, 如图 31-18 所示。

图 31-10

图 31-14

图 31-18

128

图 31-19

11 设置前景色为橙色（R:225 G:170 B:30），复制"图层 4"，得到"图层 4 副本"。单击移动工具 ⊕，将复制图像移动到原图的右边位置，单击油漆桶工具 ，将复制图像的颜色填充为橙色，如图 31-20 所示。

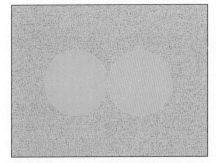

图 31-20

12 使用以上相同方法，对图案进行复制粘贴，并调整位置，得到如图 31-21 所示的效果。然后重复按下快捷键 Ctrl+E，合并"图层 4"及所有复制图层，如图 31-22 所示。

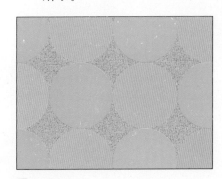

图 31-21

图 31-22

13 设置前景色为绿色（R:80 G:254 B:170），单击油漆桶工具 ，将"图层 4"的空白部分填充为绿色，得到如图 31-23 所示的效果。

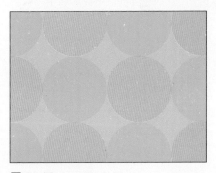

图 31-23

14 单击魔棒工具 ，按住 Shift 键选中图像中所有的圆形图案，如图 31-24 所示。

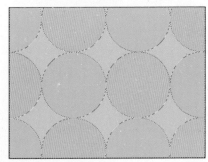

图 31-24

15 新建图层"图层 5"。执行"编辑 > 描边"命令，在弹出的对话框中设置"宽度"为 5px，如图 31-25 所示，单击"确定"按钮，按下快捷键 Ctrl + D 取消选区，得到如图 31-26 所示的效果。

图 31-25

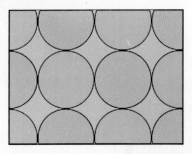

图 31-26

16 双击"图层 5"的灰色区域，在弹出的"图层样式"对话框中设置各项参数，如图 31-27 所示，单击"确定"按钮，得到如图 31-28 所示的效果。

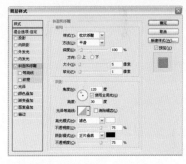

图 31-27

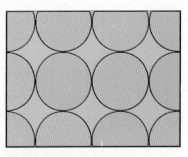

图 31-28

17 设置"图层 4"的混合模式为"柔光"，如图 31-29 所示，得到如图 31-30 所示的效果。

图 31-29

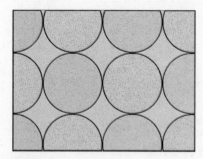

图 31-30

18 单击铅笔工具，在属性栏上设置参数，如图 31-31 所示，然后选择"图层 5"，在画面中圆形中心位置按住 Shift 键绘制直线，效果如图 31-32 所示。

图 31-31

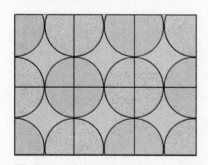

图 31-32

19 按住 Ctrl 键单击"图层 5"前的缩略图，载入选区。然后执行"选择 > 修改 > 扩展"命令，在弹出的对话框中设置"扩展量"为 10 像素，如图 31-33 所示，单击"确定"按钮，得到如图 31-34 所示的效果。

图 31-33

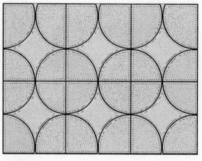

图 31-34

20 在"图层 3"上新建图层"图层 6"，设置前景色为蓝灰色（R:80 G:92 B:101），按下快捷键 Alt + Delete 进行填充，然后按下快捷键 Ctrl + D 取消选区，得到如图 31-35 所示的效果。

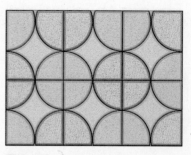

图 31-35

21 双击"图层 6"的灰色区域，在弹出的"图层样式"对话框中设置各项参数，如图 31-36 所示，单击"确定"按钮，得到如图 31-37 所示的效果。至此，本实例制作完成。

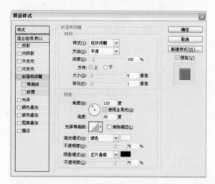

图 31-36

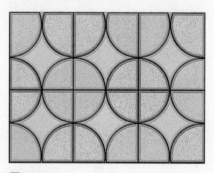

图 31-37

32 巧克力特效

本实例制作逼真的巧克力特效，画面中的巧克力色泽柔和，立体感强，充分表现出巧克力润泽的质感，不难令人联想到巧克力的甜美滋味。

1	使用功能：	多边形套索工具、渐变工具、描边命令、收缩命令、图层样式、图层混合模式、羽化命令
2	配色：	R:255 G:188 B:73　　R:146 G:99 B:60　　R:122 G:42 B:0
3	光盘路径：	Chapter 5 \32 巧克力特效\complete\巧克力特效.psd
4	难易程度：	★★★☆☆

操作步骤

01　执行"文件 > 新建"命令，打开"新建"对话框，在弹出的对话框中设置"宽度"为 10 厘米、"高度"为 8 厘米，"分辨率"为 350 像素 / 英寸，如图 32-1 所示。完成设置后，单击"确定"按钮，新建一个图像文件。

图 32-1

02　设置前景色为灰色（R:169 G:169 B:169），新建图层"图层 1"。单击矩形工具□，在属性栏上单击"填充像素"按钮□，再单击几何选项按钮，在弹出的几何选项面板中设置各项参数，如图 32-2 所示，然后在画面中绘制一个正方形图案，如图 32-3 所示。

矩形选项
○ 不受约束
○ 方形
◉ 固定大小　W: 600 px　H: 600 px
○ 比例　W:　　H:
□ 从中心　　　　　　□ 对齐像素

图 32-2

图 32-3

03　按住 Ctrl 键单击"图层 1"前的缩略图，载入选区。新建图层"图层 2"，执行"编辑 > 描边"命令，在弹出的对话框中设置"宽度"为 15px，如图 32-4 所示，单击"确定"按钮，按下快捷键 Ctrl + D 取消选区，然后将"图层 1"拖曳至"删除

图层"按钮 🗑 上，删除图层，得到如图 32-5 所示的效果。

图 32-4

图 32-5

04　复制图层"图层 2"，得到"图层 2 副本"。单击移动工具 ▶⊕，按下键盘中的方向键将

复制图像调整至原图像的右边位置，如图 32-6 所示。

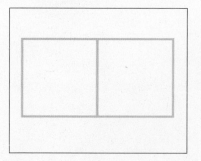

图 32-6

05 单击铅笔工具，在属性栏上设置参数如图 32-7 所示，按住 Shift 键在矩形中描绘对角直线，得到如图 32-8 所示的效果。

图 32-7

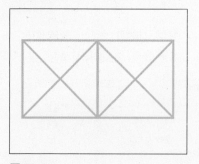

图 32-8

06 按下快捷键 Ctrl + R 显示出标尺，在标尺上拖动鼠标生成参考线，如图 32-9 所示。单击铅笔工具，按住 Shift 键在矩形中沿着参考线绘制直线，然后按下快捷键 Ctrl + H 隐藏参考线，得到如图 32-10 所示的效果。

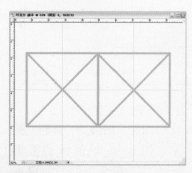

图 32-9

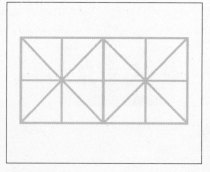

图 32-10

07 按下快捷键 Ctrl + E 合并"图层 2 副本"及"图层 2"为"图层 2"。单击魔棒工具，在属性栏上设置"容差"为10，在图像中白色区域连续单击创建选区，如图 32-11 所示。

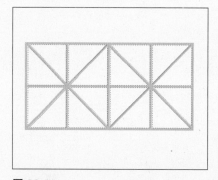

图 32-11

08 执行"选择 > 修改 > 收缩"命令，在弹出的对话框中设置"收缩量"为 5 像素，单击"确定"按钮，得到如图 32-12 所示的效果。

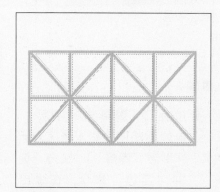

图 32-12

09 执行"选择 > 羽化"命令，在弹出的对话框中设置"羽化半径"为 5 像素，单击"确定"

按钮，得到如图 32-13 所示的效果。

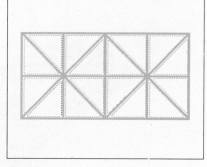

图 32-13

10 新建图层"图层 3"。按下快捷键 Alt + Delete 对选区进行填充，再按下快捷键 Ctrl + D 取消选区，得到效果如图 32-14 所示。

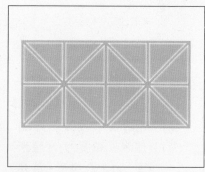

图 32-14

11 双击"图层 2"的灰色区域，在弹出的"图层样式"对话框中设置各项参数，如图 32-15 和 32-16 所示，单击"确定"按钮，得到如图 32-17 所示的效果。

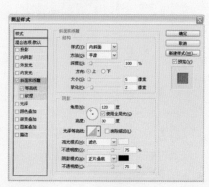

图 32-15

132

图 32-16

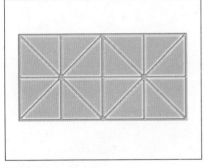

图 32-17

12 双击"图层 3"的灰色区域,在弹出的"图层样式"对话框中设置各项参数,如图 32-18 和 32-19 所示,单击"确定"按钮,得到如图 32-20 所示的效果。

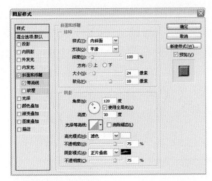

图 32-18

图 32-19

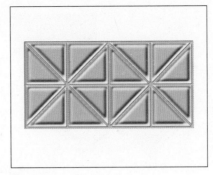

图 32-20

13 在图层面板上单击"创建新的填充或调整图层"按钮 ，在弹出的菜单中选择"色相/饱和度"命令,在随后弹出的对话框中设置各项参数,如图 32-21 所示,单击"确定"按钮,得到如图 32-22 所示的效果。

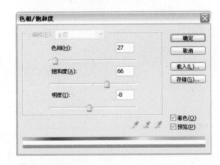

图 32-21

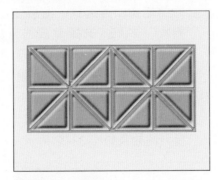

图 32-22

14 设置调整图层的混合模式为"正片叠底",如图 32-23 所示,得到如图 32-24 所示的效果。

图 32-23

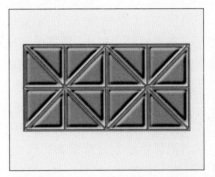

图 32-24

15 选择"图层 3",按下快捷键 Ctrl + E 合并"图层 3"和"图层 2"。执行"编辑 > 自由变换"命令,显示出自由变换编辑框,拖动鼠标对图像进行旋转处理,并按住 Ctrl 键拖动编辑框的四角适当变形图像,如图 32-25 所示,按下 Enter 键确定变换,得到如图 32-26 所示的效果。

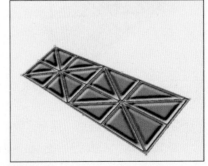

图 32-25

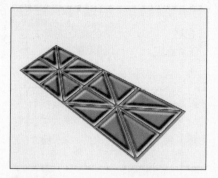

图 32-26

16 设置前景色为棕黄色（R:200 G:123 B:2），新建图层"图层 3"。单击矩形工具▣，在属性栏上单击"填充像素"按钮▣，然后单击矩形选项按钮，在弹出的矩形选项面板中勾选"不受约束"单选按钮，如图 32-27 所示。在画面中绘制矩形图案，如图 32-28 所示。

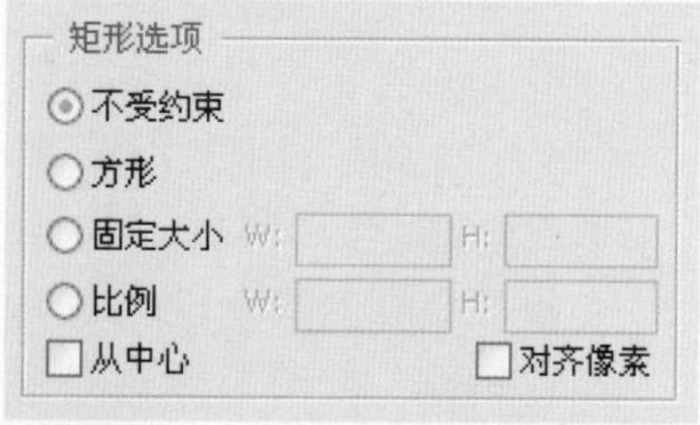

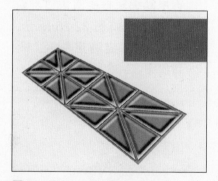

图 32-27

图 32-28

17 复制图层"图层 2"，得到"图层 2 副本"。执行"编辑 > 变换 > 水平翻转"命令翻转图像，得到如图 32-29 所示的效果。

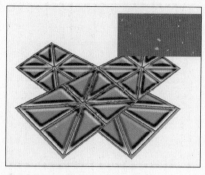

图 32-29

18 将"图层 2 副本"拖曳至"图层 3"之上。执行"编辑 > 自由变换"命令，拖动编辑框缩小图像，然后按下 Enter 键确定变换，得到如图 32-30 所示的效果。

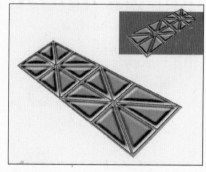

图 32-30

19 按住 Ctrl 键单击"图层 3"前的缩略图，再选择"图层 2 副本"，执行"选择 > 反选"命令，得到如图 32-31 所示的选区效果。按下 Delete 键删除选区内图像，然后按下快捷键 Ctrl + D 取消选区，得到的效果如图 32-32 所示。

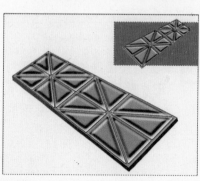

图 32-31

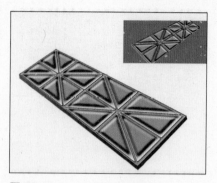

图 32-32

20 设置"图层 2 副本"的混合模式为"叠加"，得到如图 32-33 所示的效果。

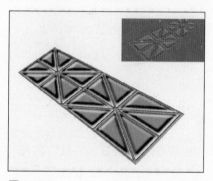

图 32-33

21 按下 D 键将颜色设置为默认色。选择"图层 2"，单击魔棒工具✎，选中图像的空白区域，如图 32-34 所示。执行"选择 > 反选"命令，然后在"背景"图层上新建图层"图层 4"，按下快捷键 Ctrl + Delete 填充白色，并按下快捷键 Ctrl + D 取消选区，效果如图 32-35 所示。

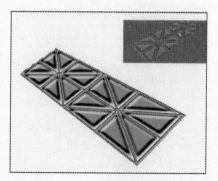

图 32-34

134

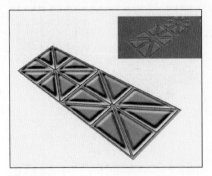

图 32-35

22 单击多边形套索工具 ⬚，围绕巧克力图像边缘创建选区，如图 32-36 所示。在"背景"图层上新建图层"图层 5"，设置前景色为浅褐色（R:144 G:96 B:58），背景色为深褐色（R:101 G:47 B:1）。单击渐变工具 ⬚，并单击属性栏上的"线性渐变"按钮，设置渐变如图 32-37 所示，然后在选区中拖动鼠标应用从前景色到背景色的渐变填充，按下快捷键 Ctrl + D 取消选区，得到的效果如图 32-38 所示。

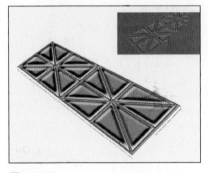

图 32-36

图 32-37

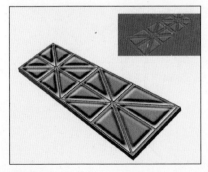

图 32-38

23 按住 Shift 键选中除"背景"图层以外的所有图层，按下快捷键 Ctrl + E 进行合并，得到如图 32-39 所示的效果。

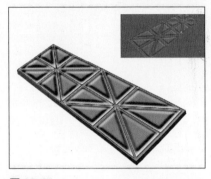

图 32-39

24 设置前景色为橙色（R:251 G:164 B:77），在"背景"图层上新建图层"图层 1"，如图 32-40 所示。按下快捷键 Alt+Delete 填充画面，得到如图 32-41 所示的效果。

图 32-40

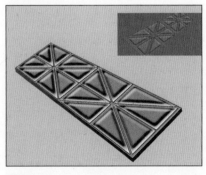

图 32-41

25 单击橡皮擦工具 ⬚，在属性栏上设置参数，如图 32-42 所示。然后在图像中擦出透明效果，如图 32-43 所示。

模式：铅笔 ⬚ 不透明度：20% ▶

图 32-42

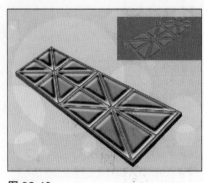

图 32-43

26 执行"图像 > 调整 > 色相 / 饱和度"命令，在弹出的对话框中设置各项参数，如图 32-44 所示，单击"确定"按钮，得到如图 32-45 所示的效果。

图 32-44

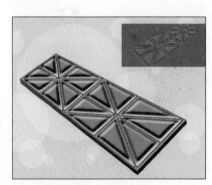

图 32-45

27 选择图层"色相 / 彩度"，单击魔棒工具 ⬚，在图像中褐色矩形部分单击创建选区，如图 32-46 所示。设置前景色为黄色（R:238 G:217 B:88），新建图层"图层 2"。

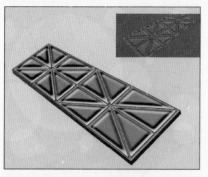

图 32-46

28 单击矩形工具▢，在属性栏上单击"填充像素"按钮▢，在画面中绘制一个矩形，然后按下快捷键 Ctrl + D 取消选区，效果如图 32-47 所示。复制"图层 2"得到"图层 2 副本"，按住 Shift 键向右水平拖曳至画面边缘，得到如图 32-48 所示的图像效果。

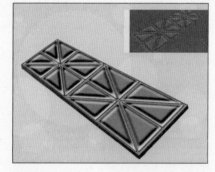

图 32-47

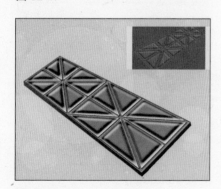

图 32-48

29 单击横排文字工具 T，在字符面板中设置各项参数，如图 32-49 所示，在图像中输入文字。然后单击移动工具 ▶♣，按下键盘中的方向键适当调整文字的位置，效果如图 32-50 所示。

图 32-49

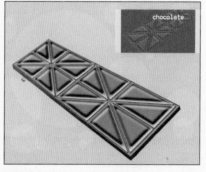

图 32-50

30 单击横排文字工具 T，在字符面板中设置各项参数，如图 32-51 所示，在图像中输入文字。然后单击移动工具 ▶♣，按下键盘中的方向键调整文字的位置，效果如图 32-52 所示。

图 32-51

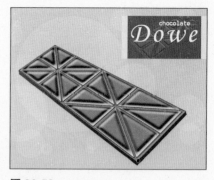

图 32-52

31 单击横排文字工具 T，在字符面板中设置各项参数，如图 32-53 所示，在图像中输入文字。单击移动工具 ▶♣，按下键盘中的方向键适当调整文字的位置，得到的效果如图 32-54 所示。至此，本实例制作完成。

图 32-53

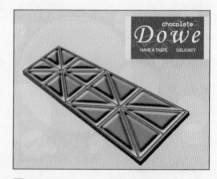

图 32-54

33 皮质纹理

本实例制作皮质纹理的图像特效，画面中皮质纹理与背景相互融合，虚实变化相宜；线缝的纹理更给皮料增添了几分真实之感，凸显出皮料的厚重及平滑。

1 🔍 使用功能：纹理化滤镜、云彩滤镜、图层混合模式、胶片颗粒滤镜、定义画笔命令、光照效果滤镜

2 🎨 配色：■ R:172 G:79 B:24　■ R:93 G:93 B:38

3 💿 光盘路径：Chapter 5 \33 皮质纹理\complete\皮质纹理.psd

4 🗺 难易程度：★★☆☆☆

操作步骤

01 执行"文件 > 新建"命令，打开"新建"对话框，在弹出的对话框中设置"宽度"为 8 厘米、"高度"为 6 厘米，"分辨率"为 350 像素 / 英寸，如图 33-1 所示。完成设置后，单击"确定"按钮，新建一个图像文件。

图 33-1

02 设置前景色为褐色（R:130 G:52 B:6），新建图层"图层 1"，如图 33-2 所示。按下快捷键 Alt + Delete 填充画面，效果如图 33-3 所示。

图 33-2

图 33-3

03 执行"滤镜 > 纹理 > 纹理化"命令，在弹出的对话框中设置各项参数，如图 33-4 所示，单击"确定"按钮，得到如图 33-5 所示的效果。

图 33-4

图 33-5

04 新建图层"图层 2"，如图 33-6 所示。按下 D 键将颜色设置为默认色，执行"滤镜 > 渲染 > 云彩"命令，得到如图 33-7 所示的效果。

图 33-6

图 33-7

05 设置"图层 2"的混合模式为"变暗",如图 33-8 所示,得到如图 33-9 所示的效果。

图 33-8

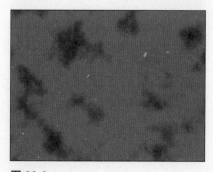

图 33-9

06 执行"滤镜 > 艺术效果 > 胶片颗粒"命令,在弹出的对话框中设置各项参数,如图 33-10 所示,单击"确定"按钮,得到如图 33-11 所示的效果。

图 33-10

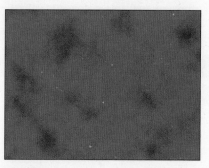

图 33-11

07 执行"文件 > 新建"命令,打开"新建"对话框,在弹出的对话框中设置"宽度"为 100 像素、"高度"为 50 像素,"分辨率"为 350 像素 / 英寸,如图 33-12 所示。完成设置后,单击"确定"按钮,新建一个图像文件,如图 33-13 所示。

图 33-12

图 33-13

08 设置前景色为橙色(R:251 G:157 B:9),单击铅笔工具 ,在属性栏上设置参数,如图 33-14 所示,然后在"图层 1"的画面中适当位置单击鼠标,然后按住 Shift 键在另一端单击,绘制直线如图 33-15 所示。

图 33-14

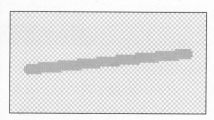

图 33-15

09 执行"编辑 > 定义画笔"预设命令,在弹出的对话框中保持默认设置,单击"确定"按钮,如图 33-16 所示。

图 33-16

10 返回"皮质纹理"图档,单击画笔工具 ,并在画笔预设面板中进行设置,如图 33-17 所示,然后在图层面板中新建图层"图层 3",按住 Shift 键在画面中进行绘制,如图 33-18 所示,描绘出水平的线缝。

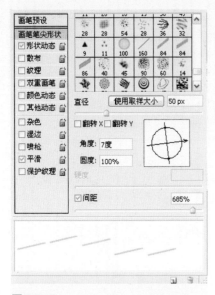

图 33-17

图 33-18

11 再次单击画笔工具 ✐，并在画笔预设面板中进行设置，如图 33-19 所示，然后按住 Shift 键在画面中进行绘制，如图 33-20 所示，描绘出线缝的效果。

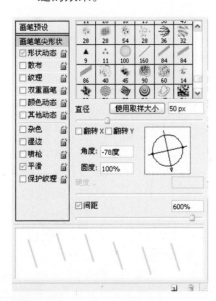

图 33-19

图 33-20

12 单击画笔工具 ✐，在画笔预设面板中进行设置如图 33-21 所示，并在画面中线条转角处添加线条，最后单击橡皮擦工具 ✐，擦去多余的线条，效果如图 33-22 所示。

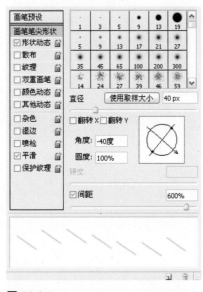

图 33-21

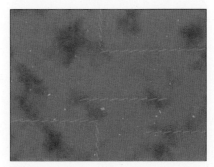

图 33-22

13 双击"图层 3"的灰色区域，在弹出的"图层样式"对话框中设置各项参数，如图 33-23 所示，单击"确定"按钮，得到如图 33-24 所示的效果。

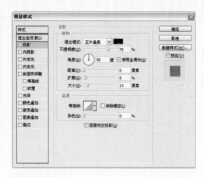

图 33-23

图 33-24

14 新建图层"图层 4"。在画笔预设面板中进行设置，如图 33-25 所示，然后在图像中按住 Shift 键绘制直线，效果如图 33-26 所示。

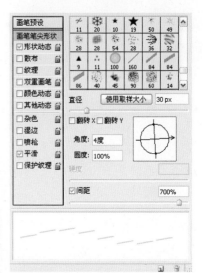

图 33-25

图 33-26

15 双击"图层 4"的灰色区域，在弹出的"图层样式"对话框中设置各项参数，如图 33-27 所示，单击"确定"按钮，得到如图 33-28 所示的效果。图层面板如图 33-29 所示。

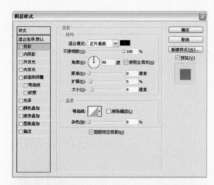

图 33-27

图 33-28

图 32-29

图 33-30

16 按住 Shift 键选择除"背景"图层外的所有图层，按下快捷键 Ctrl + E 合并所选图层，此时的图层面板如图 33-30 所示。执行"滤镜 > 渲染 > 光照效果"命令，在弹出的对话框中设置各项参数，如图 33-31 所示，单击"确定"按钮，得到如图 33-32 所示的效果。至此，本实例制作完成。

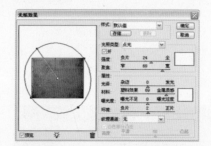

图 33-31

图 33-32

Chapter 06

背景图像特效

效果展示

34 立体三维图像特效

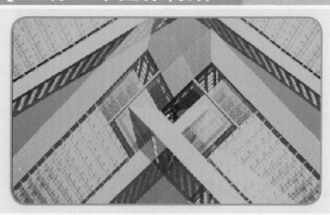

本实例制作表现立体三维效果的图像，以蒙太奇的手法表现出建筑的立体感，柔和的色调变化为图像中的建筑物增添了更加悠远的意境。

1	使用功能：渐变工具、移动工具、图层混合模式、变换命令、自定形状工具、橡皮擦工具
2	配色：■ R:24 G:220 B:235 ■ R:24 G:102 B:211
3	光盘路径：Chapter 6 \34 立体三维图像特效\complete\立体三维图像特效.psd
4	难易程度：★★☆☆☆

操作步骤

01 执行"文件 > 新建"命令，打开"新建"对话框，在弹出的对话框中设置"宽度"为 8 厘米、"高度"为 10 厘米，"分辨率"为 350 像素 / 英寸，如图 34-1 所示。完成设置后，单击"确定"按钮，新建一个图像文件。

图 34-1

02 新建图层"图层 1"，设置前景色为绿色（R:0 G:163 B:122），背景色为蓝色（R:28 G:92 B:225）。单击渐变工具 ■，并单击属性栏上的"线性渐变"按钮，在属性栏上设置渐变，如图 34-2 所示，然后在画面中从上到下拖动鼠标应用前景色到背景色的

渐变填充，得到的效果如图 34-3 所示。

图 34-2

图 34-3

03 执行"文件 > 打开"命令，弹出如图 34-4 所示的对话框，选择本书配套光盘中 Chapter 6\34 立体三维图像特效 \media\001.jpg 文件，单击"打开"按钮打开素材文件，如图 34-5 所示。

图 34-4

图 34-5

04 单击钢笔工具 ，在图像中沿着建筑物边缘绘制路径，如图 34-6 所示，然后按下快

捷键 Ctrl + Enter 将路径转
化为选区，如图 34-7 所示。

图 34-6

图 34-7

05 单击移动工具 ，将选区内
图像拖曳至"立体三维图像
特效"图档中，如图 34-8 所
示。执行"编辑 > 自由变换"
命令，显示出自由变换编辑
框，适当拖动编辑框对图像
进行旋转处理，并适当调整
建筑物的大小，按下 Enter
键确定变换，得到如图 34-9
所示的效果。

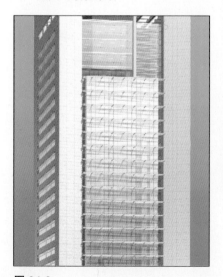

图 34-8

图 34-9

06 设置"图层 2"的混合模式
为"叠加"，如图 34-10 所示，
得到如图 34-11 所示的效果。

图 34-10

图 34-11

07 复制"图层 2"，得到"图层
2 副本"，执行"编辑 > 变
换 > 水平翻转"命令翻转图
像，如图 34-12 所示，再次
执行"编辑 > 自由变换"命
令，将图像拖曳至画面左侧，
并进行适当旋转，按住 Ctrl
键拖动编辑框的一角适当变
形图像，最后按下 Enter 键
确定变换，得到如图 34-13
所示的效果。

图 34-12

图 34-13

08 使用以上相同方法，继续复
制"图层 2"，并对得到的副
本图层进行旋转变形处理，
得到如图 34-14 所示的效果。

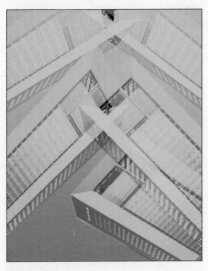

图 34-14

09 分别设置"图层 2"、"图层 2 副本"及"图层 2 副本 4"的"不透 明 度"为 85%、75% 和 75%，如图 34-15 所示，得 到如图 34-16 所示的效果。

图 34-15

图 34-16

10 连续四次按下快捷键 Ctrl+E 合并复制图层，图层面板如 图 34-17 所示。执行"图像 > 调整 > 色阶"命令，在弹 出的对话框中设置各项参数， 如图 34-18 所示，单击"确定" 按钮，得到如图 34-19 所示 的效果。

图 34-17

图 34-18

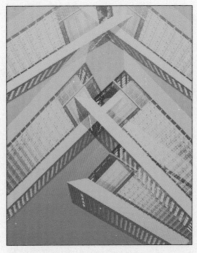

图 34-19

11 设置前景色为白色，新建图 层"图层 3"。单击自定形状 工具，在属性栏上单击"填

充像素"按钮，选择"形状" 为"六边形"，如图 34-20 所 示。在画面中绘制六边形， 得到如图 34-21 所示的效果。

 形状：

图 34-20

图 34-21

12 单击钢笔工具，在画面中 绘制路径，如图 34-22 所示。 单击橡皮擦工具，沿着路 径擦除图像，然后单击路径 面板上的灰色区域，取消路 径，得到如图 34-23 所示的 效果。

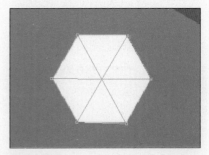

图 34-22

图 34-23

13 单击横排文字工具 T，在字符面板中设置各项参数，如图 34-24 所示，在画面中输入文字。然后单击移动工具 ，按下键盘中的方向键适当调整文字的位置，效果如图 34-25 所示。此时的图层面板如图 34-26 所示。

图 34-26

图 34-24

图 34-25

14 单击横排文字工具 T，在字符面板中设置各项参数，如图 34-27 所示，在画面中输入文字。然后单击移动工具 ，按下键盘中的方向键适当调整文字的位置，得到的效果如图 34-28 所示。至此，本实例制作完成。

图 34-27

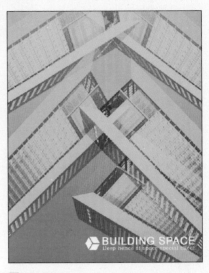

图 34-28

Chapter 06 背景图像特效

145

35 圆点光晕特效

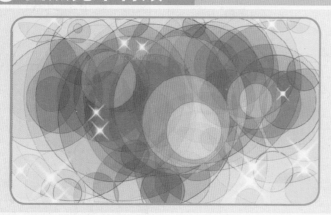

本实例制作独特的圆点光晕特效，图像色彩柔和，轮廓分明，淡雅朦胧的蓝色给人愉悦的视觉感受，适用于制作一些温馨浪漫的图片背景。

1 🔍 使用功能：画笔工具、图层混合模式、渐变工具、查找边缘滤镜、高斯模糊滤镜

2 🎨 配色： ▨ R:188 G:200 B:249　 ▨ R:130 G:148 B:247　 ▨ R:85 G:114 B:247

3 ◎ 光盘路径：Chapter 6 \35 圆点光晕特效\complete\圆点光晕特效.psd

4 ❄ 难易程度：★★★☆☆

操作步骤

01 执行"文件 > 新建"命令，打开"新建"对话框，在弹出的对话框中设置"宽度"为 10 厘米、"高度"为 8 厘米、"分辨率"为 350 像素 / 英寸，如图 35-1 所示。完成设置后，单击"确定"按钮，新建一个图像文件。

图 35-1

02 新建图层"图层 1"，设置前景色为湖蓝色（R:26 G:165 B:255）。单击画笔工具 ✐，在属性栏上设置各项参数，如图 35-2 所示，然后按下快捷键 [和] 调整画笔大小，然后在画面中绘制不同大小的圆点，效果如图 37-3 所示。

图 35-2

图 35-3

03 设置前景色为蓝色（R:0 G:1 B:237）。单击画笔工具 ✐，在属性栏上保持原来的设置，然后按下快捷键 [和] 调整画笔大小，在画面中绘制不同大小的圆点，效果如图 35-4 所示。

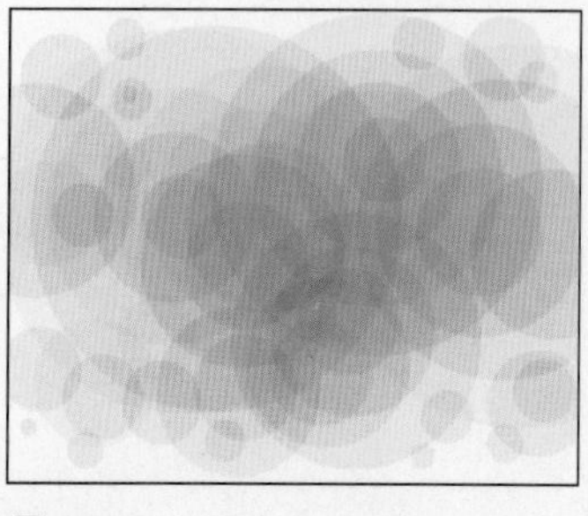

图 35-4

04 新建图层"图层 2"，设置前景色为黑色。单击画笔工具 ✐，在属性栏上设置参数，如图 35-5 所示，然后在图像中绘制不同大小的圆点，效果如图 35-6 所示。

图 35-5

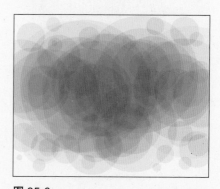

图 35-6

05 复制"图层 2"，得到图层"图层 2 副本"。单击画笔工具 ✐，在属性栏上设置参数，如图 35-7 所示，在画面中绘制不同大小的圆点，效果如图 35-8 所示。

画笔: 500 模式: 正常 不透明度: 10%

图 35-7

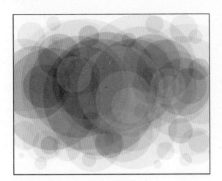

图 35-8

06 设置"图层2副本"的混合模式为"变亮",如图35-9所示,得到如图35-10所示的效果。

图 35-9

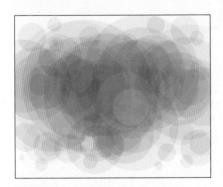

图 35-10

07 按住 Shift 键选择"图层1"、"图层2"以及"图层2副本",将其拖曳至"创建新图层"按钮 上,复制出新的图层副本,然后按下快捷键 Ctrl + E 进行合并,完成后图层面板如图35-11所示。

图 35-11

08 设置"图层2副本副本"的混合模式为"叠加",如图35-12所示,得到如图35-13所示的效果。

图 35-12

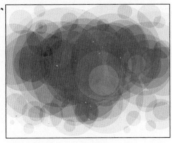

图 35-13

09 复制"图层2副本副本",得到新的图层,将其重命名为"图层3",如图35-14所示,得到如图35-15所示的效果。

图 35-14

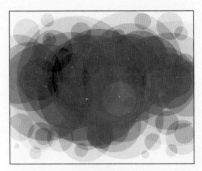

图 35-15

10 执行"滤镜 > 风格化 > 查找边缘"命令,自动生成如图35-16所示的效果。

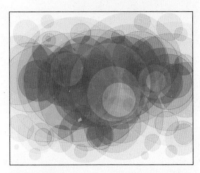

图 35-16

11 复制"图层3",得到图层"图层3副本",设置其混合模式为"柔光",如图35-17所示,得到如图35-18所示的效果。

图 35-17

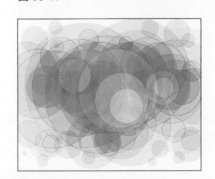

图 35-18

12 选择"图层2副本副本",执行"滤镜 > 模糊 > 高斯模糊"命令,在弹出的对话框中设置"半径"为5像素,如图 35-19 所示,单击"确定"按钮,得到如图 35-20 所示的效果。

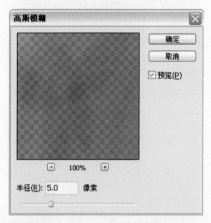

图 35-19

图 35-20

13 在"背景"图层上新建图层"图层 4"。设置前景色为白色,背景色为蓝色(R:203 G:255 B:255)。单击渐变工具 ,在属性栏上设置渐变,如图 35-21 所示。然后在图像中由中心向外拖动鼠标填充渐变,效果如图 35-22 所示。

图 35-21

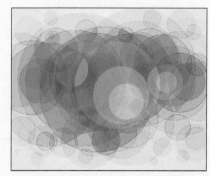

图 35-22

14 在"图层 3 副本"上新建图层"图层 5"。单击画笔工具 ,在属性栏上设置参数如图 35-23 所示。然后在图像中适当位置进行描绘,得到如图 35-24 所示的效果。

图 35-23

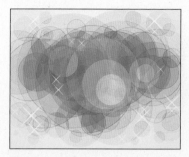

图 35-24

15 单击画笔工具 ,在属性栏上设置参数,如图 35-25 所示。然后在画面中适当位置进行描绘,得到如图 35-26 所示的效果。至此,本实例制作完成。

图 35-25

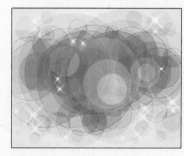

图 35-26

148

36 个性伞状图像特效

本实例制作伞状的多边形图像特效。画面中散布着粉色系的多边形彩条图像，就像是俯瞰的美丽雨伞。图案虚实有致，色调柔和，清新淡雅，别具特色。

1 🔍 使用功能：渐变工具、塑料包装滤镜、绘画涂抹滤镜、水彩滤镜、影印滤镜、波浪滤镜

2 ⚙ 配色：■ R:255 G:202 B:255 ■ R:255 G:31 B:239

3 💿 光盘路径：Chapter 6 \36 个性伞状图像特效\complete\个性伞状图像特效.psd

4 🔧 难易程度：★★★☆☆

操作步骤

01 执行"文件 > 新建"命令，打开"新建"对话框，在弹出的对话框中设置"宽度"为 10 厘米、"高度"为 10 厘米，"分辨率"为 350 像素 / 英寸，如图 36-1 所示。完成设置后，单击"确定"按钮，新建一个图像文件。

图 36-1

图 36-2

图 36-4 所示，单击"确定"按钮，得到如图 36-5 所示的效果。

02 新建图层"图层 1"，如图 36-2 所示。按下 D 键将颜色设置为默认色，按下快捷键 Alt + Delete 进行填充，将"图层 1"填充为黑色，如图 36-3 所示。

图 36-3

03 执行"滤镜 > 艺术效果 > 塑料包装"命令，在弹出的对话框中设置各项参数，如

图 36-5

04 执行"滤镜 > 艺术效果 > 绘画涂抹"命令，在弹出的对话框中设置各项参数，如图

36-6 所示,单击"确定"按钮, 得到如图 36-7 所示的效果。

图 36-6

图 36-7

05 执行"滤镜 > 艺术效果 > 水彩"命令,在弹出的对话框中设置各项参数,如图 36-8 所示,单击"确定"按钮,得到如图 36-9 所示的效果。

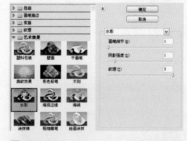

图 36-8

图 36-9

06 执行"滤镜 > 素描 > 影印"命令,在弹出的对话框中设置各项参数,如图 36-10 所示,单击"确定"按钮,得到如图 36-11 所示的效果。

图 36-10

图 36-11

07 执行"图像 > 调整 > 色相/饱和度"命令,在弹出的对话框中设置各项参数,如图 36-12 所示,单击"确定"按钮,得到如图 36-13 所示的效果。

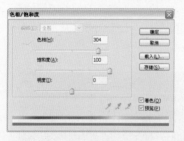

图 36-12

图 36-13

08 执行"文件 > 新建"命令,打开"新建"对话框,在弹出的对话框中设置"宽度"为 10 厘米、"高度"为 10 厘米,"分辨率"为 350 像素 / 英寸,如图 36-14 所示。完成设置后,单击"确定"按钮,新建一个图像文件。

图 36-14

09 新建图层"图层 1",设置前景色为白色,背景色为橙色(R:255 G:187 B:3)。单击渐变工具,在属性栏上单击"径向渐变"按钮,设置渐变如图 36-15 所示,然后在画面中从内到外拖动鼠标应用从前景色到背景色的渐变填充,得到的效果如图 36-16 所示。

图 36-15

图 36-16

10 新建图层"图层 2",设置前景色为蓝色(R:3 G:71 B:255),然后按下快捷键 Alt+Delete 填充画面,效果如图 36-17 所示。

150

图 36-17

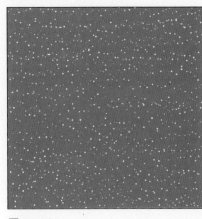

图 36-20

图 36-23

11 新建图层"图层 3"，设置前景色为白色。单击画笔工具 ✎，在画笔预设面板中设置各项参数，如图 36-18 和 36-19 所示，然后在图像中进行绘制，得到如图 36-20 所示的效果。

12 执行"滤镜 > 扭曲 > 波浪"命令，在弹出的对话框中设置各项参数，如图 36-21 所示，单击"确定"按钮，得到如图 36-22 所示的效果。

图 36-24

14 返回"伞"图档，单击魔棒工具 ✎，选择图像中的空白区域创建选区，如图 36-25 所示。执行"选择 > 反向"命令反选图像，如图 36-26 所示。

图 36-18

图 36-21

图 36-22

13 选择"图层 2"，设置图层混合模式为"变亮"，如图 36-23 所示，得到如图 36-24 所示的效果。

图 36-25

图 36-19

图 36-26

15 单击移动工具 ，将"伞"图像拖曳至"个性伞状图像特效"图档中，在图层面板中自动生成"图层 4"，将其拖曳至"图层 3"之上，如图 36-27 所示，然后按下键盘中的方向键适当调整图像的位置，效果如图 36-28 所示。

图 36-27

图 36-28

16 复制"图层 4"，得到图层"图层 4 副本"，如图 36-29 所示。执行"编辑 > 自由变换"命令，拖动自由变换编辑框调整图像的大小并进行适当旋转，然后移动至画面右上方，按下 Enter 键确定变换，最后将其"不透明度"设置为 25%，得到如图 36-30 所示的效果。

图 36-29

图 36-30

17 复制"图层 4 副本"，得到图层"图层 4 副本 2"。执行"编辑 > 自由变换"命令，拖动自由变换编辑框调整图像的大小并进行适当旋转，然后移动至画面左侧，按下 Enter 键确定变换，得到如图 36-31 所示的效果。

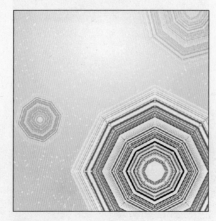

图 36-31

18 执行"图像 > 调整 > 色阶"命令，在弹出的对话框中设置各项参数，如图 36-32 所示，单击"确定"按钮，得到如图 36-33 所示的图像效果。至此，本实例制作完成。

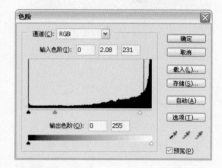

图 36-32

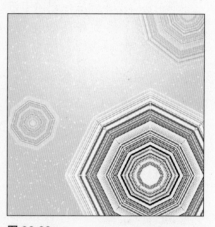

图 36-33

37 水泡特效

RELAXED

Radiant jewelry, deeply bright world
Beautiful world, pleased mood, the very
small bead jade is extremely keen
and lovely, ream person fancy

本实例制作立体透明的水泡特效，背景的环形水泡立体感强，清澈透明，充满质感。文字的处理使图像主题更加鲜明。层叠莹润的气泡配合柔和的色调，是理想的女性用品宣传图片的处理手法。

1 🔍 使用功能：渐变工具、自定形状工具、铅笔工具、钢笔工具、图层样式、图层蒙版

2 🎨 配色：■ R:197 G:60 B:252 ■ R:57 G:201 B:218

3 ◉ 光盘路径：Chapter 6 \37 水泡特效\complete\水泡特效.psd

4 🏆 难易程度：★★☆☆☆

操作步骤

01 执行"文件 > 新建"命令，打开"新建"对话框，在弹出的对话框中设置"宽度"为 10 厘米、"高度"为 8 厘米、"分辨率"为 350 像素 / 英寸，如图 37-1 所示。完成设置后，单击"确定"按钮，新建一个图像文件。

图 37-1

02 新建图层"图层 1"，设置前景色为白色，背景色为紫色（R:182 G:9 B:252）。单击渐变工具 ▨，在属性栏上单击"径向渐变"按钮图标，设置渐变如图 37-2 所示，然后在画面中从中心向外拖动鼠标应用前景色到背景色的渐变填充，得到的效果如图 37-3 所示。

图 37-2

图 37-3

03 新建图层"图层 2"。单击自定形状工具 ▨，在属性栏上单击"填充像素"按钮 ▢，选择"形状"为"圆形画框"，如图 37-4 所示，然后在画面中绘制不同大小的圆环，如图 37-5 所示。

图 37-4

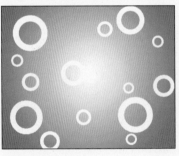

图 37-5

04 设置"图层 2"的混合模式为"正片叠底"。双击"图层 2"的灰色区域，在弹出的对话框中设置各项参数，如图 37-6 和 37-7 所示，单击"确定"按钮，得到如图 37-8 所示的效果。

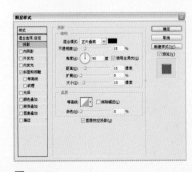

图 37-6

153

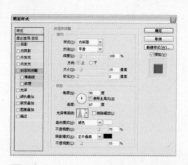

图 37-7

图 37-8

05 新建图层"图层3"。单击自定形状工具 🔲，然后再在画面中绘制不同大小的圆环，效果如图 37-9 所示。

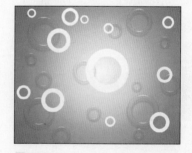

图 37-9

06 设置"图层3"的混合模式为"正片叠底"。双击"图层3"的灰色区域，在弹出的对话框中设置各项参数，如图 37-10 和 37-11 所示，单击"确定"按钮，得到如图 37-12 所示的效果。

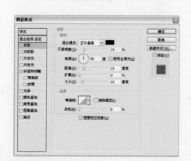

图 37-10

图 37-11

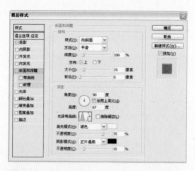

图 37-12

07 新建图层"图层4"。单击铅笔工具 ✏️，在画笔预设面板中设置各项参数，如图 37-13 所示，在图像中进行描绘，效果如图 37-14 所示。

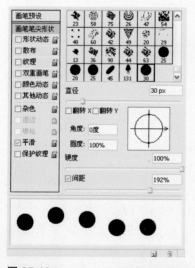

图 37-13

图 37-14

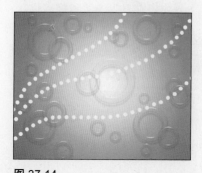

08 设置"图层4"的混合模式为"正片叠底"。双击图层4的灰色区域，在弹出的对话框中设置各项参数，如图 37-15 和 37-16 所示，单击"确定"按钮，得到如图 37-17 所示的效果。

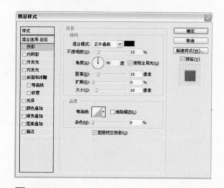

图 37-15

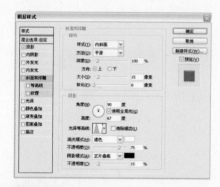

图 37-16

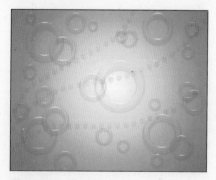

图 37-17

09 单击横排文字工具 T，在字符面板中设置各项参数，设置"文本颜色"为 R:19 G:33 B:101，如图 37-18 所示，在画面中输入文字。然后单击移动工具 ✛，按下键盘中的方向键适当调整文字的位置，效果如图 37-19 所示。

154

图 37-18

图 37-19

10 在文字图层上右击鼠标，在弹出的快捷菜单中选择"栅格化文字"命令，栅格化文字图层，如图 37-20 所示。选择字母"A"，单击橡皮擦工具，擦除部分图像，如图 37-21 所示。

图 37-20

图 37-21

11 新建图层"图层 5"，设置前景色为蓝色（R:57 G:201 B:218）。单击自定形状工具，在属性栏上单击"填充像素"按钮，选择"形状"为"叶子 3"，如图 37-22 所示，在画面中绘制图案，得到如图 37-23 所示的效果。

形状:

图 37-22

图 37-23

12 执行"编辑 > 自由变换"命令，拖动自由变换编辑框旋转图像，如图 37-24 所示，然后按下 Enter 键确定变换，得到如图 37-25 所示的效果。

图 37-24

图 37-25

13 单击钢笔工具，在图像中绘制路径，如图 37-26 所示。设置前景色为白色，单击路径面板上"用前景色填充路径"按钮，并按下快捷键 Ctrl + Shift + H 取消路径，得到如图 37-27 所示的效果。

图 37-26

图 37-27

14 双击文字图层的灰色区域，在弹出的"图层样式"对话框中设置各项参数，如图 37-28 和 37-29 所示，单击"确定"按钮，得到如图 37-30 所示的效果。

图 37-28

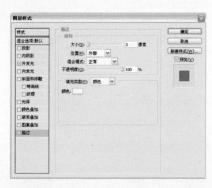

图 37-29

图 37-30

15 单击横排文字工具 T，在字符面板中设置"字体"为方正大标宋简体，"字体大小"为 9 点，设置"文本颜色"为 R:19 G:33 B:101，在画面中输入文字。然后单击移动工具，按下键盘中的方向键适当调整文字的位置，效果如图 37-31 所示。

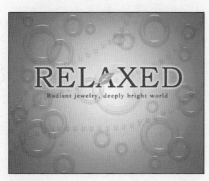

图 37-31

16 单击横排文字工具 T，在字符面板中设置"字体"为方正中等线简体，"字体大小"为 6 点，在画面中输入文字。然后单击移动工具，按下键盘中的方向键适当调整文字的位置，效果如图 37-32 所示。

图 37-32

17 新建图层"图层 6"，设置前景色为蓝色（R:57 G:201 B:218）。单击直线工具，在属性栏上设置"粗细"为 3px，如图 37-33 所示，然后按住 Shift 键在图像中绘制直线，得到如图 37-34 所示的效果。

图 37-33

图 37-34

18 在图层面板上单击"添加图层蒙版"按钮，为图层添加蒙版，如图 37-35 所示。单击"图层 6"前的蒙版缩略图，再单击渐变工具，然后单击属性栏上的"线性渐变"按钮，设置渐变如图 37-36 所示，最后在画面中从左到右拖动鼠标应用渐变填充，得到的效果如图 37-37 所示。至此，本实例制作完成。

图 37-35

图 37-36

图 37-37

156

Chapter 07

光影特效

学习重点 |

本章主要制作抽象而具有韵律的各种光影特效，用于各种宣传图片及广告招贴的背景制作，也可以此表现鲜明的图像主题。本章重点在于图层样式、画笔工具及各种滤镜的综合使用。

技能提示 |

通过本章的学习，可以让读者了解和掌握图层样式、图层混合模式、画笔预设及滤镜的一些不常见用法，并为读者运用操作技巧实现自己的创意指点捷径。

本章实例 |

38 流线型光影特效　　　　41 银河星云特效

39 发散光线特效　　　　　42 径向光线特效

40 彩色灯光特效

效果展示 |

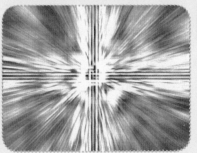

38 流线型光影特效

本实例制作简约的流线型光影特效，强调流线的弧度与动感，通过图层样式和滤镜处理，使图像色调柔和富有层次变化，得到实用的背景图像效果。

1 🔍 使用功能：钢笔工具、图层样式、图层混合模式、油漆桶工具、高斯模糊滤镜

2 ✋ 配色：▦ R:251 G:198 B:12　■ R:255 G:128 B:4　▨ R:39 G:229 B:254

3 💿 光盘路径：Chapter 7 \38 流线型光影特效\complete\流线型光影特效.psd

4 🎯 难易程度：★★☆☆☆

操作步骤

01 执行"文件 > 新建"命令，打开"新建"对话框，在弹出的对话框中设置"宽度"为 10 厘米、"高度"为 7.5 厘米，"分辨率"为 350 像素 / 英寸，如图 38-1 所示。完成设置后，单击"确定"按钮，新建一个图像文件。

图 38-1

02 设置前景色为橙色（R:255 G:128 B:4），背景色为黄色（R:254 G:226 B:14）。单击渐变工具▦，并单击属性栏上的"线性渐变"按钮，设置渐变如图 38-2 所示，然后在画面中从上到下拖动鼠标应用前景色到背景色的渐变填充，得到的效果如图 38-3 所示。

图 38-2

图 38-3

03 单击钢笔工具 ✒，在属性栏上单击"形状图层"按钮 🔲，如图 38-4 所示，在图像中绘制形状路径，自动生成形状图层"形状 1"，得到如图 38-5 所示的效果。

图 38-4

图 38-5

04 单击钢笔工具 ✒，继续在图像中绘制形状路径，自动生成形状图层"形状 2"，图层面板如图 38-6 所示，得到如图 38-7 所示的效果。

图 38-6

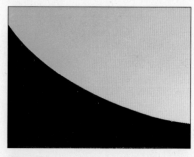

图 38-7

05 单击钢笔工具 ，继续在图像中绘制形状路径，自动生成形状图层"形状3"，图层面板如图38-8所示，得到如图38-9所示的效果。

图 38-8

图 38-9

06 单击钢笔工具 ，继续在图像中绘制形状路径，自动生成形状图层"形状4"，图层面板如图38-10所示，得到如图38-11所示的效果。

图 38-10

图 38-11

07 单击图层"形状2"前的"指示图层可视性"图标 ，隐藏该图层。然后设置图层"形状1"的混合模式为"滤色"，双击图层"形状1"的灰色区域，在弹出的"图层样式"对话框中设置各项参数，如图38-12和38-13所示，单击"确定"按钮，得到如图38-14所示的效果。

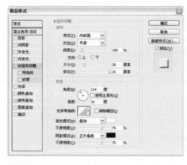

图 38-12

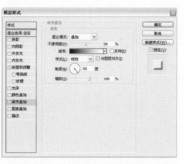

图 38-13

图 38-14

08 单击图层"形状2"前的"指示图层可视性"图标 ，显示该图层。然后设置图层"形状2"的混合模式为"滤色"，双击图层"形状2"的灰色区域，在弹出的"图层样式"对话框中设置各项参数，如图38-15和38-16所示，单击"确定"按钮，得到如图38-17所示的效果。

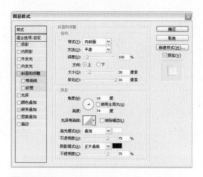

图 38-15

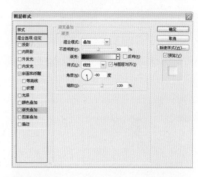

图 38-16

图 38-17

09 设置"形状3"图层的混合模式为"滤色"，然后双击图层"形状3"的灰色区域，在弹出的"图层样式"对话框中设置各项参数，如图38-18和38-19所示，单击"确定"按钮，得到如图38-20所示的效果。

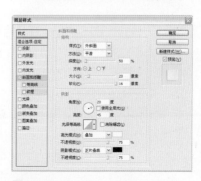

图 38-18

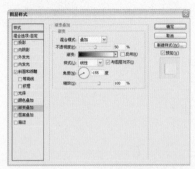

图 38-19

图 38-20

10 设置图层"形状 4"的混合模式为"滤色"，然后双击图层"形状 4"的灰色区域，在弹出的"图层样式"对话框中设置各项参数，如图 38-21 所示，单击"确定"按钮，得到如图 38-22 所示的效果。

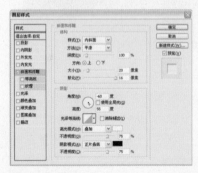

图 38-21

图 38-22

11 复制"形状 1"图层，得到图层"形状 1 副本"，如图

38-23 所示。双击图层"形状 1 副本"的灰色区域，在弹出的"图层样式"对话框中设置各项参数，如图 38-24 所示，并取消图层样式"渐变叠加"，单击"确定"按钮，得到如图 38-25 所示的效果。

图 38-23

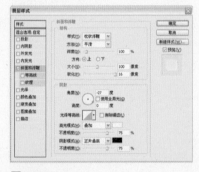

图 38-24

图 38-25

12 复制图层"形状 2"，得到图层"形状 2 副本"，如图 38-26 所示。双击图层"形状 2 副本"的灰色区域，在弹出的"图层样式"对话框中设置各项参数，如图 38-27 所示，并取消图层样式"渐变叠加"，单击"确定"按钮，得到如图 38-28 所示的效果。

图 38-26

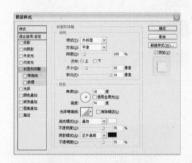

图 38-27

图 38-28

13 复制图层"形状 3"，得到图层"形状 3 副本"，如图 38-29 所示。双击图层"形状 3 副本"的灰色区域，在弹出的"图层样式"对话框中设置各项参数，如图 38-30 所示，并取消图层样式"渐变叠加"，单击"确定"按钮，得到如图 38-31 所示的效果。

图 38-29

160

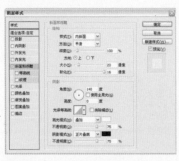

图 38-30

图 38-31

14　再次复制图层"形状3",得到图层"形状3副本2",如图38-32所示。双击图层"形状3副本2"的灰色区域,在弹出的"图层样式"对话框中设置各项参数,如图38-33和38-34所示,单击"确定"按钮,得到如图38-35所示的效果。

图 38-32

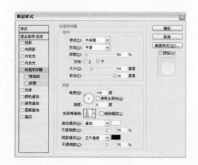

图 38-33

图 38-34

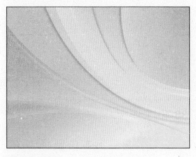

图 38-35

15　复制图层"形状4",得到图层"形状4副本",如图38-36所示。双击图层"形状4副本"的灰色区域,在弹出的"图层样式"对话框中设置各项参数,如图38-37和38-38所示,单击"确定"按钮,得到如图38-39所示的效果。

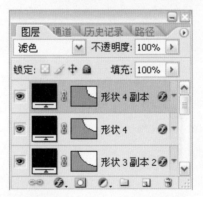

图 38-36

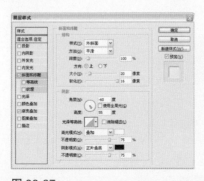

图 38-37

图 38-38

图 38-39

16　选择"图层1"图层,执行"图层 > 合并可见图层"命令,合并所有图层,图层面板如图38-40所示。

图 38-40

17　执行"滤镜 > 模糊 > 高斯模糊"命令,在弹出的对话框中设置"半径"为5.0像素,如图38-41所示。单击"确定"按钮,得到如图38-42所示的效果。

图 38-41

图 38-42

图 38-45

图 38-49

18 单击横排文字工具 T,在字符面板中设置各项参数,如图 38-43 所示,在图像中输入文字。然后单击移动工具 ,按下键盘中的方向键适当调整文字的位置,效果如图 38-44 所示。

图 38-43

图 38-46

20 在文字图层上右击鼠标,在弹出的快捷菜单中选择"栅格化文字"命令,将文字图层转化为一般图层,如图 38-47 所示。设置前景色为蓝色(R:39 G:229 B:254),单击油漆桶工具 ,对字母"M"和"N"进行填充,效果如图 38-48 所示。再设置前景色为黄色(R:255 G:232 B:2),对字母"B"进行填充,得到如图 38-49 所示的效果。

21 单击钢笔工具 ,在图像中绘制路径,如图 38-50 所示。设置前景色为蓝色(R:39 G:229 B:254),单击路径面板上的"用前景色填充路径"按钮 ,然后单击路径面板的灰色区域,取消路径,得到如图 38-51 所示的效果。

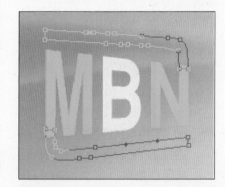

图 38-50

图 38-44

图 38-47

图 38-51

19 在横排文字工具属性栏上单击"创建文字变形"按钮 ,在弹出的对话框中设置各项参数,如图 38-45 所示,单击"确定"按钮,得到如图 38-46 所示的文字效果。

图 38-48

22 执行"编辑 > 自由变换"命令,显示出自由变换编辑框,拖动鼠标旋转图像,如图 38-52 所示,并拖动编辑框适当调整文字的大小,按下 Enter 键确定变换,得到如图 38-53 所示的效果。

图 38-52

图 38-53

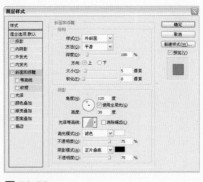

图 38-55

图 38-56

图 38-57

图 38-58

23 双击图层"MBN"的灰色区域，在弹出的"图层样式"对话框中设置各项参数，如图 38-54 和 38-55 所示，单击"确定"按钮，得到如图 38-56 所示的效果。

24 单击横排文字工具 T，在字符面板中设置各项参数，如图 38-57 所示，在图像中输入文字。最后单击移动工具，按下键盘中的方向键适当调整文字的位置，得到的效果如图 38-58 所示。至此，本实例制作完成。

图 38-54

39 发散光线特效

本实例运用自制的简单图案，配合滤镜功能制作出发散状的立体透视图像效果，方法实用，效果突出。使用此方法稍加变化，即可得出各种新颖有趣的效果。

1 🔍 使用功能：椭圆工具、定义图案命令、高斯模糊滤镜、浮雕效果滤镜、参考线命令、动感模糊滤镜

2 🎨 配色：■ R:252 G:58 B:239   ■ R:74 G:171 B:255   □ R:255 G:253 B:123

3 💿 光盘路径：Chapter 7 \39 发散光线特效\complete\发散光线特效.psd

4 🎯 难易程度：★★★☆☆

操作步骤

01 执行"文件 > 新建"命令，打开"新建"对话框，在弹出的对话框中设置"宽度"为 0.5 厘米、"高度"为 0.5 厘米，"分辨率"为 350 像素 / 英寸，如图 39-1 所示。完成设置后，单击"确定"按钮，新建一个图像文件。

图 39-1

02 按下 D 键将颜色设置为默认色。按下快捷键 Alt+Delete 填充画面，得到如图 39-2 所示的效果。

图 39-2

03 单击椭圆工具 ◯，在属性栏上单击几何选项按钮 ▾，在弹出的几何选项面板中设置各项参数，如图 39-3 所示。按下 X 键切换前景色和背景色，然后新建图层"图层 2"，在图像中绘制一个圆形，如图 39-4 所示。

椭圆选项
○ 不受约束
○ 圆（绘制直径或半径）
⦿ 固定大小 W: 0.4 厘米 H: 0.4 厘米
○ 比例 W: H:
☑ 从中心

图 39-3

图 39-4

04 按住 Ctrl 键选择"图层 1"和"图层 2"，如图 39-5 所示。单击移动工具 ▸₊，在属性栏上分别单击"垂直居中对齐"按钮 ▯ 及"水平居中对齐"按钮 ▣，得到如图 39-6 所示的效果。

图 39-5

164

图 39-6

05 执行"编辑 > 定义图案"命令，在弹出的对话框中保持默认设置，单击"确定"按钮，如图 39-7 所示。

图 39-7

06 执行"文件 > 新建"命令，打开"新建"对话框，在弹出的对话框中设置"宽度"为 10 厘米、"高度"为 10 厘米，"分辨率"为 350 像素 / 英寸，如图 39-8 所示。完成设置后，单击"确定"按钮，新建一个图像文件。

图 39-8

07 执行"编辑 > 填充"命令，在弹出的对话框中设置各项参数，如图 39-9 所示，单击"确定"按钮，得到如图 39-10 所示的效果。

图 39-9

图 39-10

08 执行"滤镜 > 模糊 > 高斯模糊"命令，在弹出的对话框中设置"半径"为 1.5 像素，如图 39-11 所示，单击"确定"按钮，得到如图 39-12 所示的效果。

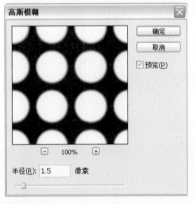

图 39-11

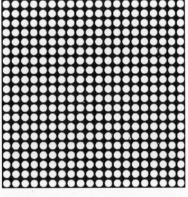

图 39-12

09 执行"滤镜 > 风格化 > 浮雕效果"命令，在弹出的对话框中设置各项参数，如图 39-13 所示，单击"确定"按钮，得到如图 39-14 所示的效果。

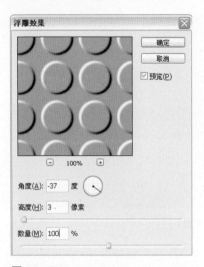

图 39-13

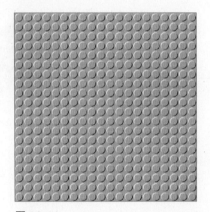

图 39-14

10 执行"视图 > 新建参考线"命令两次，分别在弹出的对话框中设置各项参数如图 39-15 和 39-16 所示，单击"确定"按钮，得到如图 39-17 所示的效果。

图 39-15

图 39-16

Enter 键确定变换，得到如图 39-21 所示的效果。

图 39-17

11 执行"编辑 > 自由变换"命令，拖动自由变换编辑框向下压缩图像，如图 39-18 所示，按下 Enter 键确定变换，得到如图 39-19 所示的效果。

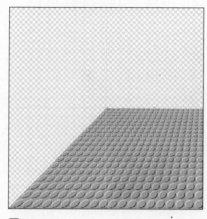

图 39-20

图 39-18

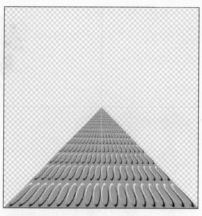

图 39-21

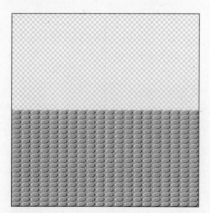

图 39-19

12 再次执行"编辑 > 自由变换"命令，按住 Ctrl 键拖曳画面中编辑框的左上角，如图 39-20 所示，然后再次按住 Ctrl 键拖曳编辑框的右上角，使两点相交，最后按下

13 复制"图层 1"，得到图层"图层 1 副本"，如图 39-22 所示。执行"编辑 > 变换 > 旋转 90 度（顺时针）"命令，旋转图像如图 39-23 所示，然后单击移动工具，按下键盘中的方向键移动图像至画面左侧位置，得到如图 39-24 所示的效果。

图 39-22

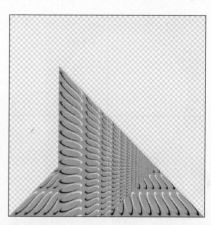

图 39-23

图 39-24

14 复制"图层 1 副本"，得到图层"图层 1 副本 2"，如图 39-25 所示。执行"编辑 > 变换 > 水平翻转"命令翻转图像，然后单击移动工具，按下键盘中的方向键移动图像至画面右侧位置，得到如图 39-26 所示的效果。

图 39-25

166

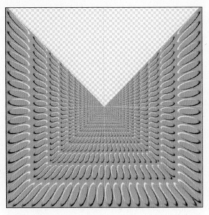

图 39-26

15 复制〝图层 1 副本 2〞，得到图层〝图层 1 副本 3〞，如图 39-27 所示。执行〝编辑 > 变换 > 旋转 90 度（逆时针）〞命令旋转图像，然后单击移动工具 ，按下键盘中的方向键移动图像至画面上方位置，得到如图 39-28 所示的效果。

图 39-27

图 39-28

16 按下快捷键 Ctrl + H 隐藏参考线，如图 39-29 所示。选择〝图层 1〞，按下快捷键

Ctrl + Shift + E 合并所有图层，如图 39-30 所示。

图 39-29

图 39-30

17 双击〝图层 1〞的灰色区域，在弹出的〝图层样式〞对话框中设置各项参数，如图 39-31 所示，单击渐变，在弹出的渐变编辑器中设置渐变，如图 39-32 所示，单击〝确定〞按钮，返回对话框，再次单击〝确定〞按钮，得到如图 39-33 所示的效果。

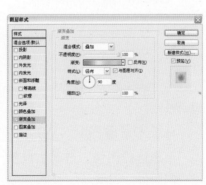

图 39-31

图 39-32

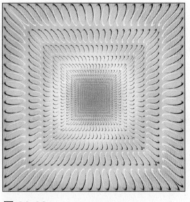

图 39-33

18 新建图层〝图层 2〞。单击画笔工具 ，在属性栏上设置参数，如图 39-34 所示，然后在图像中绘制白色线条，效果如图 39-35 所示。

图 39-34

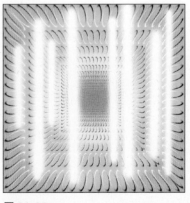

图 39-35

19 执行〝滤镜 > 模糊 > 动感模糊〞命令，在弹出的对

话框中设置各项参数，如图 39-36 所示，单击"确定"按钮，得到如图 39-37 所示的效果。

图 39-36

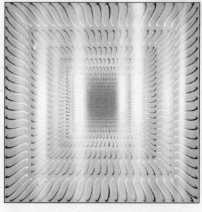

图 39-37

20 执行"滤镜 > 扭曲 > 极坐标"命令，在弹出的对话框中设置各项参数，如图 39-38 所示，单击"确定"按钮，得到如图 39-39 所示的效果。

图 39-38

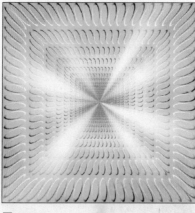

图 39-39

21 单击钢笔工具 ，在画面中绘制路径如图 39-40 所示，按下快捷键 Ctrl + Enter 将路径转化为选区，得到如图 39-41 所示的效果。

图 39-40

图 39-41

22 按下快捷键 Ctrl + J 复制粘贴选区内图像，自动生成新的图层"图层3"，图层面板如图 39-42 所示，得到如图 39-43 所示的效果。

图 39-42

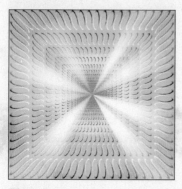

图 39-43

23 执行"编辑 > 自由变换"命令，拖动编辑框旋转图像，并适当调整图像的大小，如图 39-44 所示，按下 Enter 键确定变换，得到如图 39-45 所示的效果。

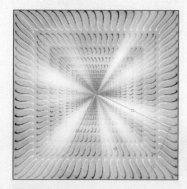

图 39-44

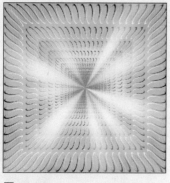

图 39-45

168

24 使用以上相同方法，复制"图层 3"，并进行适当旋转，调整位置后得到如图 39-46 所示的效果。然后按住 Ctrl 键选择所有复制图层，再按下快捷键 Ctrl + E 合并图层，得到的图层面板如图 39-47 所示。

图 39-46

图 39-47

25 单击横排文字工具 T，在字符面板中设置各项参数，如图 39-48 所示，再在图像中输入文字。然后单击移动工具，按下键盘中的方向键适当调整文字的位置，效果如图 39-49 所示。

图 39-48

图 39-49

26 双击文字图层的灰色区域，在弹出的对话框中设置各项参数，如图 39-50、39-51 和 39-52 所示，完成后单击"确定"按钮，得到如图 39-53 所示的效果。至此，本实例制作完成。

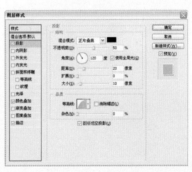

图 39-50

图 39-51

图 39-52

图 39-53

40 彩色灯光特效

本实例运用画笔工具制作彩色灯光效果，通过画笔工具的设置表现灯光的缤纷多彩，画面效果简单出色，引人遐想。

1 🔍 使用功能：圆角矩形工具、画笔工具、参考线、网格和切片命令、魔棒工具、自由变换命令

2 🎨 配色：　R:232 G:251 B:101 ■ R:248 G:29 B:138 ■ R:226 G:15 B:254

3 💿 光盘路径：Chapter 7 \40 彩色灯光特效\complete\彩色灯光特效.psd

4 🎲 难易程度：★★★☆☆

操作步骤

01 执行"文件 > 新建"命令，打开"新建"对话框，在弹出的对话框中设置"宽度"为 10 厘米、"高度"为 8 厘米、"分辨率"为 350 像素 / 英寸，如图 40-1 所示。完成设置后，单击"确定"按钮，新建一个图像文件。

图 40-1

02 按下 D 键设置颜色为默认色。然后按下快捷键 Alt + Delete 将"图层 1"填充为黑色，效果如图 40-2 所示。

图 40-2

03 单击圆角矩形工具 ▣，在属性栏上单击"路径"按钮 ▨，设置"半径"为 50px，如图 40-3 所示，然后在图像中绘制适当大小的圆角矩形路径，如图 40-4 所示。

图 40-3

图 40-4

04 设置前景色为红色（R:255 G:0 B:0）。单击画笔工具 ✎，在画笔预设中设置各项参数，如图 40-5、图 40-6、图 40-7 和图 40-8 所示。

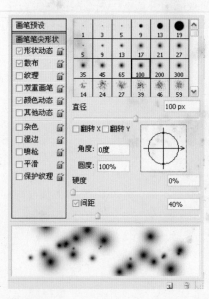

图 40-5

图 40-6

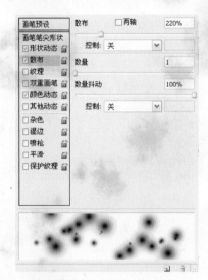

图 40-7

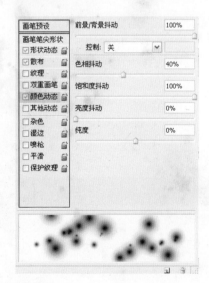

图 40-8

05 新建图层"图层2",如图 40-9 所示。单击路径面板上 的"用画笔描边路径"按钮

，描边路径，然后单击 路径面板的灰色区域取消路 径，如图 40-10 所示，得到 如图 40-11 所示的效果。

图 40-9

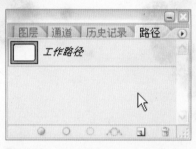

图 40-10

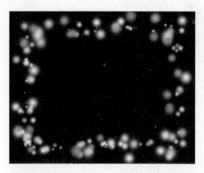

图 40-11

06 单击画笔工具 ，在图像 中单击绘制，适当添加彩色 圆点，得到的图像效果如图 40-12 所示。

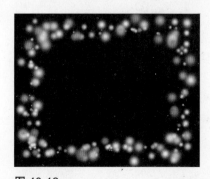

图 40-12

07 单击横排文字工具 T，在属 性栏上单击"显示 / 隐藏字 符和段落调板"按钮，在 弹出的字符面板中设置各项 参数，设置"文本颜色"为 R:157 G:24 B:163，如图 40-13 所示，然后在图像中输入文 字。单击移动工具，按下 键盘中的方向键适当调整文 字的位置，效果如图 40-14 所示。

图 40-13

图 40-14

08 单击横排文字工具 T，在字 符面板中设置各项参数，如 图 40-15 所示，然后在图像 中输入文字。单击移动工具 ，按下键盘中的方向键适 当调整文字的位置，效果如 图 40-16 所示。

图 40-15

图 40-16

09 单击横排文字工具 T.，在字符面板中设置各项参数，如图 40-17 所示，然后在图像中输入文字。单击移动工具 ，按下键盘中的方向键适当调整文字的位置，效果如图 40-18 所示。

172

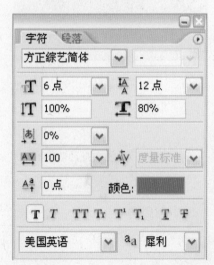

图 40-17

图 40-18

10 单击横排文字工具 T.，在字符面板中设置各项参数，如图 40-19 所示，然后在图像中输入文字。单击移动工具 ，按下键盘中的方向键适当调整文字的位置，效果如图 40-20 所示。

图 40-19

图 40-20

11 按住 Ctrl 键单击图层 "NEON LIGHT" 前的缩略图，载入选区。按下快捷键 Ctrl + C 复制图像，再按下快捷键 Ctrl + N，弹出 "新建" 对话框，在对话框中将新图档

命名为 "网点"，设置各项参数如图 40-21 所示，单击 "确定" 按钮，新建一个图像文件。按下快捷键 Ctrl + V 进行粘贴，得到如图 40-22 所示的效果。

图 40-21

NEON LIGHT

图 40-22

12 按下 D 键将颜色设置为默认色，新建图层 "图层 2"，按下快捷键 Alt+Delete 将画面填充为黑色。将 "图层 2" 拖曳至 "图层 1" 的下面，如图 40-23 所示，得到如图 40-24 所示的效果。

图 40-23

NEON LIGHT

图 40-24

13 执行 "编辑 > 首选项 > 参考线、网格和切片" 命令，在弹出的对话框中设置各项参数，如图 40-25 所示，单击 "确定" 按钮，得到如图 40-26 所示的效果。

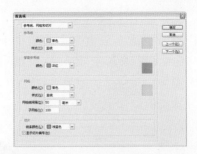
图 40-25

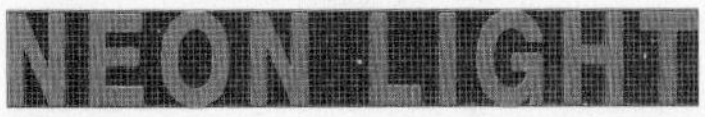

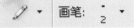
图 40-26

14 在"图层 1"上新建图层"图层 3"。单击铅笔工具 ✐，在属性栏上设置参数，如图 40-27 所示，然后按住 Shift 键在图像中绘制直线，如图 40-28 所示。

图 40-27

图 40-28

15 使用以上方法，沿着网格线为图像绘制网格，效果如图 40-29 所示。按下快捷键 Ctrl + H 隐藏网格，得到如图 40-30 所示的效果。

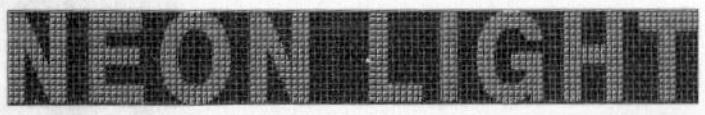

图 40-29

图 40-30

16 按下快捷键 Ctrl + Shift + E 合并所有图层，如图 40-31 所示。单击移动工具 ✛，将图像拖曳至"彩色灯光特效"图档中，并按下快捷键 Ctrl + D 取消选区，得到如图 40-32 所示的效果。

图 40-31

图 40-32

17 单击魔棒工具 ✺，选中文字图层中的黑色区域创建选区，如图 40-33 所示。复制文字图层"NEON LIGHT"，在复制的图层上右击鼠标，在弹出的快捷菜单中选择"栅格化文字"命令，将文字图层转化为一般图层，然后单击文字图层"NEON LIGHT"前的"指示图层可视性"图标 ◉，隐藏该图层，如图 40-34 所示。

图 40-33

图 40-34

18 按下 Delete 键删除复制图层上的选区内图像，并单击"图层 4"前的"指示图层可视性"图标 ◉，隐藏该图层，如图 40-35 所示，然后按下快捷键 Ctrl + D 取消选区，得到如图 40-36 所示的效果。

图 40-35

图 40-36

19 双击图层"NEON LIGHT 副本"的灰色区域，在弹出的"图层样式"对话框中设置各项参数，如图 40-37、图 40-38、图 40-39、图 40-40 和图 40-41 所示，单击"确定"按钮，得到如图 40-42 所示的效果。

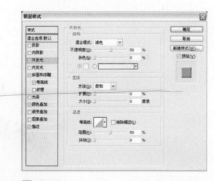
图 40-37

图 40-38

图 40-39

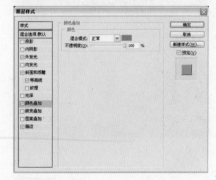

图 40-40

图 40-41

图 40-42

辑 > 自由变换"命令，拖动
编辑框适当放大文字，按下
Enter 键确定变换，得到如
图 40-44 所示的效果。至此，
本实例制作完成。

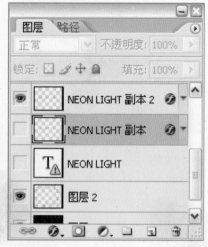

图 40-43

20 复制"NEON LIGHT 副本"
图层，得到"NEON LIGHT
副本 2"图层，然后单击
"NEON LIGHT 副本"图层
前的"指示图层可视性"图
标，隐藏该图层，如图
40-43 所示。然后选择"NEON
LIGHT 副本 2"图层，执行"编

图 40-44

174

41 银河星云特效

本实例制作模拟宇宙星云特效的图像，通过各种滤镜组合制作繁星密布下的旋转光晕，只运用比较简单的方法，即可得到图片素材库中迷人的背景图像效果。

1 🔍 使用功能：染色玻璃滤镜、中间值滤镜、云彩滤镜、高斯模糊滤镜、镜头光晕滤镜、旋转扭曲滤镜、喷溅滤镜

2 🔥 配色：■ R:192 G:179 B:182 ■ R:139 G:127 B:130

3 ◉ 光盘路径：Chapter 7 \41 银河星云特效\complete\银河星云特效.psd

4 🖼 难易程度：★★★☆☆

操作步骤

01 执行"文件 > 新建"命令，打开"新建"对话框，在弹出的对话框中设置"宽度"为 10 厘米、"高度"为 8 厘米，"分辨率"为 350 像素 / 英寸，如图 41-1 所示。完成设置后，单击"确定"按钮，新建一个图像文件。

图 41-1

02 设置前景色为白色，背景色为黑色，按下快捷键 Ctrl + Delete 将"背景"图层填充为黑色。执行"滤镜 > 纹理 > 染色玻璃"命令，在弹出的对话框中设置各项参数，如图 41-2 所示，单击"确定"按钮，得到如图 41-3 所示的效果。

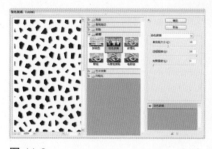

图 41-2

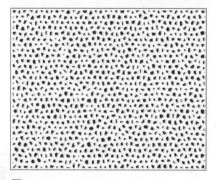

图 41-3

03 执行"滤镜 > 杂色 > 中间值"命令，在弹出的对话框中设置"半径"为 8 像素，如图 41-4 所示，单击"确定"按钮，得到如图 41-5 所示的效果。然后再执行"图像 > 调

整 > 反相"命令，得到如图 41-6 所示的效果。

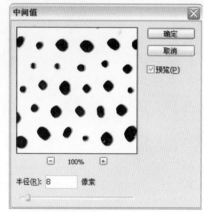

图 41-4

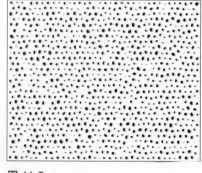

图 41-5

图 41-6

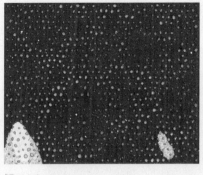

图 41-9

图 41-12

04 执行"滤镜 > 模糊 > 高斯模糊"命令，在弹出的对话框中设置"半径"为 3.0 像素，单击"确定"按钮，得到如图 41-7 所示的效果。

06 复制"背景"图层，得到图层"背景副本"。选择"图层1"，按下快捷键 Ctrl + E 合并图层为"背景副本"。执行"图像 > 调整 > 色阶"命令，在弹出的对话框中设置各项参数，如图 41-10 所示，单击"确定"按钮，得到如图 41-11 所示的效果。

08 执行"图像 > 调整 > 色相/饱和度"命令，在弹出的对话框中设置各项参数如图41-13 所示，单击"确定"按钮，得到如图 41-14 所示的效果。

图 41-7

05 新建图层"图层1"。执行"滤镜 > 渲染 > 云彩"命令，自动生成云彩图像，如图 41-8 所示。设置"图层1"的混合模式为"线性加深"，得到如图 41-9 所示的图像效果。

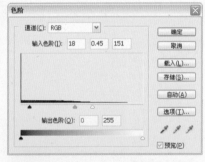

图 41-10

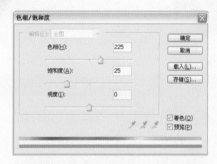

图 41-13

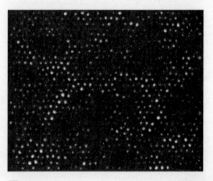

图 41-14

09 新建图层"图层1"，按下快捷键 Alt+Delete 将画面填充为黑色。执行"滤镜 > 渲染 > 镜头光晕"命令，在弹出的对话框中设置各项参数，如图 41-15 所示，单击"确定"按钮，得到如图 41-16 所示的效果。

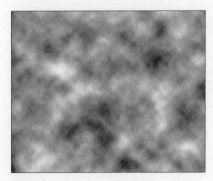

图 41-8

176

图 41-11

07 执行"滤镜 > 模糊 > 高斯模糊"命令，在弹出的对话框中设置"半径"为 3.0 像素，单击"确定"按钮，得到如图 41-12 所示的效果。

图 41-15

图 41-16

10 再次执行"滤镜 > 渲染 > 镜头光晕"命令，在弹出的对话框中设置各项参数，如图 41-17 所示，单击"确定"按钮，得到如图 41-18 所示的效果。

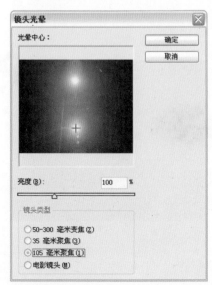

图 41-17

图 41-18

11 执行"滤镜 > 扭曲 > 旋转扭曲"命令，在弹出的对话框中设置"角度"为 500 度，如图 41-19 所示，单击"确定"按钮，得到如图 41-20 所示的效果。

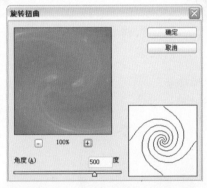

图 41-19

图 41-20

12 执行"滤镜 > 画笔描边 > 喷溅"命令，在弹出的对话框中设置各项参数，如图 41-21 所示，单击"确定"按钮，得到如图 41-22 所示的效果。

图 41-21

图 41-22

13 执行"编辑 > 自由变换"命令，显示出自由变换编辑框，拖动编辑框对图像进行旋转及变形处理，完成后按下 Enter 键确定变换，得到如图 41-23 所示的效果。

图 41-23

14 设置"图层 1"的混合模式为"滤色"，得到如图 41-24 所示的效果。

图 41-24

15 单击橡皮擦工具 ，在属性栏上设置各项参数，如图41-25所示，在画面中擦去多余的图像，得到如图41-26所示的效果。

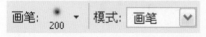

图 41-25

图 41-26

16 在"背景副本"图层上新建图层"图层2"，并填充为黑色，如图41-27所示。选择"图层1"，按下快捷键Ctrl+E合并"图层1"和"图层2"，得到如图41-28所示的图层效果。

178

图 41-27

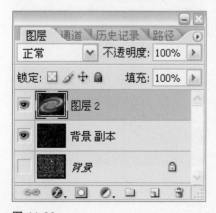

图 41-28

17 设置"图层2"的混合模式为"滤色"，得到如图41-29所示的效果。

图 41-29

18 执行"滤镜 > 渲染 > 镜头光晕"命令，在弹出的对话框中设置各项参数，如图41-30所示，单击"确定"按钮，得到如图41-31所示的效果。

图 41-30

图 41-31

19 再次执行"滤镜 > 渲染 > 镜头光晕"命令，在弹出的

对话框中设置各项参数，如图41-32所示，单击"确定"按钮，得到如图41-33所示的效果。

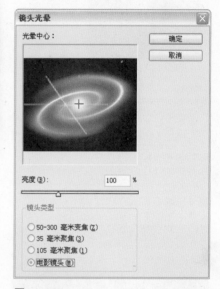

图 41-32

图 41-33

20 设置"图层2"的"不透明度"为90%，得到如图41-34所示的效果。至此，本实例制作完成。

图 41-34

42 径向光线特效

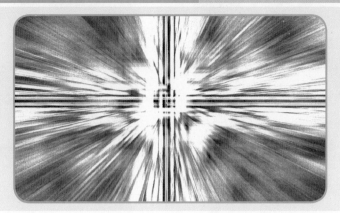

本实例制作具有强烈视觉冲击力的径向光线特效，画面颜色对比强烈，鲜明醒目，能够在第一时间吸引人的注意力。

1 🔍 使用功能：云彩滤镜、马赛克滤镜、径向模糊滤镜、浮雕效果滤镜、查找边缘滤镜、径向模糊滤镜

2 🎨 配色：■ R:30 G:139 B:255 ■ R:1 G:54 B:111

3 ◎ 光盘路径：Chapter 7 \42 径向光线特效\complete\径向光线特效.psd

4 🏔 难易程度：★★★☆☆

179

操作步骤

01 执行"文件 > 新建"命令，打开"新建"对话框，在弹出的对话框中设置"宽度"为10厘米、"高度"为8厘米，"分辨率"为350像素/英寸，如图42-1所示。完成设置后，单击"确定"按钮，新建一个图像文件。

图42-1

02 按下D键将颜色设置为默认色。执行"滤镜 > 渲染 > 云彩"命令，自动生成云彩图像，效果如图42-2所示。

图42-2

03 执行"滤镜 > 像素化 > 马赛克"命令，在弹出的对话框中设置"单元格大小"为24方形，如图42-3所示，单击"确定"按钮，得到如图42-4所示的效果。

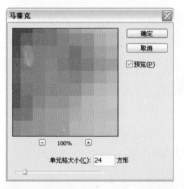

图42-3

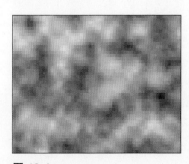

图42-4

04 执行"滤镜 > 模糊 > 径向模糊"命令，在弹出的对话框中设置各项参数，如图42-5所示，单击"确定"按钮，得到如图42-6所示的效果。

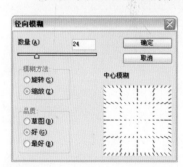

图42-5

图42-6

05 执行"滤镜 > 风格化 > 浮雕效果"命令，在弹出的对

话框中设置各项参数，如图 42-7 所示，单击"确定"按钮，得到如图 42-8 所示的效果。

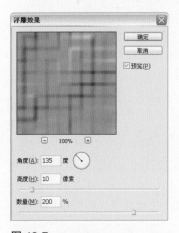

图 42-7

图 42-8

06 执行"滤镜 > 风格化 > 查找边缘"命令，自动生成新的图像，效果如图 42-9 所示。

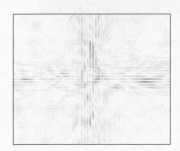

图 42-9

07 执行"图像 > 调整 > 反相"命令，反相图像，效果如图 42-10 所示。

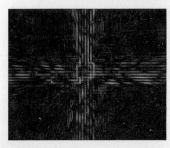

图 42-10

08 再次执行"滤镜 > 模糊 > 径向模糊"命令，在弹出的对话框中设置各项参数，如图 42-11 所示，单击"确定"按钮，得到如图 42-12 所示的效果。

图 42-11

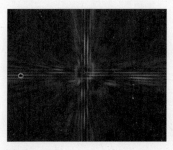

图 42-12

09 执行"图像 > 调整 > 色阶"命令，在弹出的对话框中设置各项参数，如图 42-13 所示，单击"确定"按钮，得到如图 42-14 所示的效果。

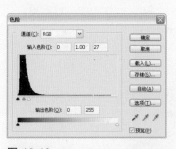

图 42-13

图 42-14

10 设置前景色为蓝色（R:0 G:124 B:254），新建图层"图

层 2"，如图 42-15 所示。按下快捷键 Alt + Delete 将"图层 2"填充为蓝色，得到如图 42-16 所示的效果。

图 42-15

图 42-16

11 设置"图层 2"的混合模式为"颜色"，如图 42-17 所示，得到如图 42-18 所示的效果。至此，本实例制作完成。

图 42-17

图 42-18

Chapter 08

图像合成特效

效果展示 |

43 动漫场景合成特效

动漫中清新唯美的造型和独特的意境受到很多人的喜爱，本实例通过对漫画人物与略带空灵感的真实图片进行合成，营造出时下流行的具有动漫感觉的画面，得到一种唯美的视觉感受。

1 🔍 使用功能：曲线命令、画笔工具、绘图笔滤镜、移动工具、自由变换命令、图层样式

2 🎨 配色：■ R:120 G:65 B:28　■ R:209 G:167 B:103

3 💿 光盘路径：Chapter 8\43 动漫场景合成特效\complete\动漫场景合成特效.psd

4 🗺 难易程度：★★☆☆☆

操作步骤

01 执行"文件 > 打开"命令，弹出如图 43-1 所示的对话框，选择本书配套光盘中 Chapter 8\43 动漫场景合成特效 \media\001.jpg 文件，单击"打开"按钮打开素材文件，如图 43-2 所示。

02 双击"背景"图层，将"背景"图层变为一般图层。然后执行"图像 > 调整 > 曲线"命令，在弹出的对话框中设置曲线，如图 43-3 所示。完成后单击"确定"按钮，得到如图 43-4 所示的效果。

03 继续执行"图像 > 调整 > 曲线"命令，在弹出的对话框中的"通道"下拉列表中分别选择"红"、"绿"、"蓝"通道，并设置各项参数，如图 43-5、43-6 和 43-7 所示，最后单击"确定"按钮，得到如图 43-8 所示的效果。

182

图 43-1

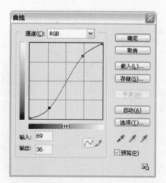

图 43-3

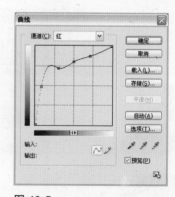

图 43-5

图 43-2

图 43-4

图 43-6

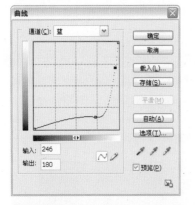

图 43-7

图 43-8

04 复制"背景"图层，然后在通道面板上选择"红"通道并复制，得到"红副本"通道，通道面板如图 43-9 所示，得到的图像效果如图 43-10 所示。

图 43-9

图 43-10

05 选择"红副本"通道，按下快捷键 Ctrl+L，在弹出的"色阶"对话框中设置各项参数，如图 43-11 所示，完成后单击"确定"按钮，得到如图 43-12 所示的效果。

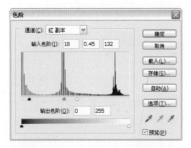

图 43-11

图 43-12

06 选择"红副本"通道，将前景色设置为黑色，单击画笔工具 ，描绘人物轮廓并填充颜色，如图 43-13 所示。

图 43-13

07 选择"红副本"通道，单击画笔工具 ，将人物轮廓外的部分描绘为白色，如图 43-14 所示。

图 43-14

08 在通道面板中按住 Ctrl 键单击"红副本"通道前的缩略图，如图 43-15 所示，载入通道选区效果如图 43-16 所示

图 43-15

图 43-16

09 回到图层面板，选择"图层0 副本"图层，如图 43-17所示，按下 Delete 键删除选区内图像，再按下快捷键Ctrl+D 取消选区，隐藏背景图层后得到如图 43-18 所示的效果。

图 43-17

图 43-18

10 执行"文件 > 打开"命令,弹出如图 43-19 所示的对话框,选择本书配套光盘中 Chapter 8\43 动漫场景合成特效 \media\002.jpg 文件,单击"打开"按钮打开素材文件,如图 43-20 所示。

图 43-19

图 43-20

11 复制"背景"图层,单击图层面板上的"创建新组"按钮 ,将"背景副本"图层拖曳到"组 1"中,如图 43-21 所示。

图 43-21

12 对"背景副本"图层执行"图层 > 新建调整图层 > 曲线"命令,在弹出的对话框中设置曲线,如图 43-22 所示,完成后单击"确定"按钮,得到如图 43-23 所示的效果。

图 43-22

图 43-23

13 继续执行"图层 > 新建调整图层 > 曲线"命令,在弹出的对话框中的"通道"下拉列表中选择"红"通道,设置曲线如图 43-24 所示,然后单击"确定"按钮,得到如图 43-25 所示的效果。

图 43-24

图 43-25

14 按下快捷键 Ctrl+E 合并"背景副本"和调整图层,得到"曲线 1"图层,如图 43-26 所示,然后单击移动工具 ,将素材文件"001"拖曳到该图档内,将生成的图层重命名为"图层 0",按下快捷键 Ctrl+T 自由变换图像,得到如图 43-27 所示的效果。

图 43-26

184

图 43-27

15 选择"图层 0"图层,单击"添加图层样式"按钮 ◯.,在弹出的菜单中选择"外发光"选项,然后在弹出的"图层样式"对话框中设置各项参数,如图 43-29 所示,完成后单击"确定"按钮,图层面板如图 43-28 所示,效果如图 43-30 所示。

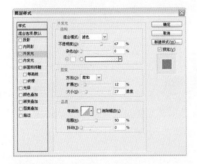

图 43-28

图 43-29

图 43-30

16 按住 Ctrl 键选择"图层 0"和"曲线 1"图层,按下快捷键 Ctrl+Alt+E 新建合并图层,将其重命名为"图层 0 副本",然后执行"滤镜 > 艺术效果 > 粗糙蜡笔"命令,在弹出的对话框中设置各项参数,如图 43-31 所示,完成后单击"确定"按钮,得到如图 43-32 所示的效果。

图 43-31

图 43-32

17 选择"图层 0 副本"图层,将其混合模式设为"线性减淡",得到如图 43-33 所示的效果。

图 43-33

18 复制"图层 0 副本"图层,将复制得到的图层的混合模式设为"滤色"如图 43-34 所示,得到如图 43-35 所示的效果。

图 43-34

图 43-35

19 复制"图层 0 副本 2"图层,将其副本图层的混合模式设为"色相","不透明度"改为 90%,如图 43-36 所示,然后将前景色设置为 R:195 G:127 B:20,背景色设置为 R:93 G:56 B:0,执行"滤镜 > 素描 > 绘图笔"命令,在弹出的对话框中设置各项参数,如图 43-37 所示,完成后单击"确定"按钮,得到如图 43-38 所示的效果。

图 43-36

图 43-37

图 43-38

20 新建图层"图层 1",将"不透明度"改为 30%,设置前景色为黑色,按下快捷键 Alt+Delete 填充图层,图层面板如图 43-39 所示,得到的效果如图 43-40 所示。

图 43-39

图 43-40

21 选择"图层 1"图层,单击"添加图层蒙版"按钮 ,为图层添加蒙版,如图 43-41 所示,再单击渐变工具 ,在属性栏上单击"径向渐变"按钮 ,设置渐变如图 43-42 所示,然后在图像中从左到右

拖动鼠标进行渐变填充,效果如图 43-43 所示。

图 43-41

图 43-42

图 43-43

22 执行"文件 > 打开"命令,弹出如图 43-44 所示的对话框,选择本书配套光盘中 Chapter 8\43 动漫场景合成特效 \media\003.psd 文件,单击"打开"按钮打开素材文件,如图 43-45 所示。

图 43-44

图 43-45

23 将素材文件"003"拖曳到"001"图档内,生成"图层 2",如图 43-46 所示,然后按下快捷键 Ctrl+T 对图像进行自由变换,得到的效果如图 43-47 所示。

图 43-46

图 43-47

24 选择"图层 2"图层,执行"滤镜 > 模糊 > 动感模糊"命令,在弹出的对话框中设置各项参数,如图 43-48 所示,完成后单击"确定"按钮,得到如图 43-49 所示的效果。

图 43-48

186

图 43-49

25 复制"图层2",对复制图层按下快捷键 Ctrl+T 进行自由变换,然后执行"滤镜 > 模糊 > 动感模糊"命令,在弹出的对话框中设置各项参数,如图 43-50 所示,完成后单击"确定"按钮,得到如图43-51 所示的效果。

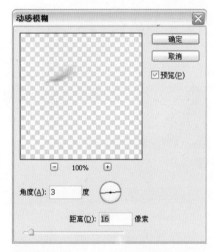

图 43-50

图 43-51

26 复制"图层2",对复制图层按下快捷键 Ctrl+T 进行自由变换,然后执行"滤镜 > 模糊 > 动感模糊"命令,在弹出的对话框中设置各项参数,

如图 43-52 所示,完成后单击"确定"按钮,得到如图43-53 所示的效果。

图 43-52

图 43-53

27 多次复制"图层2"图层,分别按下快捷键 Ctrl+T 对复制图层进行自由变换,然后执行"滤镜 > 模糊 > 动感模糊"命令,在弹出的对话框中设置各项参数,完成后单击"确定"按钮,得到如图 43-54 所示的效果。

图 43-54

28 新建图层"图层3",将"不透明度"改为70%,然后单击铅笔工具 ✐,在图像中

右击鼠标弹出画笔面板,将"主直径"设置为2px,参考43-55 所示绘制白线。

图 43-55

29 选择"图层3"图层,单击铅笔工具 ✐,在图像中绘制多条白线,得到如图 43-56所示的效果。

图 43-56

30 对"图层3"执行"滤镜 > 模糊 > 动感模糊"命令,在弹出的对话框中设置各项参数,如图 43-57 所示,单击"确定"按钮,得到的效果如图43-58 所示。

图 43-57

图 43-58

31 选择"图层 3"图层，单击图层面板上的"添加图层蒙版"按钮 ▣，为图层添加蒙版如图 43-59 所示，然后单击橡皮擦工具 ✐，在属性栏上设置各项参数如图 43-60 所示，在图层蒙版上擦出如图 43-61 所示的效果。

图 43-59

图 43-60

图 43-61

32 新建图层"图层 4"，将混合模式设为"亮光"，将前景色设置为 R:106 G:72 B:0，按下快捷键 Alt+Delete 填充颜色，图层面板如图 43-62 所示，得到如图 43-63 所示的效果。

图 43-62

图 43-63

33 选择"图层 4"图层，单击"添加图层蒙版"按钮 ▣，再单击渐变工具 ▣，在属性栏上单击"径向渐变"按钮 ▣，在图像中从左到右拖动鼠标进行渐变填充，图层面板如图 43-64 所示，效果如图 43-65 所示。

图 43-64

图 43-65

34 单击横排文字工具 T，将前景色设置为黑色，在图像中

添加文字，对字体属性进行设置如图 43-66 所示，得到如图 43-67 所示的效果。因为文字是黑色，所以在图片上看得不是很清楚，在下一步添加图层样式后，就可以清楚地看到了。

图 43-66

图 43-67

35 选择文字图层，将前景色设置为 R:255 G:255 B:190，单击图层面板上的"添加图层样式"按钮 ⨍，如图 43-68 所示，在弹出的菜单中选择"外发光"选项，然后在弹出的对话框中设置各项参数，如图 43-69 所示，完成后单击"确定"按钮，得到的效果如图 43-70 所示。

图 43-68

188

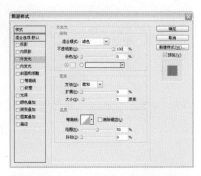

图 43-69

图 43-70

36 单击横排文字工具 T，将前景色设置为黑色，在图像中添加文字，将"字体"设置为方正姚体，"字体大小"设为59.17点，如图43-71所示，得到如图43-72所示的效果。

图 43-71

图 43-72

37 选择"Thisisred"文字图层，将前景色设置为R:242 G:229 B:176，单击图层面板上的"添加图层样式"按钮 ，在弹出的快捷菜单中选择"外发光"选项，然后在弹出的对话框中设置各项参数，如图43-73所示，完成后单击"确定"按钮，得到的效果如图43-74所示。

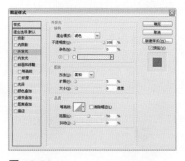

图 43-73

图 43-74

38 单击横排文字工具 T，将前景色设置为R:174 G:172 B:115，在图像中添加文字，将"字体"设置为方正姚体，"字体大小"设为16.54点，如图43-75所示，得到如图43-76所示的效果。

图 43-75

图 43-76

39 为了完善画面效果，再次单击横排文字工具 T，在图像中添加一些文字元素，设置字体属性如图43-77所示，得到如图43-78所示的效果。至此，本实例制作完成。

图 43-77

图 43-78

44 个性合成特效

本实例通过对文字的巧妙编排，结合富有趣味的图像，得到一种多层次而充满设计意味的图像效果，画面极具个性，色彩和谐统一。

---

1 🔍 **使用功能：**色阶命令、渐变工具、蒙版工具、画笔工具

2 🎨 **配色：** ■ R:23 G:81 B:0　■ R:48 G:148 B:1　□ R:200 G:207 B:0

3 💿 **光盘路径：** Chapter 8\44 个性合成特效\complete\个性合成特效.psd

4 🌀 **难易程度：** ★★☆☆☆

操作步骤

01 执行"文件 > 打开"命令，弹出如图 44-1 所示的对话框，选择本书配套光盘中 Chapter 8\ 44 个性合成特效 \media\001.jpg 文件，单击"打开"按钮打开素材文件。

图 44-1

02 执行"图像 > 调整 > 去色"命令，得到的图像效果如图 44-2 所示，按下快捷键 Ctrl+L 打开"色阶"对话框，调整图像的色阶如图 44-3 所示，单击"确定"按钮，得到如图 44-4 所示的效果。

图 44-2

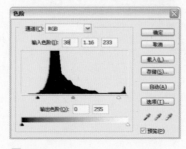

图 44-3

图 44-4

03 在通道面板上新建一个通道"Alpha 1"，然后单击横排文字工具，将前景色设置为白色，在画面中添加文字并设置各项参数如图 44-5 所示，效果如图 44-6 所示。最后按下快捷键 Ctrl+T 对文字进行上下拉伸变形，得到如图 44-7 所示的效果。

190

图 44-5

图 44-6

图 44-7

04 回到图层面板，对"背景"图层执行"图层 > 新建调整图层 > 渐变映射"命令，在弹出的对话框中保持默认设置单击"确定"按钮，然后弹出如图 44-8 所示的"渐变映射"对话框，单击默认的渐变条，弹出"渐变编辑器"对话框，设置渐变如图 44-9 所示，从左到右分别设置颜色图标的色值为 R:14 G:9 B:0，R:50 G:150 B:0，R:200 G:207 B:0，完成后单击"确定"按钮，得到如图 44-10 所示的效果。

图 44-8

图 44-9

图 44-10

05 复制"背景"图层，得到"背景副本"图层，如图 44-11 所示，然后执行"滤镜 > 模糊 > 高斯模糊"命令，在弹出的对话框中设置各项参数如图 44-12 所示，单击"确定"按钮，得到如图 44-13 所示的效果。

图 44-11

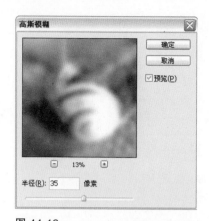

图 44-12

图 44-13

06 选择"背景副本"图层，单击"添加矢量蒙版"按钮 为图层添加蒙版，如图 44-14 所示，然后单击渐变工具，单击属性栏中的"渐变"拾色器快捷按钮，在弹出的渐变样式面板中选择"前景到背景"样式如图 44-15 所示，最后在图像中从左到右拖动鼠标进行渐变填充，得到的效果如图 44-16 所示。

图 44-14

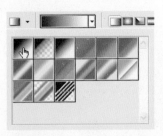

图 44-15

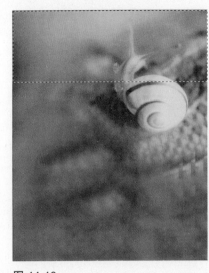

图 44-18

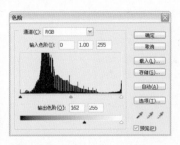

图 44-21

图 44-16

07 在选择"背景副本"图层蒙版的情况下，在通道面板中，按住 Ctrl 键单击"Alpha1"通道，载入选区如图 44-17 所示。

图 44-19

图 44-22

10 对"色阶1"图层执行"图层 > 创建剪贴蒙版"命令，图层面板如图 44-23 所示，得到如图 44-24 所示的效果。

图 44-17

08 选择"背景副本"图层蒙版，将载入选区的颜色填充为黑色，单击矩形选框工具，以文字的上端为基准，选择文字上方的整个区域，如图 44-18 所示，将选区的颜色填充为黑色，按下快捷键 Ctrl+D 取消选区，图层面板如图 44-19 所示，得到如图 44-20 所示的效果。

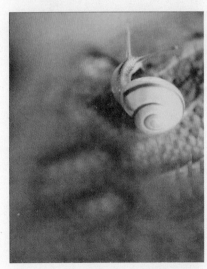

图 44-20

09 执行"图层 > 新建调整图层 > 色阶"命令，在弹出的对话框中设置各项参数，如图 44-21 所示，单击"确定"按钮，得到如图 44-22 所示的效果。

图 44-23

图 44-24

192

11 复制"背景"图层,得到"背景副本 2"图层,如图 44-25 所示,按下快捷键 Ctrl+T 缩小图像并移至画面左上角,右击鼠标在弹出的快捷菜单中选择"水平翻转"命令,水平翻转图片,效果如图 44-26 所示。

图 44-25

图 44-26

12 选择"背景副本 2"图层,单击"添加矢量蒙版"按钮 ◻,如图 44-27 所示,为图层添加蒙版。单击画笔工具 ✐,使用黑色涂抹"背景副本 2"图层的图像边缘,进行虚化处理,效果如图 44-28 所示。

图 44-27

图 44-28

13 多次复制"背景副本 2"图层,并用相同的方法对图像进行调整,得到如图 44-29 所示的效果。

图 44-29

14 单击横排文字工具 T,将前景色设置为白色,在图像中添加文字,设置字体属性如图 44-30 所示,得到如图 44-31 所示的效果。

图 44-30

图 44-31

15 单击横排文字工具 T,将前景色设置为白色,在图像中添加文字,设置"字体"为创艺简黑体,"字体大小"设为 22.38 点,如图 44-32 所示,得到的效果如图 44-33 所示。

图 44-32

193

图 44-33

16 单击横排文字工具 T，将前景色设置为白色，在图像中添加文字，将"字体"设置为创艺简黑体，"字体大小"设为 22.38 点，得到如图 44-34 所示的效果。

图 44-34

17 单击横排文字工具 T，将前景色设置为白色，在图像中添加文字，将"字体"设置为创艺简黑体，"字体大小"设为 59.08 点，如图 44-35 所示，得到如图 44-36 所示的效果。

图 44-35

图 44-36

18 执行"文件 > 打开"命令，弹出如图 44-37 所示的对话框，选择本书配套光盘中 Chapter 8\44 个性合成特效 \media\ 条形码 .psd 文件，单击"打开"按钮打开素材文件，如图 44-38 所示。

图 44-37

图 44-38

19 将"条形码"文件拖移到"001"图档内，设置其图层混合模式为"叠加"，"不透明度"改为 50%，得到如图 44-39 所示的效果。

图 44-39

20 为了进一步完善画面效果，在画面中继续添加文字元素，效果如图 44-40 所示，至此，本实例制作完成。

图 44-40

45 特殊元素合成特效

本实例通过对普通图像元素"钥匙"的多次组合利用，结合高斯模糊、铬黄滤镜、图层混合模式及调整图层营造出一种特殊的画面质感，以此表现充满个性的特殊元素合成图像效果。

1 🔍 使用功能：魔棒工具、高斯模糊滤镜、移动工具、渐变工具、曲线命令、铬黄滤镜

2 🎨 配色：■ R:166 G:28 B:0　■ R:215 G:0 B:0　■ R:235 G:138 B:0　□ R:250 G:247 B:202

3 💿 光盘路径：Chapter 8\45 特殊元素合成特效\complete\特殊元素合成特效.psd

4 🗺 难易程度：★★★☆☆

操作步骤

01 执行"文件 > 打开"命令，弹出如图 45-1 所示的对话框，选择本书配套光盘中 Chapter 8\45 特殊元素合成特效 \media\001.jpg 文件，单击"打开"按钮打开素材文件，如图 45-2 所示。

图 45-1

图 45-2

02 双击"背景"图层，将其转化为"图层 0"。然后单击魔棒工具 🪄，选取图像中的白色区域，如图 45-3 所示，按下 Delete 键删除选区内图像，然后按下快捷键 Ctrl+D 取消选区，效果如图 45-4 所示。

图 45-3

图 45-4

03 执行"文件 > 新建"命令，弹出"新建"对话框，设置

各项参数如图 45-5 所示，然后单击"确定"按钮，新建一个图像文件。

图 45-5

04 将素材文件"001"拖移到新建文件"特殊元素合成特效"图档内，生成"图层 1"如图 45-6 所示，然后按下快捷键 Ctrl+T 对图像进行自由变换，效果如图 45-7 所示。

图 45-6

图 45-7

05 复制"图层 1",得到"图层 1 副本"图层如图 45-8 所示,单击移动工具 ，按下快捷键 Ctrl+T 对图像进行自由变换,效果如图 45-9 所示。

图 45-8

图 45-9

06 再次复制"图层 1",得到"图层 1 副本 2"图层如图 45-10 所示,按下快捷键 Ctrl+T 对图像进行自由变换,效果如图 45-11 所示。

图 45-10

图 45-11

07 多次复制"图层 1"图层,如图 45-12 所示,然后按下快捷键 Ctrl+T 对复制图像分别进行自由变换,得到的效果如图 45-13 所示。

图 45-12

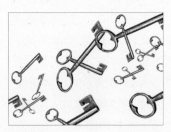

图 45-13

08 选择"图层 1"图层,如图 45-14 所示,执行"滤镜 > 模糊 > 高斯模糊"命令,在弹出的对话框中设置各项参数,如图 45-15 所示,完成后单击"确定"按钮,效果如图 45-16 所示。

图 45-14

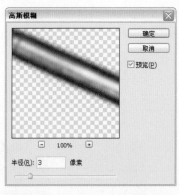

图 45-15

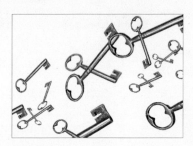

图 45-16

09 选择"图层 1 副本 4"图层,如图 45-17 所示,执行"滤镜 > 模糊 > 高斯模糊"命令,在弹出的对话框中设置各项参数,如图 45-18 所示,完成后单击"确定"按钮,得到的效果如图 45-19 所示。

图 45-17

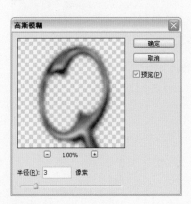

图 45-18

196

图 45-19

10　选择"图层 1 副本 6"图层，如图 45-20 所示，执行"滤镜 > 模糊 > 高斯模糊"命令，在弹出的对话框中设置各项参数，如图 45-21 所示，完成后单击"确定"按钮，得到的效果如图 45-22 所示。

图 45-20

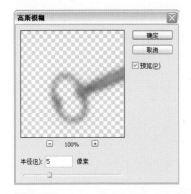

图 45-21

图 45-22

11　选择"图层 1 副本 7"图层，执行"滤镜 > 模糊 > 高斯模糊"命令，在弹出的对话

框中将"半径"设置为 5.5 像素，如图 45-23 所示，完成后单击"确定"按钮，得到的效果如图 45-24 所示。

图 45-23

图 45-24

12　选择"图层 1 副本 9"图层，执行"滤镜 > 模糊 > 高斯模糊"命令，在弹出的对话框中将"半径"设置为 4 像素，如图 45-25 所示，完成后单击"确定"按钮，得到的效果如图 45-26 所示。

图 45-25

图 45-26

13　选择"图层 1 副本 12"图层，执行"滤镜 > 模糊 > 高斯模糊"命令，在弹出的对话框中将"半径"设置为 4 像素，如图 45-27 所示，完成后单击"确定"按钮，得到的效果如图 45-28 所示。

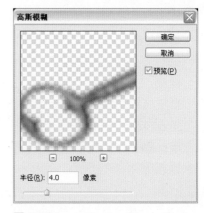

图 45-27

图 45-28

14　选择"图层 1 副本 15"图层，执行"滤镜 > 模糊 > 高斯模糊"命令，在弹出的对话框中将"半径"设置为 4 像素，如图 45-29 所示，完成后单击"确定"按钮，得到的效果如图 45-30 所示。

图 45-29

图 45-30

15 选择"图层 1 副本 16"图层，执行"滤镜 > 模糊 > 高斯模糊"命令，在弹出的对话框中将"半径"设置为 5 像素，如图 45-31 所示，完成后单击"确定"按钮，得到的效果如图 45-32 所示。

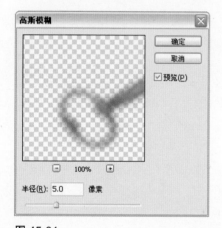

图 45-31

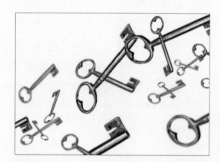

图 45-32

16 选择"图层 1 副本 17"图层，执行"滤镜 > 模糊 > 高斯模糊"命令，在弹出的对话框中将"半径"设置为 7 像素，如图 45-33 所示，完成后单击"确定"按钮，得到的效果如图 45-34 所示。

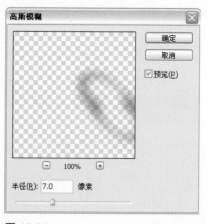

图 45-33

图 45-34

17 按下快捷键 Ctrl+E 合并除"背景"图层外的所有图层，图层面板如图 45-35 所示。然后执行"文件 > 打开"命令，弹出如图 45-36 所示的对话框，选择本书配套光盘中 Chapter 8\45 特殊元素合成特效 \media\002.jpg 文件，单击"打开"按钮打开素材文件，如图 45-37 所示。

图 45-35

图 45-36

图 45-37

18 将素材文件"002"拖移到"特殊元素合成特效"图档中，并按下快捷键 Ctrl+T，显示出自由变换编辑框，放大图像至充满画面，将其移动至钥匙图层之下，得到如图 45-38 所示的效果。

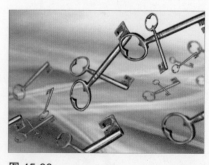

图 45-38

19 按下快捷键 Ctrl+E 合并图层，图层面板如图 45-39 所示，然后执行"图像 > 调整 > 亮度 / 对比度"命令，在弹出的对话框中设置各项参数，如图 45-40 所示，完成后单击"确定"按钮，得到如图 45-41 所示的效果。

图 45-39

图 45-40

图 45-41

20 复制"图层 1",得到"图层 1 副本",将其图层混合模式设置为"点光","不透明度"改为 50%,如图 45-42 所示,得到如图 45-43 所示的效果。

图 45-42

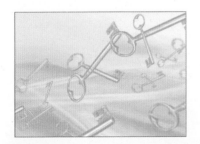

图 45-43

21 按下快捷键 Ctrl+A 全选图像,如图 45-44 所示,按下快捷键 Ctrl+Shift+C 复制选区,然后按下快捷键 Ctrl+V 粘贴图像,得到"图层 2"图层,如图 45-45 所示。

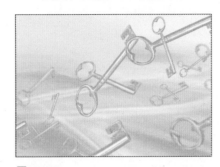

图 45-44

图 45-45

22 执行"图层 > 新建调整图层 > 曲线"命令,创建曲线调整图层如图 45-46 所示,在弹出的对话框中设置曲线,如图 45-47 所示,完成后单击"确定"按钮,得到的效果如图 45-48 所示。

图 45-46

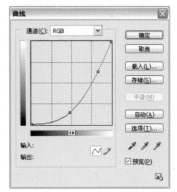

图 45-47

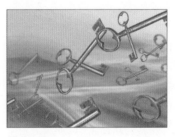

图 45-48

23 复制"图层 2",得到"图层 2 副本"图层,将其放于"曲线 1"图层之上,如图 45-49 所示,然后选择"曲线 1"图层,执行"图层 > 创建剪贴蒙版"命令,图层面板如图 45-50 所示,得到如图 45-51 所示的效果。

图 45-49

图 45-50

图 45-51

24 选择"图层2副本"图层，执行"图层 > 新建调整图层 > 曲线"命令，创建曲线调整图层如图 45-52 所示，在弹出的对话框中设置曲线，如图 45-53 所示，完成后单击"确定"按钮，得到的效果如图 45-54 所示。

图 45-52

200

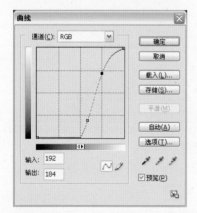

图 45-53

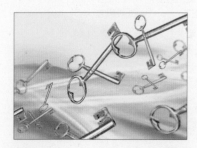

图 45-54

25 复制"图层2"，得到"图层2副本2"图层，将其放于"曲线2"图层之上，然后选择"曲线2"图层，执行"图层 > 创建剪贴蒙版"命令，图层面板如图 45-55 所示，得到如图 45-56 所示的效果。

图 45-55

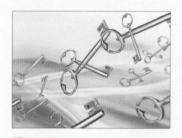

图 45-56

26 选择"图层2副本2"图层，将混合模式设置为"叠加"，"不透明度"改为80%，如图 45-57 所示，得到如图 45-58 所示的效果。

图 45-57

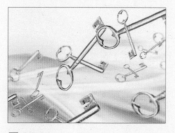

图 45-58

27 对"图层2副本2"图层执行"图层 > 新建调整图层 > 曲线"命令，在弹出的对话框中设置曲线，如图 45-59 所示，完成后单击"确定"按钮，得到的效果如图 45-60 所示。

图 45-59

图 45-60

28 选择"曲线3"图层的蒙版，如图 45-61 所示，右击鼠标在弹出的快捷菜单中选择"删除图层蒙版"命令，得到如图 45-62 所示的效果。

图 45-61

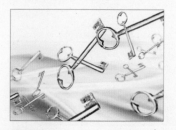

图 45-62

29 选择"曲线3"图层,执行"图层 > 创建剪贴蒙版"命令,图层面板如图45-63所示,得到如图45-64所示的效果。

图 45-63

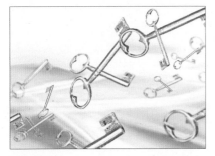
图 45-64

30 执行"图层 > 新建调整图层 > 渐变映射"命令,在弹出的对话框中保持默认设置并单击"确定"按钮,然后弹出如图45-65所示的"渐变映射"对话框,单击默认的黑白渐变条,弹出"渐变编辑器"对话框,设置渐变如图45-66所示,然后从左到右分别设置颜色图标的色值为 R:44 G:0 B:0,R:110 G:34 B:0,R:204 G:87 B:17,R:234 G:234 B:184,完成后单击"确定"按钮,得到如图45-67所示的效果。

图 45-65

图 45-66

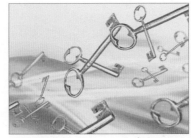
图 45-67

31 按下快捷键 Ctrl+E 合并除"背景"图层外的所有图层,然后复制合并后的图层,将其图层混合模式设置为"颜色加深","不透明度"改为74%,如图45-68所示,得到如图45-69所示的效果。

图 45-68

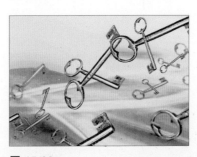
图 45-69

32 选择"渐变映射1副本"图层,执行"滤镜 > 素描 > 铬黄"命令,在弹出的对话框中设置各项参数,如图45-70所示,完成后单击"确定"按钮,得到如图45-71所示的效果。

图 45-70

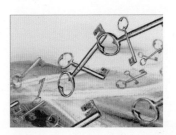
图 45-71

33 复制"渐变映射1"图层,得到"渐变映射1副本2",将混合模式设置为"叠加","不透明度"改为80%,如图45-72所示,得到如图45-73所示的效果。

图 45-72

图 45-73

34 选择"渐变映射1副本2"图层,执行"滤镜>素描>铬黄"命令,在弹出的对话框中设置各项参数,如图45-74所示,完成后单击"确定"按钮,得到如图45-75所示的效果。

图 45-74

图 45-75

35 再次复制"渐变映射1"图层,得到"渐变映射1副本3"图层,将其混合模式设置为"颜色加深",如图45-76所示,得到如图45-77所示的效果。

图 45-76

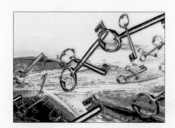

图 45-77

36 新建图层"图层3",将前景色设置为 R:49 G:8 B:2,背景色设置为 R:242 G:158 B:31,然后单击渐变工具,在属性栏上选择"线性渐变"按钮,设置渐变如图45-78所示,然后在图像中从下到上拖动鼠标进行渐变填充,效果如图45-79所示。

图 45-78

图 45-79

37 单击横排文字工具,将前景色设置为 R:172 G:130 B:71,在图像中输入字母"U"并设置各项参数如图45-80所示,得到如图45-81所示的效果。

图 45-80

图 45-81

38 单击横排文字工具,将前景色设置为 R:96 G:4 B:0,在图像中输入字母"N"并将"字体"设置为创艺简粗黑,"字体大小"设为 44.45 点,效果如图45-82所示。

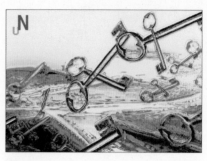

图 45-82

39 单击横排文字工具,将前景色设置为 R:172 G:130 B:71,在图像中输入字母"D"并将"字体"设置为创艺简粗黑,"字体大小"设为 38.76 点,得到如图45-83所示的效果。

图 45-83

40 单击横排文字工具,将前景色设置为 R:96 G:4 B:0,在图像中输入字母"E"并将"字体"设置为创艺简粗黑,"字体大小"设为 14.99 点,效果如图46-84所示。

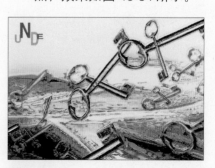

图 45-84

41 单击横排文字工具 T，将前景色设置为 R:96 G:4 B:0，在图像中输入字母"R"并将"字体"设置为创艺简粗黑，"字体大小"设为 14.99点，效果如图 45-85 所示。

图 45-85

42 单击横排文字工具 T，将前景色设置为 R:172 G:130 B:71，在图像中输入字母"C"并将"字体"设置为创艺简粗黑，"字体大小"设为 30.63点，得到如图 45-86 所示的效果。

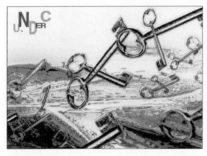

图 45-86

43 单击横排文字工具 T，将前景色设置为 R:96 G:4 B:0，在图像中输入字母"U"并将"字体"设置为创艺简粗黑，"字体大小"设为 22.08点，效果如图 45-87 所示。

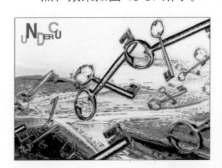

图 45-87

44 单击横排文字工具 T，将前景色设置为 R:96 G:4 B:0，在图像中输入添加字母"R"并将"字体"设置为创艺简粗黑，"字体大小"设为 36.16点，效果如图 45-88 所示。

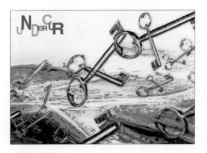

图 45-88

45 单击横排文字工具 T，将前景色设置为 R:96 G:4 B:0，在图像中输入字母"R"并将"字体"设置为创艺简粗黑，"字体大小"设为 15.87点，效果如图 45-89 所示。

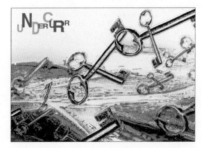

图 45-89

46 单击横排文字工具 T，将前景色设置为 R:96 G:4 B:0，在图像中输入字母"E"并将"字体"设置为创艺简粗黑，"字体大小"设为 15.87点，然后按下快捷键 Ctrl+T 进行自由变换，得到如图 45-90 所示的效果。

图 45-90

47 单击横排文字工具 T，将前景色设置为 R:96 G:4 B:0，在图像中输入字母"N"并将"字体"设置为创艺简粗黑，"字体大小"设为 22.29点，得到如图 45-91 所示的效果。

图 45-91

48 单击横排文字工具 T，将前景色设置为 R:172 G:130 B:71，在图像中输入字母"T"并将"字体"设置为创艺简粗黑，"字体大小"设为 30.28点，得到如图 45-92 所示的效果。

图 45-92

49 为了完善画面效果，再次单击横排文字工具 T，在画面中添加一些文字元素，效果如图 45-93 所示，至此，本实例制作完成。

图 45-93

46 科技动感合成特效

本实例从"钱币"和"鼠标"两张素材图片的不同喻意中得到灵感，将其进行图像处理后重新组合，制作出具有科技色彩的合成图像特效，使画面形成一种强烈的视觉冲击力，表达出表达出新的含义，以此阐述创意主题。

1	使用功能：图层蒙版、光照效果滤镜、移动工具、渐变工具、曲线命令、色相/饱和度命令
2	配色：■ R:148 G:85 B:39　■ R:229 G:76 B:14　　R:242 G:237 B:174
3	光盘路径：Chapter 8\46 科技动感合成特效\complete\科技动感合成特效.psd
4	难易程度：★★★☆☆

操作步骤

01 执行"文件 > 打开"命令，弹出"打开"对话框，选择本书配套光盘中 Chapter 8\46 科技动感合成特效\media\001.jpg 文件，单击"打开"按钮打开素材文件，如图 46-1 所示。

图 46-2

02 复制"背景"图层，执行"滤镜 > 模糊 > 径向模糊"命令，在弹出的对话框中设置各项参数，如图 46-2 所示，完成后单击"确定"按钮，得到如图 46-3 所示的效果。

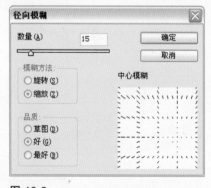

图 46-2

图 46-3

03 新建图层"图层 1"，将前景色设置为黑色，按下快捷键 Alt+Delete 进行颜色填充，得到如图 46-4 所示的画面效果。

图 46-4

04 在图层面板上单击"添加矢量蒙版"按钮 为"图层 1"添加蒙版，如图 46-5 所示，按下 D 键设置颜色为默认色，然后单击渐变工具，在属性栏上单击"线性渐变"按钮，设置渐变如图 46-6 所示，在图像中从右到左拖动鼠标进行渐变填充，效果如图 46-7 所示。

图 46-5

图 46-6

图 46-7

05 复制"图层 1"图层,得到"图层 1 副本"图层,执行"图层 > 创建剪贴蒙版"命令,图层面板如图 46-8 所示,得到如图 46-9 所示的效果。

图 46-8

图 46-9

06 执行"图层 > 新建调整图层 > 色相 / 饱和度"命令,在弹出的对话框中设置各项参数,如图 46-10 所示,完成后单击"确定"按钮,效果如图 46-11 所示。

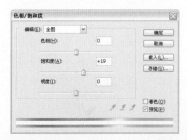

图 46-10

图 46-11

07 选择"色相 / 饱和度 1"图层,执行"图层 > 创建剪贴蒙版"命令,如图 46-12 所示,得到如图 46-13 所示的效果。

图 46-12

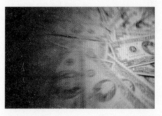

图 46-13

08 执行"图层 > 新建调整图层 > 曲线"命令,在弹出的对话框中设置曲线,如图 46-14 所示,完成后单击"确定"按钮,效果如图 46-15 所示。在图层面板上按住 Shift 键选择除"背景"以外的所有图层,按下快捷键 Ctrl+Alt+E 合并图层并复制,得到新图层命名为"曲线 1 副本"。

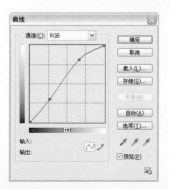

图 46-14

图 46-15

09 执行"文件 > 打开"命令,弹出"打开"对话框,选择本书配套光盘中 Chapter 8\46 科技动感合成特效 \ media\002.jpg 文件,单击"打开"按钮打开素材文件,如图 46-16 所示。

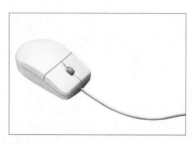

图 46-16

10 双击"背景"图层,将其转化为"图层 0",然后单击魔棒工具,选取图像中的白色区域,按下 Delete 键删除选区内图像,然后按下快捷键 Ctrl+D 取消选区,效果如图 46-17 所示。

图 46-17

11 将素材文件"002"拖移到"001"图档内,生成"图层 2",按下快捷键 Ctrl+T 对图像进行自由变换,得到如图 46-24 所示的效果。

图 46-24

12 选择"图层 2",单击图层面板上的"添加图层样式"按钮 *o.*,在弹出的菜单中选择"投影"选项,然后在弹出的对话框中设置各项参数,如图 46-19 所示,完成后单击"确定"按钮,得到的效果如图 46-20 所示。

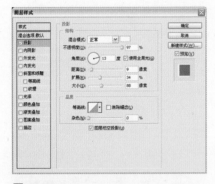

图 46-19

206

图 46-20

13 按住 Shift 键选择"图层 2"和"曲线 1 副本"图层,按下快捷键 Ctrl+Alt+E 合并复制图层,得到新图层命名为"图层 2",复制"图层 2",将其混合模式设置为"颜色",如图 46-21 所示,得到如图46-22 所示的效果。

图 46-21

14 选择"图层 2 副本"图层,执行"滤镜 > 渲染 > 光照效果"命令,在弹出的对话框中设置各项参数如图 46-23所示,完成后单击"确定"按钮,效果如图 46-24 所示。

图 46-23

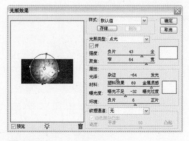

图 46-24

15 再复制"图层 2 副本"图层,得到"图层 2 副本 2",将混合模式设置为"变亮","不透明度"改为 80%,如图46-25 所示,得到如图 46-26所示的效果。

图 46-25

图 46-26

16 选择"图层 2 副本 2"图层,执行"滤镜 > 渲染 > 光照效果"命令,在弹出的对话框中设置各项参数如图 46-27所示,完成后单击"确定"按钮,效果如图 46-28 所示。

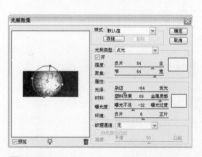

图 46-27

图 46-28

17 新建图层"图层 3",单击矩形选框工具 *□*,如图 46-29所示创建选区,将前景色设置为白色,按下快捷键Alt+Delete 填充颜色,然后按下快捷键 Ctrl+D 取消选区,得到如图 46-30 所示的效果。

图 46-29

图 46-30

18 多次复制"图层3"，单击移动工具 ⛶，结合键盘中的方向键向下移动各复制图层，得到如图46-31所示的效果。

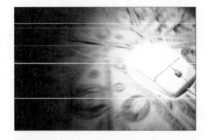

图 46-31

19 合并"图层3"及其副本图层，得到"图层3副本9"，将其混合模式设置为"柔光"，如图46-32所示，得到如图46-33所示的效果。

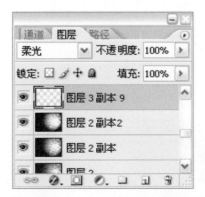

图 46-32

图 46-33

20 复制"图层3副本9"图层，得到"图层3副本10"，得到如图46-34所示的图像效果。

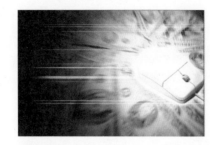

图 46-34

21 新建图层"图层4"，将图层混合模式设置为"颜色加深"，"不透明度"改为80%。按下D键设置颜色为默认色，单击渐变工具 ▦，在属性栏上单击"径向渐变"按钮 ▣，设置渐变如图46-35所示，然后在图像中从右到左拖动鼠标进行渐变填充，得到如图46-36所示的效果。

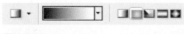

图 46-35

图 46-36

22 单击横排文字工具 T，将前景色设置为 R:229 G:213 B:138，在图像中输入文字"钱"并在字符面板上设置

各项参数，如图46-37所示，得到如图46-38所示的效果。

图 46-37

图 46-38

23 单击横排文字工具 T，将前景色设置为 R:229 G:213 B:138，在图像中输入文字"卫"并在字符面板上设置各项参数，如图46-39所示，得到如图46-40所示的效果。

图 46-39

图 46-40

207

24 单击横排文字工具 T，将前景色设置为 R:222 G:157 B:44，在图像中输入文字"生活"并在字符面板上设置各项参数，如图46-41所示。得到如图46-42所示的效果。

图 46-41

图 46-42

25 单击横排文字工具 T，将前景色设置为 R:222 G:157 B:44，在图像中输入前引号""，并在字符面板上设置各项参数，如图46-43所示，得到如图46-44所示的效果。

图 46-43

图 46-44

26 单击横排文字工具 T，将前景色设置为 R:229 G:213 B:138，在图像中输入""""并在字符面板上设置各项参数，如图46-45所示，得到如图46-46所示的效果。

图 46-45

图 46-46

27 继续单击横排文字工具 T，将前景色设置为 R:229 G:213 B:138，在图像中输入文字"Life"，并将"字体"设置为方正小标宋简体，"字体大小"设为62.37点，然后选择"life"图层，将"不透明度"改为50%，得到如图46-47所示的效果。

图 46-47

28 单击横排文字工具 T，将前景色设置为白色，在图像中输入文字并在字符面板上设置各项参数，如图46-48所示，得到如图46-49所示的效果。

图 46-48

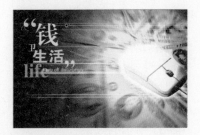

图 46-49

29 为了使画面效果更加完善。再添加一些文字元素，得到如图46-50所示的效果。至此，本实例制作完成。

图 46-50

Chapter 09

照片艺术处理

学习重点

本章将介绍处理照片的多种手法，讲解照片的艺术化制作过程，通过对Photoshop软件各个滤镜的熟练应用，来突出照片所要表达的主题，对照片进行艺术处理。

技能提示

通过使用滤镜、曲线、渐变映射、色阶等命令处理照片，使读者更加熟练地应用各项工具，也更能深切体会到调色在照片处理中的重要性，从而制作出更好的艺术效果。

本章实例

效果展示

47 夜景灯光增色处理

本实例通过反复使用曲线命令来调节照片的色彩层次，使图像达到一种高饱和的效果，使画面色彩更鲜艳，视觉冲击力更强。

1 使用功能：移动工具、钢笔工具、自由变换命令、USM锐化滤镜、曲线命令、绘画涂抹滤镜、可选颜色命令

2 配色： ■ R:13 G:34 B:87　■ R:225 G:115 B:12

3 光盘路径：Chapter 9\47 夜景灯光增色处理\complete\夜景灯光增色处理.psd

4 难易程度：★★★☆☆

操作步骤

01 执行"文件 > 打开"命令，弹出如图 47-1 所示的对话框，选择本书配套光盘中 Chapter 9\47 夜景灯光增色处理 \media\001.jpg 文件，单击"打开"按钮打开素材文件。

图 47-1

02 双击"背景"图层，在弹出的"新建图层"对话框中保持默认设置，单击"确定"按钮，"背景"图层变为"图层 0"图层，如图 47-2 所示。

图 47-2

03 单击钢笔工具，沿图像中天空的区域绘制出路径，如图 47-3 所示。

图 47-3

04 绘制完毕后，在路径面板上单击"将路径作为选区载入"按钮，将路径转换为选区，如图 47-4 所示，然后按下 Delete 键删除选区内图像，再按下快捷键 Ctrl+D 取消选区，效果如图 47-5 所示。

图 47-4

210

图 47-5

05 执行"文件 > 打开"命令,
弹出如图 47-6 所示的对话
框,选择本书配套光盘中
Chapter 9\47 夜景灯光增色
处理\media\002.jpg 文件,
单击"打开"按钮打开素材
文件,如图 47-7 所示。

图 47-6

图 47-7

06 单击移动工具 ，将图像拖
移到"001"图档内,得到
新的"图层 1"并放在"图
层 0"之下,如图 47-8 所示。
然后按下快捷键 Ctrl+T 对图
片进行自由变换,放大图像
至充满画面,得到的效果如
图 47-9 所示。

图 47-8

图 47-9

07 选择"图层 1"图层,执行"图
层 > 新建调整图层 > 亮度/对
比度"命令,在弹出的"新
建图层"对话框中保持默认
设置并单击"确定"按钮,
然后在弹出的"亮度/对比
度"对话框中设置各项参数,
如图 47-10 所示,完成后单
击"确定"按钮,得到的效
果如图 47-11 所示。

图 47-10

图 47-11

08 执行"图层 > 新建调整图层 >
色相/饱和度"命令,在弹
出的"新建图层"对话框中
保持默认设置并单击"确定"
按钮,然后弹出"色相/饱
和度"对话框,设置各项参
数如图 47-12 所示,完成后
单击"确定"按钮,效果如
图 47-13 所示。

图 47-12

图 47-13

09 按下快捷键 Ctrl+A 全
选图像,再按下快捷键
Ctrl+Shift+C 对图层进行合
并拷贝,然后按下 Ctrl+V 快
捷键粘贴图像,得到"图层 2"
图层,如图 47-14 所示。

图 47-14

10 复制"图层2"图层,得到"图层2副本",执行"滤镜 > 锐化 > USM锐化"命令,在弹出的对话框中设置各项参数,如图47-15所示,完成后单击"确定"按钮。

图 47-15

11 执行"图层 > 新建调整图层 > 曲线"命令,在弹出的"新建图层"对话框中保持默认设置并单击"确定"按钮,然后在弹出的"曲线"对话框中设置各项参数,如图47-16所示,单击"确定"按钮,得到的效果如图47-17所示。

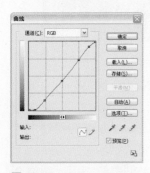

图 47-16

图 47-17

12 再次执行"图层 > 新建调整图层 > 曲线"命令,在弹出的对话框中保持默认设置,然后弹出"曲线"对话框,设置各项参数如图47-18所示,单击"确定"按钮,得到的效果如图47-19所示。

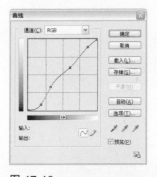

图 47-18

图 47-19

13 执行"图层 > 新建调整图层 > 可选颜色"命令,在弹出的"新建图层"对话框中保持默认设置并单击"确定"按钮,弹出"可选颜色选项"对话框,将"颜色"选择为"红色"进行各项参数设置,如图47-20所示,然后单击"确定"按钮,得到的效果如图47-21所示。

图 47-20

图 47-21

14 在图层面板上双击"选取颜色1"图层前的缩略图,弹出"可选颜色选项"对话框,在"颜色"下拉列表中选择"黄色",再适当调整参数,如图47-22所示。然后在"颜色"下拉列表中分别选择"青色"、"蓝色"进行各项参数设置,如图47-23和47-24所示,最后单击"确定"按钮,得到的效果如图47-25所示。

图 47-22

图 47-23

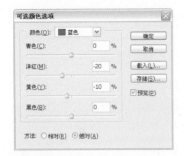

图 47-24

图 47-25

15 按 下 快 捷 键 Ctrl+A 全选图像, 再按下快捷键 Ctrl+Shift+C 对图层进行合并拷贝, 然后按下快捷键 Ctrl+V 粘贴图像, 得到"图层 3"如图 47-26 所示, 完成后得到的效果如图 47-27 所示。

图 47-26

图 47-27

16 复制"图层 3"图层, 对"图层 3 副本"执行"滤镜 > 艺术效果 > 绘画涂抹"命令, 在弹出的对话框中设置各项参数, 如图 47-28 所示, 完成后单击"确定"按钮, 得到的效果如图 47-29 所示。

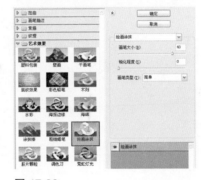

图 47-28

图 47-29

17 选择"图层 3 副本"图层, 在图层面板上将其混合模式设置为"叠加", "不透明度"改 为 40%, 得到如图 47-30 所示的效果。至此, 本实例制作完成。

图 47-30

48 复古人像效果

本案例通过对图片进行相关滤镜的处理，将照片制作成黑白色调的复古效果，画面风格古朴，适用于艺术照或其他复古风格的图像处理。

1 🔍 使用功能：色阶命令、高斯模糊滤镜、添加杂色滤镜

2 📷 配色：■ R:75 G:75 B:65　■ R:134 G:134 B:117

3 💿 光盘路径：Chapter 9\48 复古效果\complete\复古效果.psd

4 🗺 难易程度：★★☆☆☆

操作步骤

01 执行"文件 > 打开"命令，弹出如图 48-1 所示的对话框，选择本书配套光盘中 Chapter 9\48 复古人像效果\media\001.jpg 文件，单击"打开"按钮打开素材文件，如图 48-2 所示。

02 复制"背景"图层，然后执行"图层 > 调整 > 去色"命令，图层面板如图 48-3 所示，得到的效果如图 48-4 所示。

话框并设置各项参数，如图 48-5 所示，完成后单击"确定"按钮，得到的效果如图 48-6 所示。

图 48-1

图 48-2

图 48-3

图 48-4

03 复制"背景副本"图层，得到"背景副本 2"，按下快捷键 Ctrl+L，打开"色阶"对

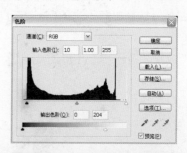

图 48-5

图 48-6

04 再次按下快捷键 Ctrl+L 打开"色阶"对话框，设置各项参数如图 48-7 所示，完成后单击"确定"按钮，得到的效果如图 48-8 所示。

214

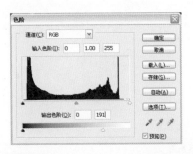

图 48-7

图 48-8

05 在图层面板上选择"背景副本 2"图层，将其混合模式改为"正片叠底"，如图 48-9所示。然后执行"滤镜 > 模糊 > 高斯模糊"命令，在弹出的对话框中设置各项参数，如图 48-10 所示，完成后单击"确定"按钮，得到的效果如图 48-11 所示。

图 48-9

图 48-10

图 48-11

06 选择"背景副本 2"图层，执行"图像 > 调整 > 渐变映射"命令，弹出如图48-12 所示的"渐变映射"对话框，单击默认的黑白渐变条，弹出"渐变编辑器"对话框，设置渐变如图 48-13 所示，从左到右分别设置颜色图标的色值为R:123 G:121 B:103、R:236G:236 B:209。完成后单击"确定"按钮，得到如图 48-14所示的效果。

图 48-12

图 48-13

图 48-14

07 选择"背景副本 2"图层，如图 48-15 所示，执行"滤镜 > 杂色 > 添加杂色"命令，在弹出的对话框中设置各项参数，如图 48-16 所示，完成后单击"确定"按钮，得到的效果如图 48-17 所示。至此，本实例制作完成。

图 48-15

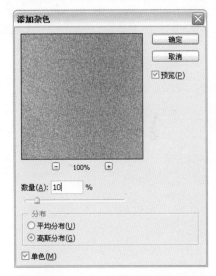

图 48-16

图 48-17

49 夜景烟花特效

本案例使用绘图工具和相关滤镜制作出圆形的七彩图案，表现出夜空中烟花的缤纷和绚丽，使画面更加丰富，图像更加美丽。

1	使用功能：椭圆选框工具、魔棒工具、移动工具、色相/饱和度命令、极坐标滤镜
2	配色：　R:201 G:190 B:64　　R:12 G:119 B:202　　R:85 G:107 B:34　　R:196 G:116 B:139
3	光盘路径：Chapter 9\49 夜景烟花特效\complete\夜景烟花特效.psd
4	难易程度：★★★☆☆

操作步骤

01 执行"文件 > 新建"命令，弹出"新建"对话框，设置各项参数如图 49-1 所示，完成后单击"确定"按钮，新建图像文件如图 49-2 所示。

图 49-1

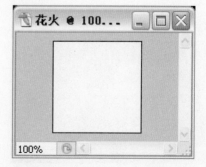

图 49-2

02 单击椭圆选框工具 ⬭ ，按住 Shift 键在画面中创建一个

正圆形选区，如图 49-3 所示，将前景色设置为 R:136 G:154 B:136，按下快捷键 Alt+Delete 为选区填充颜色，然后按下快捷键 Ctrl+D 取消选区，效果如图 49-4 所示。

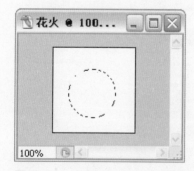

图 49-3

图 49-4

03 双击"背景"图层，得到"图层 0"，如图 49-5 所示。单击魔棒工具 ⚲ ，在图像中选择白色区域创建选区，如图 49-6 所示，然后按下 Delete 键删除选区内图像，再按下快捷键 Ctrl+D 取消选区，效果如图 49-7 所示。

图 49-5

图 49-6

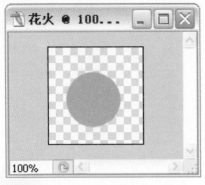

图 49-7

04 执行"文件 > 新建"命令，弹出"新建"对话框，设置各项参数如图 49-8 所示，完成后单击"确定"按钮，新建一个图像文件如图 49-9 所示。

图 49-8

图 49-9

05 单击移动工具，将"花火"图像拖移到"花火 2"图档内，然后按下快捷键 Ctrl+T 对图像进行自由变换，将其缩小并移动至画面左上角，调整后效果如图 49-10 所示。

图 49-10

06 在图层面板中将"背景"图层删除，然后复制"图层 1"，如图 49-11 所示，单击移动工具，结合键盘中的方向键调整图形的位置，得到的效果如图 49-12 所示。

图 49-11

图 49-12

07 多次复制"图层 1"图层，如图 49-13 所示，结合键盘中的方向键移动图形的位置，得到的效果如图 49-14 所示。

图 49-13

图 49-14

08 按下 Ctrl+Shift+E 快捷键合并所有图层，图层面板如图 49-15 所示，然后复制"图层 1 副本 16"图层，结合键盘中的方向键向下调整图形的位置，效果如图 49-16 所示。

图 49-15

图 49-16

09 多次复制图形所在的图层，图层面板如图 49-17 所示，结合键盘中的方向键依次向下移动图形的位置，调整图像如图 49-18 所示。

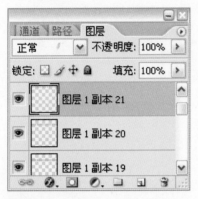

图 49-17

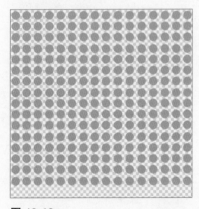

图 49-18

10 按下快捷键 Ctrl+Shift+E 合并所有图层，图层面板如图 49-19 所示，然后执行"滤镜 > 扭曲 > 极坐标"命令，在弹出的对话框中设置参数，如图 49-20 所示，完成后单击"确定"按钮，得到的效果如图 49-21 所示。

图 49-19

图 49-20

图 49-21

11 执行"滤镜 > 模糊 > 径向模糊"命令，在弹出的对话框中设置各项参数，如图 49-22 所示，完成后单击"确定"按钮，效果如图 49-23 所示。

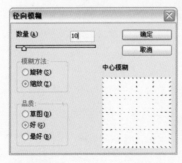

图 49-22

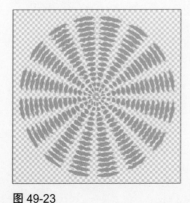

图 49-23

12 新建图层"图层 1"，单击渐变工具 ▢，在属性栏上单击"渐变"拾色器下拉按钮，在弹出的渐变样式面板中选择"透明彩虹"样式，如图 49-24 所示，再单击"径向渐变"按钮 ▢，在图像中从中心向外拖动鼠标进行渐变填充，效果如图 49-25 所示。

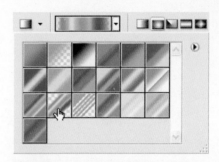

图 49-24

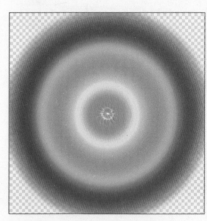

图 49-25

13 将"图层 1"的混合模式设置为"叠加"，"不透明度"改为 50%。执行"图层 > 新建调整图层 > 色相 / 饱和度"命令，在弹出的"新建图层"对话框中保持默认设置并单击"确定"按钮，然后在弹出的"色相 / 饱和度"对话框中设置各项参数，如图 49-26 所示，完成后单击"确定"按钮。

图 49-26

14 再次执行"图层 > 新建调整图层 > 色相 / 饱和度"命令，在弹出的对话框中单击"确定"按钮，弹出"色相 / 饱和度"对话框，设置各项参数如图 49-27 所示，完成后单击"确定"按钮，得到的效果如图 49-28 所示。

图 49-27

图 49-28

15 按下快捷键 Ctrl+Shift+E 合并图层，然后执行"文件 > 打开"命令，弹出如图 49-29 所示的对话框，选择本书配套光盘中 Chapter 9\49 夜景烟花特效 \media\001.jpg 文件，单击"打开"按钮打开素材文件。

图 49-29

16 选择"花火 2"文件，单击移动工具，将图像拖移到"001"图档内，按下快捷键 Ctrl+T 变换图像至适当大小，然后在图层面板上将"不透明度"改为 40%，如图 49-30 所示。完成后效果如图 49-31 所示。

图 49-30

图 49-31

17 选择"花火 2"文件，复制"色相 / 饱和度 1"图层，得到"色相 / 饱和度 1 副本"图层，执行"图像 > 调整 > 色相 / 饱和度"命令，在弹出的对话框中设置各项参数，如图 49-32 所示，完成后单击"确

定"按钮，得到的效果如图 49-33 所示。

图 49-32

图 49-33

18 单击移动工具，将图像拖移到"001"图档内，按下快捷键 Ctrl+T 适当调整图像大小，在图层面板上将"不透明度"改为 60%，如图 49-34 所示，完成后图像效果如图 49-35 所示。

图 49-34

图 49-35

19 选择"花火2"文件，再复制"色相/饱和度1"图层，得到"色相/饱和度1副本2"，然后执行"滤镜＞扭曲＞水波"命令，在弹出的对话框中设置各项参数，如图49-36所示,完成后单击"确定"按钮，得到的效果如图49-37所示。

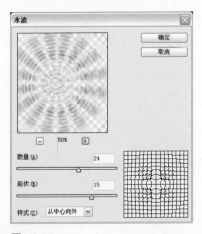

图 49-36

图 49-37

20 选择"色相/饱和度1副本2"图层，执行"图像＞调整＞色相/饱和度"命令，在弹出的对话框中将"色相"设置为 -30，"饱和度"设置为 +100，完成后单击"确定"按钮，得到的效果如图49-38所示。

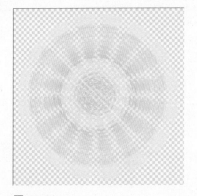

图 49-38

21 单击移动工具，将图像拖移到"001"图档内，按下快捷键 Ctrl+T 适当调整图像大小，在图层面板上将"不透明度"改为90%，如图49-39所示。完成后效果如图49-40所示。

图 49-39

图 49-40

22 再次选择"花火2"文件，复制"色相/饱和度1"图层，得到"色相/饱和度1副本3"，执行"图像＞调整＞色相/饱和度"命令，在弹出的对话框中将"色相"设置

为 -50，"饱和度"设置为 100，"明度"设置为 31，完成后单击"确定"按钮，得到的效果如图 49-41 所示。

图 49-41

23 单击移动工具，将图像拖移到"001"图档内，按下快捷键 Ctrl+T 适当调整图像大小，在图层面板上将"不透明度"改为 90%，如图 49-42 所示，得到的效果如图 49-43 所示。至此，本实例制作完成。

图 49-42

图 49-43

220

50 高饱和人像调色

本实例通过对照片应用"曲线"、"照片滤镜"调整图层和蒙版工具改变图像的色调，使原本灰暗苍白的图像呈现出高饱和的亮丽色彩。用此方法来调整色调过暗的照片真是太适合了。

1 🔍 使用功能：渐变工具、曲线命令、画笔工具、色相/饱和度命令、照片滤镜命令

2 🎨 配色：■ R:109 G:202 B:50　■ R:255 G:188 B:158　■ R:239 G:223 B:189

3 ◉ 光盘路径：Chapter 9\50 高饱和人像调色\complete\高饱和人像调色.psd

4 🖼 难易程度：★★★☆☆

操作步骤

01 执行"文件 > 打开"命令，弹出如图 50-1 所示的对话框，选择本书配套光盘中 Chapter 9\50 高饱和人像调色 \media\001.jpg 文件，单击"打开"按钮打开素材文件，如图 50-1 所示。

02 双击"背景"图层,将"背景"图层变为"图层 0",新建图层"图层 1",如图 50-3 所示。单击渐变工具▣,在属性栏中单击"渐变"拾色器下拉按钮,在弹出的渐变样式面板中选择"黑色、白色"样式,如图 50-4 所示,然后在属性栏上勾选"反向"复选框,如图 50-5 所示。

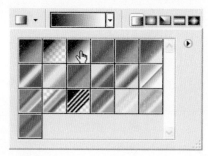

图 50-4

模式：正常　不透明度：100% ▶　☑反向　□仿色　□透明区域

图 50-5

03 在渐变工具属性栏上单击"径向渐变"按钮▣,在图像中从中心向右下角方向拖动鼠标进行渐变填充,得到的效果如图 50-6 所示。

图 50-1

图 50-2

图 50-3

图 50-6

221

04 在图层面板上将"图层 1"的混合模式设置为"正片叠底",如图 50-7 所示,得到的效果如图 50-8 所示。

图 50-7

图 50-8

05 按下快捷键 Ctrl+E 合并图层,然后执行"图像 > 调整 > 曲线"命令,在弹出的对话框中设置曲线,如图 50-9 所示,完成后单击"确定"按钮,得到的效果如图 50-10 所示。

222

图 50-9

图 50-10

06 执行"图像 > 调整 > 去色"命令,得到的图像效果如图 50-11 所示。然后执行"图层 > 新建调整图层 > 曲线"命令,在弹出的"新建图层"对话框中保持默认设置并单击"确定"按钮,然后在弹出的"曲线"对话框中设置曲线,如图 50-12 所示。完成后单击"确定"按钮,得到的效果如图 50-13 所示。

图 50-11

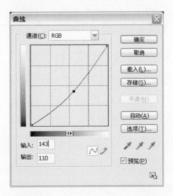

图 50-12

图 50-13

07 在图层面板上双击"曲线 1"图层前的缩略图,如图 50-14 所示,弹出"曲线"对话框,在"通道"下拉列表中选择"红"选项,进行各项参数的设置,如图 50-15 所示,然后单击"确定"按钮,得到的效果如图 50-16 所示。

图 50-14

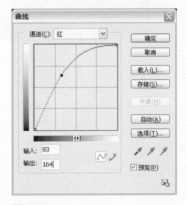

图 50-15

图 50-16

08 再次双击"曲线 1"图层前的缩略图,弹出"曲线"对话框,在"通道"下拉列表中选择"绿"选项,设置曲线参数如图 50-17 所示,然后单击"确定"按钮,得到的效果如图 50-18 所示。

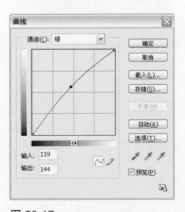

图 50-17

图 50-18

09 选择"曲线1"图层,将前
景色设置为黑色,按下快捷
键Alt+Delete进行颜色填充,
图层面板如图 50-19 所示,
得到的效果如图 50-20 所示。

图 50-19

图 50-20

10 单击画笔工具 ✍ ,将前景色
和背景色都设置为白色,在
图像上人物脸部进行涂抹,
使人物皮肤的颜色显示出来,
效果如图 50-21 所示。

图 50-21

11 选择"图层0"图层,执行
"图层 > 新建调整图层 > 曲
线"命令,在弹出的"新建
图层"对话框中保持默认设
置并单击"确定"按钮,弹
出"曲线"对话框,在"通道"
下拉列表中分别选择"红"、
"蓝"选项进行曲线设置,如
图 50-22 和 50-23 所示,完
成后单击"确定"按钮,得
到的效果如图 50-24 所示。

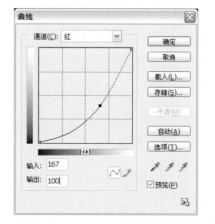

图 50-22

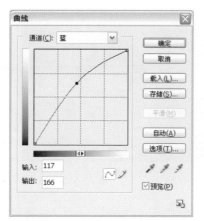

图 50-23

图 50-24

12 选择"曲线2"图层,将前
景色设置为黑色,按下快捷

键 Alt+Delete 进行颜色填充,
图层面板如图 50-25 所示,
得到的效果如图 50-26 所示。

图 50-25

图 50-26

13 选择"曲线2"图层,单击
画笔工具 ✍ ,将前景色和背
景色都设置为白色,在图像
上对所需部分进行涂抹如图
50-27 所示,得到的效果如
图 50-28 所示。

图 50-27

图 50-28

14 选择"图层 0",执行"图层 > 新建调整图层 > 曲线"命令,在弹出的"新建图层"对话框中单击"确定"按钮,然后弹出"曲线"对话框,在"通道"下拉列表中分别选择"红"、"绿"、"蓝"选项进行曲线设置,如图 50-29、50-30 和 50-31 所示。完成后单击"确定"按钮,得到的效果如图 50-32 所示。

图 50-32

15 选择"曲线 3"图层,将前景色设置为黑色,按下快捷键 Alt+Delete 进行颜色填充,图层面板如图 50-33 所示,得到的效果如图 50-34 所示。

图 50-33

图 50-34

16 选择"曲线 3"图层,将前景色和背景色都设置为白色,单击画笔工具,在图像上对所需部分进行涂抹,得到的效果如图 50-35 所示。

图 50-29

224

图 50-30

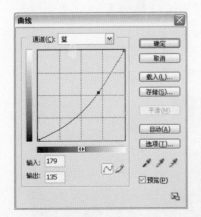

图 50-31

图 50-35

17 分别选择"曲线 1"、"曲线 2"、"曲线 3"图层,对其执行"图像 > 调整 > 亮度 / 对比度"命令,在弹出的对话框中设置各项参数,如图 50-36 所示,单击"确定"按钮,得到的效果如图 50-37 所示。

图 50-36

图 50-37

18 按下快捷键 Ctrl+Shift+E 合并图层,得到"曲线 3"图层,如图 50-38 所示,然后执行"图像 > 调整 > 色相 / 饱和度"命令,在弹出的对话框中设置各项参数,如图 50-39 所示,完成后效果如图 50-40 所示。

图 50-38

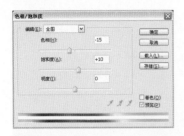

图 50-39

图 50-40

19 对"曲线 3"图层执行"图像 > 调整 > 照片滤镜"命令，在弹出的对话框中设置各项参数如图 50-41 所示，完成后单击"确定"按钮，得到的效果如图 50-42 所示。

图 50-41

图 50-42

20 单击横排文字工具 [T]，在图像中输入文字"纯真"并在字符面板上设置各项参数，如图 50-43 所示，然后在图层面板上选择"纯真"文字图层，右击鼠标在弹出的快捷菜单中选择"删格化文字"命令栅格图层，效果如图 50-44 所示。

图 50-43

图 50-44

21 单击横排文字工具 [T]，继续在图像中输入文字，在字符面板上设置各项参数如图 50-45 所示，图像效果如图 50-46 所示。

图 50-45

图 50-46

22 选择"图层 1"，单击矩形选框工具 [□]，在图像中创建矩形选区如图 50-47 所示，然后按下 Delete 键删除选区内图像，最后按下 Ctrl+D 取消选区，效果如图 50-48 所示。

图 50-47

图 50-48

23 单击横排文字工具 [T]，在图像中输入文字"岁月"，设置字体属性与"纯真"文字属性相同，将其放于图像下方，效果如图 50-49 所示。

图 50-49

24 新建图层"图层 2"如图 50-50 所示，单击矩形选框工具 [□]，在图像右下角创建矩形选区，将前景色设置为 R:69 G:135 B:13，按下快捷键 Alt+Delete 对所选区域进行填充，再按下快捷键 Ctrl+D 取消选区，效果如图 50-51 所示。

图 50-50

图 50-51

25 单击横排文字工具 T，在图像中输入文字，在字符面板上设置各项参数如图 50-52 所示，得到的效果如图 50-53 所示。

图 50-52

图 50-53

26 单击横排文字工具 T，在图像中输入 "。"，然后对字体属性进行参数设置，如图 50-54 所示，得到的效果如图 50-55 所示。

图 50-54

图 50-55

27 复制 "。" 图层，将其 "不透明度" 改为 30%，如图 50-56 所示，按下快捷键 Ctrl+T 对图像进行自由变换，放大图像至画面右下角，效果如图 50-57 所示。

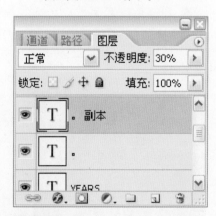

图 50-56

图 50-57

28 多次复制 "。" 图层，将副本图层的 "不透明度" 改为 30%，然后分别对图像进行自由变换，调整图像的大小和位置，最后效果如图 50-58 所示。至此，本实例制作完成。

图 50-58

51 风景图像艺术化处理

本案例使用多种特效滤镜处理风景照片，通过对图片应用表现艺术化效果的滤镜，得到充满质感和神秘感的画面效果，结合标题文字，恰当地表现出画面主题。

1	使用功能：阴影线滤镜、纹理化滤镜、色相/饱和度命令、亮度/对比度命令、色阶命令
2	配色：■ R:102 G:136 B:68　■ R:152 G:63 B:32　■ R:211 G:136 B:192
3	光盘路径：Chapter 9\51 风景图像艺术化处理\complete\风景图像艺术化处理.psd
4	难易程度：★★★☆☆

操作步骤

01 执行"文件 > 打开"命令，弹出如图 51-1 所示的对话框，选择本书配套光盘中 Chapter 9\51 风景图像艺术化处理\media\001.jpg 文件，单击"打开"按钮打开素材文件，如图 51-2 所示。

图 51-1

图 51-2

02 复制"背景"图层，在"背景副本"图层上执行"滤镜 > 画笔描边 > 阴影线"命令，在弹出的对话框中设置各项参数，如图 51-3 所示，完成后单击"确定"按钮，得到的效果如图 51-4 所示。

图 51-3

图 51-4

03 选择"背景副本"图层，执行"滤镜 > 纹理 > 纹理化"命令，在弹出的对话框中设置各项参数，如图 51-5 所示，完成后单击"确定"按钮，得到的效果如图 51-6 所示。

图 51-5

图 51-6

04 在图层面板上新建图层"图层 1"，将其混合模式设置为"叠加"，如图 51-7 所示，然后将前景色设置为 R:108 G:108 B:108，按下快捷键 Alt+Delete 进行颜色填充，效果如图 51-8 所示。

图 51-7

图 51-8

05 选择"图层 1"图层,执行"滤镜 > 纹理 > 马赛克拼贴"命令,在弹出的对话框中设置各项参数,如图 51-9 所示,完成后单击"确定"按钮,效果如图 51-10 所示。

图 51-9

228

图 51-10

06 在图层面板中单击"添加图层蒙版"按钮 ▢ ,如图 51-11 所示,然后执行"滤镜 > 渲染 > 云彩"命令,得到的效果如图 51-12 所示。

图 51-11

图 51-12

07 执行"图层 > 新建调整图层 > 色相 / 饱和度"命令,在弹出的"新建图层"对话框中单击"确定"按钮,弹出"色相 / 饱和度"对话框,设置各项参数如图 51-13 所示,完成后单击"确定"按钮,得到的效果如图 51-14 所示。

图 51-13

图 51-14

08 在图层面板上选择"色相 / 饱和度 1"图层,如图 51-15 所示。双击图层前的缩略图,弹出"色相 / 饱和度"对话框,在"编辑"下拉列表中选择"黄色"选项并进行各项参数设置,如图 51-16 所示,完成后单击"确定"按钮,效果如图 51-17 所示。

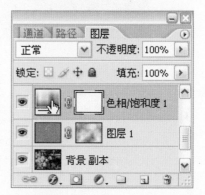

图 51-15

图 51-16

图 51-17

09 继续在图层面板上选择"色相 / 饱和度 1"图层,双击图层前的缩略图,弹出"色相 / 饱和度"对话框,在"编辑"下拉列表中选择"绿色"选项并进行各项参数设置,如图 51-18 所示,完成后单击"确定"按钮,得到的效果如图 51-19 所示。

图 51-18

图 51-19

10 再次在图层面板上双击"色相/饱和度 1"图层前的缩略图,弹出"色相/饱和度"对话框,在"编辑"下拉列表中选择"蓝色"选项并进行各项参数设置,如图 51-20所示,完成后单击"确定"按钮,效果如图 51-21 所示。

图 51-20

图 51-21

11 单击套索工具 ,在图像中花朵部分创建选区,然后按下快捷键 Alt+Ctrl+D 打开"羽化"对话框,设置"半径"为 10 像素,单击"确定"按钮,效果如图 51-22 所示。

图 51-22

12 对"色相/饱和度 1"图层执行"图像>调整>亮度/对比度"命令,在弹出的对话框中设置各项参数,如图 51-23 所示,单击"确定"按钮,按下快捷键 Ctrl+D取消选区,得到的效果如图51-24 所示。

图 51-23

图 51-24

13 再次执行"图层>新建调整图层>色阶"命令,在弹出的"新建图层"对话框中单击"确定"按钮,弹出"色阶"对话框,在"通道"下拉列表中选择"红"选项并进行各项参数设置,如图51-25 所示,完成后单击"确定"按钮,得到的效果如图51-26 所示。

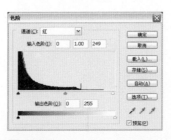

图 51-25

图 51-26

14 选择"色阶 1"图层,双击图层前的缩略图,如图 51-27所示,弹出"色阶"对话框,在"通道"下拉列表中选择"绿"选项并进行各项参数设置,如图 51-28 所示,完成后单击"确定"按钮,得到的效果如图 51-29 所示。

图 51-27

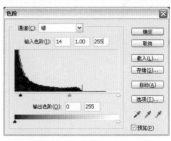

图 51-28

图 51-29

15 选择"色阶 1"图层,双击图层前的缩略图,弹出"色阶"对话框,在"通道"下拉列表中选择"蓝"选项并进行各项参数设置，如图51-30所示，完成后单击"确定"按钮，得到的效果如图51-31所示。

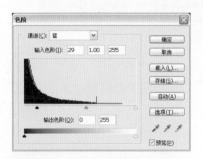

图 51-30

图 51-31

16 单击横排文字工具 T，在图像中输入文字，在字符面板上设置各项参数如图51-32

所示，得到图像效果如图51-33所示。

图 51-32

图 51-33

17 为了使画面效果更加丰富，在图像中再添加一些文字，

并在字符面板上设置各项参数，如图51-34所示，得到如图51-35所示的效果。至此，本实例制作完成。

图 51-34

图 51-35

52 彩铅人像效果

本案例使用彩色铅笔滤镜配合其他工具，对图片进行特殊效果处理，模拟出使用色彩铅笔绘画的图像，给人全新的视觉感受。

1 🔍 使用功能：彩色铅笔滤镜、颗粒滤镜、粗糙蜡笔滤镜、海报边缘滤镜、画笔工具

2 🎨 配色： ■ R:255 G:210 B:140 ■ R:106 G:106 B:96 ■ R:255 G:143 B:81

3 💿 光盘路径：Chapter 9\51 彩铅人像效果\complete\彩铅人像效果.psd

4 📷 难易程度：★★☆☆☆

操作步骤

01 执行"文件 > 打开"命令，弹出如图 52-1 所示的对话框，选择本书配套光盘中 Chapter 9\52 彩铅人像效果\media\001.jpg 文件，单击"打开"按钮打开素材文件，如图 52-2 所示。

02 复制"背景"图层，在"背景副本"图层上执行"滤镜 > 纹理 > 颗粒"命令，在弹出的对话框中设置各项参数，如图 52-3 所示，完成后单击"确定"按钮，效果如图 52-4 所示。

置各项参数，如图 52-5 所示，完成后单击"确定"按钮，效果如图 52-6 所示。

图 52-5

图 52-1

图 52-3

图 52-6

04 执行"滤镜 > 艺术效果 > 粗糙蜡笔"命令，在弹出的对话框中设置各项参数，如图 52-7 所示，完成后单击"确定"按钮，得到的效果如图 52-8 所示。

图 52-2

图 52-4

03 对"背景副本"图层执行"滤镜 > 艺术效果 > 彩色铅笔"命令，在弹出的对话框中设

图 52-7

图 52-8

05 复制"背景"图层,得到"背景副本2"并将其放置在"背景副本"图层之上,如图52-9所示。得到的效果如图52-10所示。

图 52-9

图 52-10

06 选择"背景副本2"图层,在图层面板上将其混合模式设置为"叠加",如图52-11所示,得到的效果如图52-12所示。

图 52-11

图 52-12

07 执行"滤镜>艺术效果>海报边缘"命令,在弹出的对话框中设置各项参数,如图52-13所示,完成后单击"确定"按钮,得到的效果如图52-14所示。

图 52-13

图 52-14

08 继续对"背景副本2"图层执行"滤镜>素描>影印"

命令,在弹出的对话框中设置各项参数,如图52-15所示,完成后单击"确定"按钮,得到的效果如图52-16所示。

图 52-15

图 52-16

09 新建图层"图层1",如图52-17所示。单击画笔工具，选择较大的柔角画笔,将前景色设置为白色,在人物图像周围进行涂抹,得到如图52-18所示的效果。至此,本实例制作完成。

图 52-17

图 52-18

53 玻璃折射特效

本实例使用简单的工具对静态图片进行处理，使画面表现出一种具有动感的玻璃折射效果。制作重点在于矩形的有序排列和选区的选取。

1 🔍 使用功能：矩形工具、油漆桶工具、魔棒工具、移动工具

2 🎨 配色：■ R:102 G:153 B:51　■ R:204 G:204 B:51　■ R:255 G:143 B:81

3 ◎ 光盘路径：Chapter 9\53 玻璃折射效果\complete\玻璃折射效果.psd

4 🖐 难易程度：★★☆☆☆

操作步骤

01 执行"文件 > 打开"命令，弹出如图 53-1 所示的对话框，选择本书配套光盘中 Chapter 9\53 玻璃折射特效\media\001.jpg 文件，单击"打开"按钮打开素材文件。

图 53-1

02 按下 D 键将颜色设置为默认色，新建图层"图层 1"，单击矩形工具▢，在属性栏上单击"填充像素"按钮▢，如图 53-2 所示，在图像中绘制黑色矩形，如图 53-3 所示。

图 53-2

图 53-3

03 将"图层 1"拖曳至"创建新图层"按钮 ▣ 上，复制得到"图层 1 副本"，设置前景色为白色，单击油漆桶工具▨，对复制的图像进行填充，效果如图 53-4 所示。

图 53-4

04 单击移动工具▶╂，按下键盘中的方向键适当调整矩形的位置，重复复制矩形如图 53-5 所示，得到如图 53-6 所示的效果。

图 53-5

图 53-6

05 按住 Shift 键选择图层面板上所有的复制图层，按下快捷键 Ctrl+E 合并图层，并将图层名更改为"图层 1"。新建图层"图层 2"，设置前景色为黑色，单击矩形工具 ▢，在图像中绘制适当大小的矩形，然后单击移动工具 ▸⊕，按下键盘中的方向键移动矩形的位置，效果如图 53-7 所示。

图 53-7

06 选择"图层 1"，单击魔棒工具 ✎，任意选取一个白色条纹，按下快捷键 Ctrl + J 进行复制粘贴，自动生成"图层 3"。将"图层 3"拖曳至"图层 2"之上，如图 53-8 所示。单击移动工具 ▸⊕，按下键盘中的方向键移动图像，效果如图 53-9 所示。

图 53-8

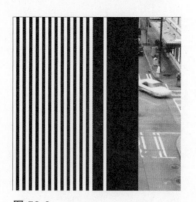

图 53-9

07 选择"图层 1"，单击矩形选框工具 ▢，在图像左侧条纹部分创建选区，如图 53-10 所示。按下快捷键 Ctrl+C 进行复制，再按下 Ctrl+V 进行粘贴，自动生成"图层 4"，将其拖曳至"图层 3"之上，单击移动工具 ▸⊕，按下键盘中的方向键进行位置调整，效果如图 53-11 所示。

图 53-10

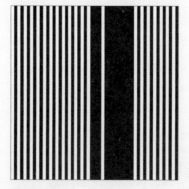

图 53-11

08 连续三次按下快捷键 Ctrl + E，合并"图层 4"至"图层 1"，单击魔棒工具 ✎，任意选取一个白色条纹，在图像

中右击鼠标，在弹出的快捷菜单中选择"选取相似"命令，选取图像，如图 53-12 所示。

图 53-12

09 单击"图层 1"前的"指示图层可视性"图标 ◉，隐藏图层。保持选区，选择"背景"图层，按下快捷键 Ctrl+C 复制图像，再按下 Ctrl+V 进行粘贴，自动生成"图层 2"，图层面板如图 53-13 所示。

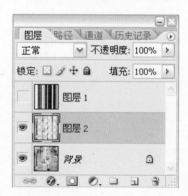

图 53-13

10 单击移动工具 ▸⊕，按下键盘中的方向键移动图像调整位置，得到的效果如图 53-14 所示。至此，本实例制作完成。

图 53-14

234

Chapter

网络时尚特效

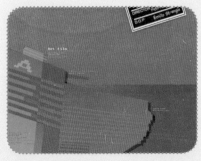

54 网页按钮图标

本实例使用钢笔工具进行
路径的绘制，结合其他工
具，制作用于网页的卡通
按钮图标，针对幼儿教育
的主题，图像制作了画面
色彩较柔和的图像，充满
了温馨和童趣。

1 🔍 使用功能：钢笔工具、多边形套索工具、画笔工具、渐变工具、定义图案命令

2 🎨 配色： ▊ R:26 G:180 B:201　▊ R:237 G:116 B:45　▊ R:255 G:212 B:188　▊ R:238 G:209 B:30

3 💿 光盘路径：Chapter 10\54 网页按钮图标\complete\网页按钮图标.psd

4 🎬 难易程度：★★★☆☆

操作步骤

01 执行"文件 > 新建"命令，
打开"新建"对话框，设置
各项参数，如图 54-1 所示，
然后单击"确定"按钮，新
建一个图像文件。

图 54-1

02 新建图层"图层 1"，单击钢笔
工具 ✒️，如图 54-2 所示，在
画面中绘制路径，再按下快
捷键 Ctrl+Enter 将路径转化
为选区，如图 54-3 所示。

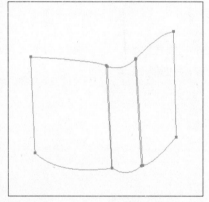

图 54-2

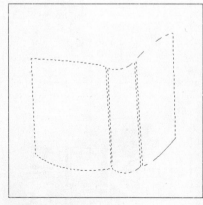

图 54-3

03 将 前 景 色 设 置 为 R:37
G:244 B:247，按下快捷键
Alt+Delete 进行颜色填充，
然后按下快捷键 Ctrl+D 取消
选区，效果如图 54-4 所示。

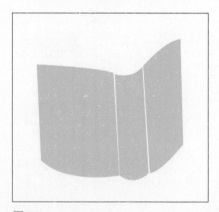

图 54-4

04 单击多边形套索工具 ▽，在
填充颜色上创建一个多边形
选区，如图 56-5 所示，然后
新建图层"图层 2"，按下快
捷键 Ctrl+X 剪切图像，再按
下快捷键 Ctrl+V 将图像粘贴
到"图层 2"上，图层面板
如图 54-6 所示。

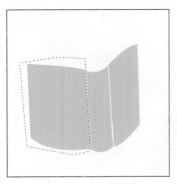

图 54-5

图 54-6

05 单击多边形套索工具 ，在填充颜色上创建一个多边形选区，如图 54-7 所示，然后新建图层"图层 3"，按下快捷键 Ctrl+X 剪切图像，再按下快捷键 Ctrl+V 将图像粘贴到"图层 3"上，如图 54-8 所示。

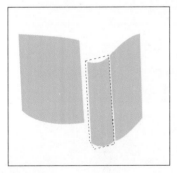

图 54-7

图 54-8

06 选择"图层 1"图层，单击魔棒工具 ，选取图层中的图像，如图 54-9 所示，然后将前景色设置为 R:18 G:145 B:175，单击画笔工具 ，在属性栏上将"不透明度"改为 30%，设置画笔如图 54-10 所示，在选区中图像边缘部分进行描绘，然后按下快捷键 Ctrl+D 取消选择，效果如图 54-11 所示。

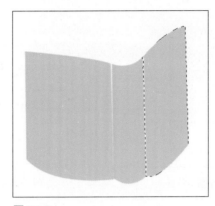

图 54-9

图 54-10

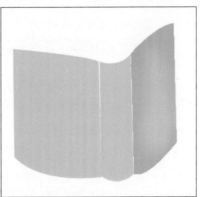

图 54-11

07 选择"图层 2"图层，单击魔棒工具 ，选取图层中的图像，如图 54-12 所示，然后单击画笔工具 ，将"不透明度"改为 30%，在选区中图像边缘部分进行涂抹，按下快捷键 Ctrl+D 取消选区，效果如图 54-13 所示。

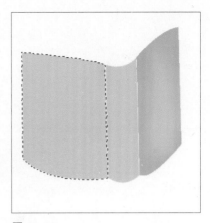

图 54-12

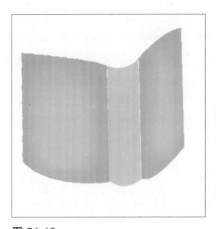

图 54-13

08 选择"图层 3"图层，单击魔棒工具 ，选取图层中的图像，如图 54-14 所示，然后单击画笔工具 ，在选区中图像边缘部分进行涂抹，按下快捷键 Ctrl+D 取消选区，效果如图 54-15 所示。

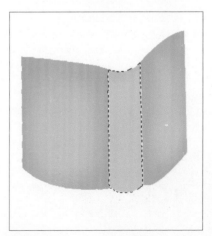

图 54-14

图 54-15

09 新建图层"图层 4"，单击
钢笔工具 ，在画面中绘
制一个路径，再按下快捷键
Ctrl+Enter 建立选区，如
图 54-16 所示。将前景色设
置 为 R:227 G:202 B:101，
背景色设置为 R:255 G:237
B:169，然后单击渐变工具
，在属性栏上单击"线性
渐变"按钮 ，设置渐变如
图 54-17 所示，再在选区中
从右到左拖动鼠标进行渐变
填充，按下快捷键 Ctrl+D 取
消选区，效果如图 54-18 所示。

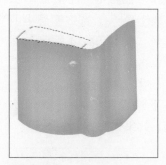

图 54-16

图 54-17

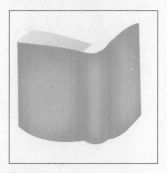

图 54-18

10 新建图层"图层 5"，单击
钢笔工具 ，在画面中绘
制一个路径，再按下快捷键
Ctrl+Enter 建立选区，然后
单击渐变工具 ，单击属性
栏上的"线性渐变"按钮 ，
在选区中从右到左拖动鼠标
进行渐变填充，按下快捷键
Ctrl+D 取消选区，效果如图
54-19 所示。

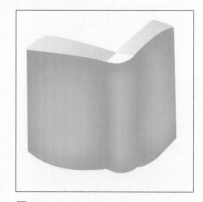

图 54-19

11 新建图层"图层 6"，单击
钢笔工具 ，在画面中绘
制一个路径，再按下快捷键
Ctrl+Enter 建 立 选 区，如
图 54-20 所示。单击渐变工
具 ，在属性栏上单击"线
性渐变"按钮 ，将前景色
设 置 为 R:105 G:89 B:24，
背景色设置为 R:137 G:105
B:27，然后在选区中从右到
左拖动鼠标进行渐变填充，
按下快捷键 Ctrl+D 取消选
区，效果如图 54-21 所示。

图 54-20

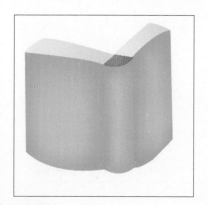

图 54-21

12 单击自定形状工具 ，在属
性栏上单击"形状图层"按
钮 ，然后在"形状"下
拉列表中选择"爪印（猫）"
图案，如图 54-22 所示。将
前景色设置为白色，在图像
中多次拖动，绘制自定形状
填充，效果如图 54-23 所示。

图 54-22

图 54-23

13 右击"形状 1"图层，在弹
出的快捷菜单中选择"栅格
化图层"命令，栅格图层。
单击魔棒工具 ，选取"形
状 1"图像创建选区，然后
将前景色设置为 R:16 G:150

238

B:176，再单击画笔工具 ，在选区中进行描绘，按下快捷键 Ctrl+D 取消选区，效果如图 54-24 所示。

图 54-24

14 右击"形状 7"图层，在弹出的快捷菜单中选择"栅格化图层"命令，栅格图层。单击魔棒工具 ，选取"形状 7"图像创建选区，然后再单击画笔工具 ，在选区中进行描绘，按下快捷键 Ctrl+D 取消选区，效果如图 54-25 所示。

图 54-25

15 选择"形状 9"图层，然后使用相同的方法栅格化图层，单击魔棒工具 ，选取"形状 9"图像创建选区，再单击画笔工具 ，在选区中进行描绘，完成后按下快捷键 Ctrl+D 取消选区，效果如图 54-26 所示。

图 54-26

16 新建图层"图层 7"，单击钢笔工具 ，在图像中绘制路径，再按下快捷键 Ctrl+Enter 建立选区，如图 54-27 所示，然后单击渐变工具 ，在属性栏上单击"线性渐变"按钮 ，将前景色设置为 R:11 G:92 B:128，背景色设置为 R:26 G:151 B:186，在选区中从左到右拖动鼠标进行渐变填充，按下快捷键 Ctrl+D 取消选区，效果如图 54-28 所示。

图 54-27

图 54-28

17 新建图层"图层 8"，单击钢笔工具 ，在图像中绘制路径，再按下快捷键 Ctrl+Enter 建立选区，如图 54-29 所示，将前景色设置为 R:238 G:209 B:30，按下快捷键 Alt+Delete 进行颜色填充，按下快捷键 Ctrl+D 取消选区，效果如图 54-30 所示。

图 54-29

图 54-30

18 新建图层"图层 9"，单击钢笔工具 ，在图像中绘制路径，再按下快捷键 Ctrl+Enter 建立选区，如图 54-31 所示，然后单击渐变工具 ，在属性栏上单击"线性渐变"按钮 ，将前景色设置为 R:11 G:92 B:128，背景色设置为 R:26 G:151 B:186，在选区中从下到上拖动鼠标进行渐变填充，按下快捷键 Ctrl+D 取消选区，效果如图 54-32 所示

图 54-31

图 54-32

19 多次复制"图层9",得到副本图层,按下键盘中的方向键分别将其移动到合适的位置上,得到如图 54-33 所示的效果。

图 54-33

20 选择"背景"图层,将其拖动到"删除图层"按钮上,删除"背景"图层,得到如图 54-34 所示的效果,再按下快捷键 Ctrl+Shift+E 合并所有图层。

图 54-34

21 执行"文件 > 新建"命令,弹出"新建"对话框,设置各项参数,如图 54-35 所示,然后单击"确定"按钮,新建一个图像文件。

图 54-35

22 新建图层"图层 1",单击矩形选框工具,在画面中创建矩形选区,按下 D 键将颜色设置为默认色,按下快捷键 Ctrl+Delete 将所选区域填充为白色,如图 54-36 所示,再按下快捷键 Ctrl+D 取消选区。

图 54-36

23 在图层面板上隐藏"背景"图层,选择"图层 1",如图 54-37 所示,然后单击矩形选框工具,在白色矩

形的左上角创建选区,如图 54-38 所示,按下 Delete 键删除选区内图像,再按下快捷键 Ctrl+D 取消选区,效果如图 54-39 所示。

图 54-37

图 54-38

图 54-39

24 选择"图层 1",单击矩形选框工具,对白色矩形的其他三个角使用相同的方法删除图像,得到如图 54-40 所示的效果。

图 54-40

240

25 新建图层"图层2"，单击矩形选框工具 ，在图像中创建选区，将前景色设置为R:255 G:229 B:214，按下快捷键 Alt+Delete 填充选区，再按下快捷键 Ctrl+D 取消选区，效果如图 54-41 所示。

图 54-41

26 选择"图层2"，单击矩形选框工具 ，在图像中创建选区，如图 54-42 所示，按下Delete 键删除选区内图像，再按下快捷键 Ctrl+D 取消选区，效果如图 54-43 所示。

图 54-42

图 54-43

27 选择"图层2"，单击矩形选框工具 ，对图像的其他三个角使用相同的方法删除图像，得到如图 54-44 所示的效果。

图 54-44

28 单击"背景"图层前的"指示图层可视性"图标 ，显示"背景"图层并选择"图层1"，如图 54-45 所示，单击图层面板上的"添加图层样式"按钮 ，在弹出的快捷菜单中选择"内阴影"选项，然后在弹出的"图层样式"对话框中设置各项参数，设置阴影颜色为黑色，如图 54-46 所示，完成后单击"确定"按钮，得到的效果如图 54-47 所示。

图 54-45

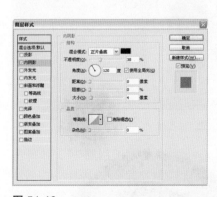

图 54-46

29 选择"图层1"图层，单击图层面板上的"添加图层样式"按钮 ，在弹出的菜单中选择"渐变叠加"选项，然后在弹出的对话框中设置各项参数，如图 54-48 所示，再单击渐变条，在弹出的"渐变编辑器"对话框中设置各项参数，如图 54-49 所示，完成后单击"确定"按钮，得到的效果如图 54-50 所示。

图 54-47

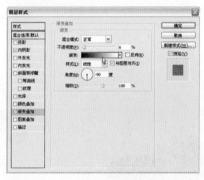

图 54-48

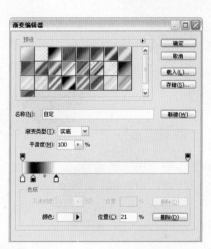

图 54-49

图 54-50

图 54-53

图 54-56

30 继续选择"图层 1"图层，单击图层面板上的"添加图层样式"按钮，在弹出的菜单中选择"斜面和浮雕"选项，然后在弹出的对话框中设置各项参数，如图 54-51 所示，完成后单击"确定"按钮，得到的效果如图 54-52 所示。

32 将"背景"图层填充为黑色，然后新建图层"图层 1"，单击矩形选框工具，按住 Shift 键在画面中创建正方形选区，如图 54-54 所示，将所选区域填充为白色，再按下快捷键 Ctrl+D 取消选区，效果如图 54-55 所示。

34 按下快捷键 Ctrl+Shift+E 合并所有图层，然后单击矩形选框工具，在图像中创建选区，如图 54-57 所示，执行"编辑 > 定义图案"命令，在弹出的"图案名称"对话框中保持默认设置，如图 54-58 所示，单击"确定"按钮即可。

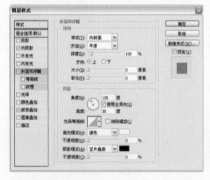

图 54-51

242

图 54-54

图 54-57

图 54-58

图 54-52

31 按下快捷键 Ctrl+N，打开"新建"对话框，设置各项参数，如图 54-53 所示，然后单击"确定"按钮，新建一个图像文件。

图 54-55

33 多次复制"图层 1"，并单击移动工具，将其分别调整到合适的位置上，得到如图 54-56 所示的效果。

35 选择"网页按钮图标"图档，在通道面板上新建一个通道"Alpha1"，如图 54-59 所示，然后按下快捷键 Shlft+F5，打开"填充"对话框，单击"自定图案"下拉按钮，选择刚才定义的图案，如图 54-60 所示，完成后单击"确定"按钮，得到如图 54-61 所示的效果。

图 54-59

图 54-60

图 54-61

36 在通道面板中按住 Ctrl 键单击"Alpha1"通道，载入选区，得到如图 54-62 所示的效果。

图 54-62

37 回到图层面板，在"图层1"之上新建图层"图层3"，如图 54-63 所示，设置前景色为黑色，按下快捷键Alt+Delete 将选区填充为黑色，得到如图 54-64 所示的效果。

图 54-63

图 54-64

38 选择"图层3"图层，将"不透明度"改为12%，按下快捷键 Alt+Ctrl+G 创建剪贴蒙版，图层面板如图 54-65 所示，得到如图 54-66 所示的效果。

图 54-65

图 54-66

39 选择"图层2"图层，单击图层面板上的"添加图层样式"按钮 ，在弹出的菜单中选择"渐变叠加"选项，然后在弹出的对话框中设置各项参数，如图 54-67 所示，再单击渐变条，弹出"渐变编辑器"对话框，在"预设"选项区中选择"前景到透明"选项，然后设置颜色为白色，如图 54-68 所示，完成后单击"确定"按钮，效果如图 54-69 所示。

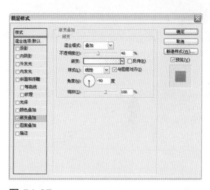

图 54-67

图 54-68

图 54-69

40 选择"图层2"，单击图层面板上的"添加图层样式"按钮 ⨍，在弹出的菜单中选择"内阴影"选项，在弹出的对话框中设置各项参数，设置阴影颜色为黑色，如图54-70所示，完成后单击"确定"按钮，得到的效果如图54-71所示。

图 54-70

244

图 54-71

41 继续选择"图层2"图层，单击图层面板上的"添加图层样式"按钮 ⨍，在弹出的菜单中选择"外发光"选项，然后在弹出的对话框中设置各项参数，设置发光颜色为白色，如图54-72所示，完成后单击"确定"按钮，效果如图54-73所示。

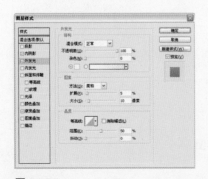

图 54-72

图 54-73

42 复制"图层3"，得到"图层3副本"图层，将其放置于"图层2"之上，将其混合模式设置为"叠加"，"不透明度"改为90%，再按下快捷键 Alt+Ctrl+G 创建剪贴蒙版，图层面板如图54-74所示，得到如图54-75所示的效果。

图 54-74

图 54-75

43 单击移动工具 ，将图像"书"拖移到"网页按钮图标"图档内，然后按下快捷键 Ctrl+T 进行自由变换，调整到如图54-76所示的位置。

图 54-76

44 选择"图层2"图层，单击椭圆选框工具 ，在图像中创建选区，如图54-77所示，然后执行"图层 > 新建调整图层 > 曲线"命令，在弹出的对话框中设置各项参数如图54-78所示，单击"确定"按钮，得到的效果如图54-79所法。

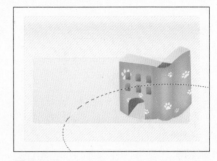

图 54-77

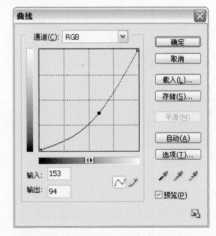

图 54-78

图 54-79

45 新建图层"图层5"，将其"不透明度"改为60%，如图54-80所示，然后单击椭圆选框工具 ，按住 Shift 键在图像中创建一个选区如图 54-81 所示，设置前景色为白色，按下快捷键 Alt+Delete 将填充选区，按下快捷键 Ctrl+D 取消选区，效果如图 54-82 所示。

图 54-80

图 54-81

图 54-82

46 新建图层"图层 6"，单击矩形选框工具 ▣，在图像中创建选区，如图 54-83 所示，然后单击渐变工具 ▣，在属性栏上单击"线性渐变"按钮 ▣，将前景色设置为 R:255 G:174 B:128，背景色设置为 R:255 G:205 B:177，在选区中从下到上拖动鼠标进行渐变填充，完成后按下快捷键 Ctrl+D 取消选区，效果如图 54-84 所示。

图 54-83

图 54-84

47 单击横排文字工具 ⊤，将前景色设置为黑色，在图像中输入文字并在字符面板上设置各项参数，如图 54-85 所示，得到如图 54-86 所示的效果。

图 54-85

图 54-86

48 单击横排文字工具 ⊤，将前景色设置为 R:128 B:128 B:128，在图像中输入文字并在字符面板上设置和项参数，如图 54-87 所示，得到如图 54-88 所示的效果。

图 54-87

图 54-88

49 单击横排文字工具 ⊤，将前景色设置为 R:234 B:133 B:73，在图像中输入文字并在字符面板上设置各项参数，如图 54-89 所示，得到如图 54-90 所示的效果。

图 54-89

图 54-90

50 继续单击横排文字工具 T，在图像中输入文字并将"字体"设置为 Fixedsys，"字体大小"设为 52.84 点，得到如图 54-91 所示的效果。

图 54-91

51 继续单击横排文字工具 T，将前景色设置为 R:237 G:116

B:45，在图像中输入文字并将"字体"设置为 Fixedsys，"字体大小"设为 50.76 点，得到如图 54-92 所示的效果。

图 54-92

52 为了突出画面效果，选择"图层 1"图层，如图 54-93 所示，单击魔棒工具 ，选择"图层 1"所在图像创建选区，如图 54-94 所示，然后将前景色设置为 R:229 B:229 B:229，按下快捷键 Alt+Delete 进行填充，再按下快捷键 Ctrl+D 取消选区，效果如图 54-95 所示。至此本实例制作完成。

图 54-93

图 54-94

图 54-95

55 手机待机图像

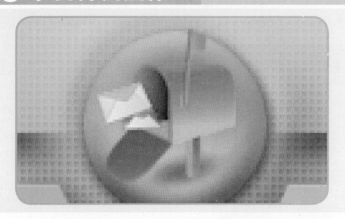

本实例制作生活中常见的手机待机图片，通过对图层样式的应用，体现出像素化的效果，结合流行的卡通图片，制作出模拟手机显示屏画面的图像。

1 🔍 使用功能：图层样式、渐变工具、矩形选框工具、椭圆选框工具，定义图案命令，高斯模糊滤镜

2 🎨 配色：■ R:64 G:175 B:49　■ R:43 G:97 B:20　■ R:255 G:130 B:10　■ R:44 G:110 B:255

3 💿 光盘路径：Chapter 10\55 手机待机图像\complete\手机待机图像.psd

4 🏆 难易程度：★★★★☆

（此处为侧栏）

操作步骤

01 执行"文件 > 新建"命令，弹出"新建"对话框，设置各项参数，如图 55-1 所示，然后单击"确定"按钮，新建一个图像文件。

图 55-1

02 在图层面板上新建图层"图层 1"，单击渐变工具▣，在属性栏上单击"线性渐变"按钮▣，再单击属性栏中的"渐变条"如图 55-2 所示，在弹出的"渐变编辑器"对话框中从左到右分别设置颜色图标的色值为 R:177 G:232 B:137，R:30 G:105 B:0，如图 55-3 所示，完成后单击"确定"按钮，在画面中从上到下拖动鼠标进行渐变填充，得到如图 55-4 所示的效果。

图 55-2

图 55-3

图 55-4

03 在通道面板上新建通道"Alpha1"，如图 55-5 所示。单击矩形选框工具▢，在画面中创建一个高 2px，宽 2px 的矩形选区并填充白色，按下快捷键 Ctrl+D 取消选区，效果如图 55-6 所示。

图 55-5

图 55-6

04 单击矩形选框工具 [⬚]，在"Alpha1"通道中创建矩形选区如图 55-7 所示，然后执行"编辑 > 定义图案"命令，在弹出的对话框中保持默认设置，单击"确定"按钮即可。

图 55-7

05 按下快捷键 Shift+F5，打开"填充"对话框，打开单击"自定图案"下拉按钮，选择刚才定义的图案，如图 55-8 所示，完成后单击"确定"按钮，得到如图 55-9 所示的效果。

图 55-8

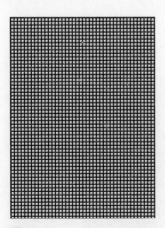

图 55-9

06 在通道面板中按住 Ctrl 键单击"Alpha1"通道的缩略图，载入通道选区，如图 55-10 所示。

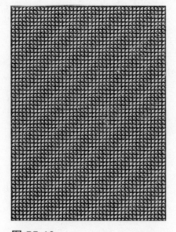

图 55-10

07 回到图层面板，新建图层"图层 2"，将其混合模式设置为"柔光"，"不透明度"改为50%，如图 55-11 所示，然后将颜色设为默认色，按下快捷键 Alt+Delete 将选区填充为黑色，得到如图 55-12所示的效果。

图 55-11

图 55-12

08 新建图层"图层 3"，单击椭圆选框工具 [○]，按住 Shift键在图像中创建正圆形选区，如图 55-13 所示，按下快捷键 Ctrl+Delete 将选区填充为白色，然后按下快捷键Ctrl+D 取消选区，得到如图55-14 所示的效果。

图 55-13

图 55-14

09 选择"图层 3"图层，单击椭圆选框工具 [○]，按住Shift 键在图像中创建正圆形选区，如图 55-15 所示，按下 Delete 键删除选区内图像，然后按下快捷键 Ctrl+D取消选区，得到如图 55-16所示的效果。

图 55-15

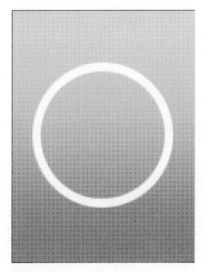

图 55-16

10 对"图层3"执行"滤镜 > 模糊 > 高斯模糊"命令, 在弹出的对话框中将"半径"设置为9像素, 如图55-17所示, 单击"确定"按钮, 得到如图55-18所示的效果。

图 55-18

11 双击"图层3", 如图55-19所示, 在弹出的"图层样式"对话框中将"高级混合"的"填充不透明度"改为0%, 如图55-20所示, 单击"确定"按钮, 得到如图55-21所示的效果。

图 55-19

图 55-17

图 55-20

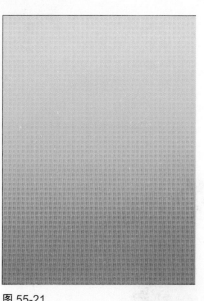

图 55-21

12 双击"图层3"的灰色区域, 在弹出的"图层样式"对话框中单击"斜面和浮雕"样式, 设置各项参数如图55-22所示, 单击"确定"按钮, 得到如图55-23所示的效果。

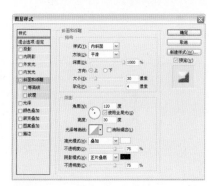

图 55-22

图 55-23

13　新建图层"图层4"，单击矩形选框工具 [⎕]，在图像中创建选区，如图55-24所示，将前景色设置为 R:29 G:152 B:90，按下快捷键 Alt+Delete 填充选区，然后按下快捷键 Ctrl+D 取消选区，得到如图 55-25 所示的效果。

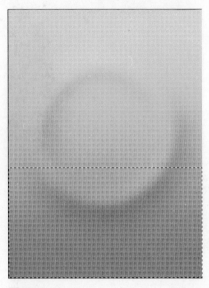

图 55-24

图 55-25

14　选择"图层4"，单击椭圆选框工具 ○，按住 Shift 键在图像中创建正圆形选区，如图 55-26 所示，按下 Delete 键删除选区内图像，然后按下快捷键 Ctrl+D 取消选区，得到如图 55-27 所示的效果。

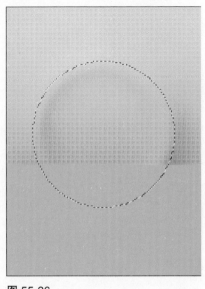

图 55-26

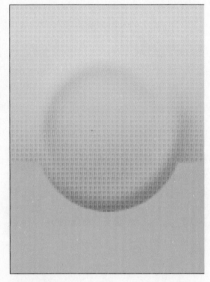

图 55-27

15　双击"图层4"的灰色区域，在弹出的"图层样式"对话框中单击"渐变叠加"样式，设置各项参数如图 55-28 所示，单击"确定"按钮，得到如图 55-29 所示的效果。

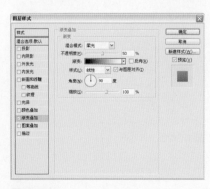

图 55-28

图 55-29

16　双击"图层4"的灰色区域，在弹出的"图层样式"对话框中单击"斜面和浮雕"样式，设置各项参数如图 55-30 所示，单击"确定"按钮，得到如图 55-31 所示的效果。

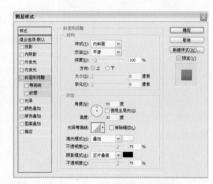

图 55-30

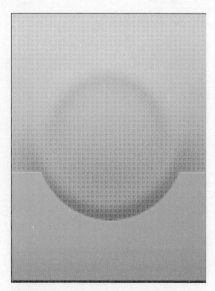

图 55-31

17 双击"图层 4"的灰色区域，在弹出的"图层样式"对话框中单击"投影"样式，设置各项参数如图 55-32 所示，单击"确定"按钮，得到如图 55-33 所示的效果。

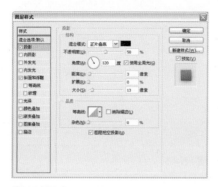

图 55-32

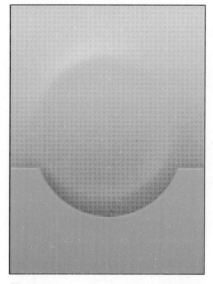

图 55-33

18 新建图层"图层 5"，单击矩形选框工具 ⬚，在图像中创建一个选区，如图 55-34 所示，将前景色设置为 R:83 G:191 B:65，按下快捷键 Alt+Delete 填充选区，然后按下快捷键 Ctrl+D 取消选区，得到如图 55-35 所示的效果。

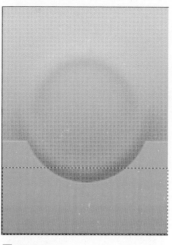

图 55-34

图 55-35

19 选择"图层 5"图层，单击椭圆选框工具 ⬭，按住 Shift 键如图 55-36 所示创建正圆形选区，按下 Delete 键删除选区内图像，然后按下快捷键 Ctrl+D 取消选区，得到如图 55-37 所示的效果。

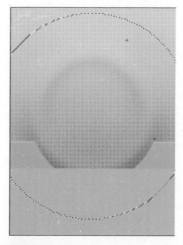

图 55-36

图 55-37

20 选择"图层 4"，如图 55-38 所示，右击鼠标在弹出的快捷菜单中选择"拷贝图层样式"命令，然后再选择"图层 5"，右击鼠标在弹出的快捷菜单中选择"粘贴图层样式"命令，得到如图 55-39 所示的效果。

图 55-38

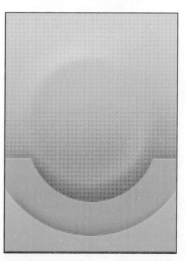

图 55-39

21 新建图层"图层6",单击椭圆选框工具 ◯ ,按住 Shift 键如图 55-40 所示创建正圆形选区。单击渐变工具 ▣ ,在属性栏上单击"线性渐变"按钮 ▣ ,将前景色设置为 R:255 G:142 B:7,背景色设置为 R:255 G:172 B:26,在选区中从右到左拖动鼠标进行渐变填充,按下快捷键 Ctrl+D 取消选区,效果如图 55-41 所示。

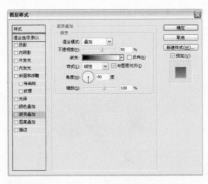

图 55-42

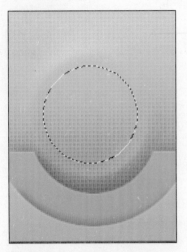

图 55-40

252

图 55-41

22 双击"图层6"的灰色区域,在弹出的"图层样式"对话框中单击"渐变叠加"样式,设置各项参数如图 55-42 所示,单击"确定"按钮,得到如图 55-43 所示的效果。

图 55-43

23 再次双击"图层6"的灰色区域,在弹出的"图层样式"对话框中,单击"斜面和浮雕"样式,设置各项参数如图 55-44 所示,单击"确定"按钮,得到如图 55-45 所示的效果。

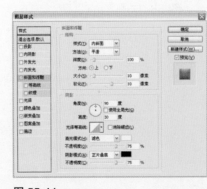

图 55-44

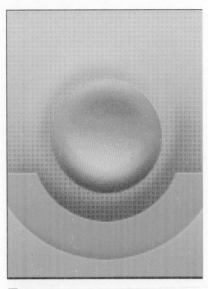

图 55-45

24 继续双击"图层6"的灰色区域,在弹出的"图层样式"对话框中,单击"光泽"样式,设置各项参数如图 55-46 所示,单击"确定"按钮,得到如图 55-47 所示的效果。

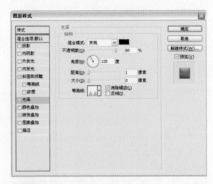

图 55-46

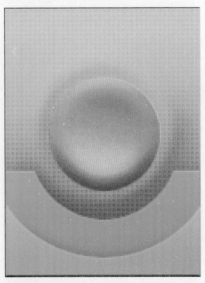

图 55-47

25 再次双击"图层6"的灰色区域，在弹出的"图层样式"对话框中单击"投影"样式，设置各项参数如图55-48所示，单击"确定"按钮，得到如图55-49所示的效果。

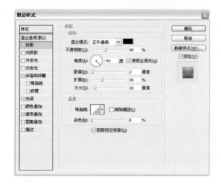

图 55-48

图 55-49

26 在"图层3"之上新建图层"图层7"，如图55-50所示。单击矩形选框工具，如图55-51所示在图像中创建矩形选区，将前景色设置为黑色，然后单击渐变工具，在属性栏上单击"渐变"拾色器下拉按钮，在弹出的渐变样式面板中选择"前景到透明"样式如图55-52所示，再单击"线性渐变"按钮，在选区中从上到下拖动鼠标进行渐变填充，效果如图55-53所示。

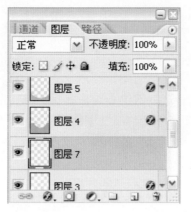

图 55-50

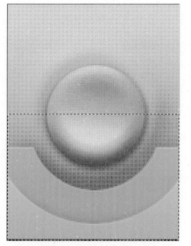

图 55-51

图 55-52

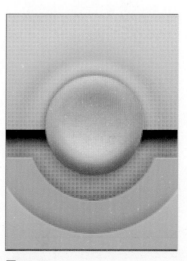

图 55-53

27 选择"图层7"图层，按下D键恢复颜色为默认色。在图层面板上单击"添加矢量蒙版"按钮，为图层添加蒙版，图层面板如图55-54所示。然后单击渐变工具，在属性栏中单击"径向渐变"按钮，然后单击"渐变条"如图55-55所示，弹出的"渐变编辑器"对话框中设置渐变，如图55-56所示，完成后单击"确定"按钮，在图像中从中心向外拖动鼠标进行渐变填充，得到如图55-57所示的效果。

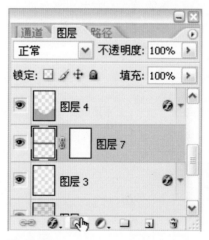

图 55-54

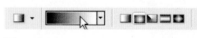

图 55-55

图 55-56

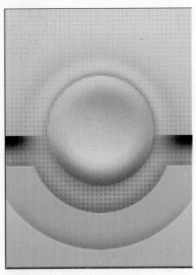

图 55-57

28 选择图层"图层7",将其"不透明度"改为50%,如图55-58所示,得到如图55-59所示的效果。

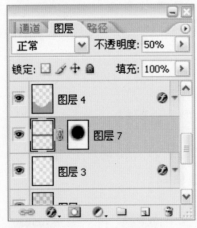

图 55-58

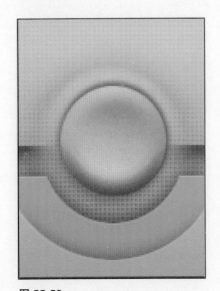

图 55-59

29 在"图层6"之上新建图层"图层8",如图55-60所示。单击椭圆选框工具 ○,按住Shift键如图55-61所示在图像中创建正圆形选区,按下快捷键Alt+Delete将选区填充为黑色,然后按下快捷键Ctrl+D取消选区,得到如图55-62所示的效果。

图 55-60

图 55-61

图 55-62

30 选择"图层8"图层,执行"滤镜>模糊>高斯模糊"命令,在弹出的对话框中设置各项参数,如图55-63所示,单击"确定"按钮,得到如图55-64所示的效果。

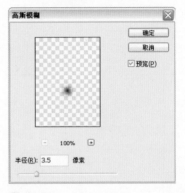

图 55-63

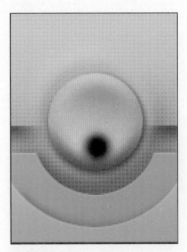

图 55-64

31 选择"图层8"图层,将"不透明度"改为50%,如图55-65所示,按下快捷键Ctrl+T自由变换图像并调整位置,得到如图55-66所示的效果。

图 55-65

254

图 55-66

32 执行"文件 > 打开"命令,
弹出如图 55-67 所示的对话
框,选择本书配套光盘中
Chapter 10\55 手机待机图像
\media\001.png 文件,单击
"打开"按钮打开素材文件,
如图 55-68 所示。

图 55-67

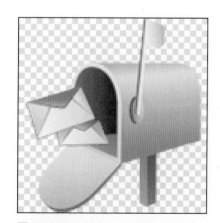

图 55-68

33 单击移动工具 ,将素材文
件"001"拖移到"手机待机
图像"图档内,如图 55-69
所示,按下快捷键 Ctrl+T 对
图像进行自由变换并调整到
到画面中心位置,效果如图
55-70 所示。

图 55-69

图 55-70

34 选择"图层 9"图层,按下
快捷键 Ctrl + U,在弹出的
"色相 / 饱和度"对话框中设
置各项参数,如图 55-71 所
示,完成后单击"确定"按钮,
得到的效果如图 55-72 所示。

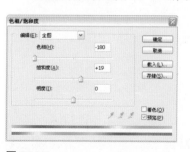

图 55-71

图 55-72

35 执行"文件 > 打开"命令,
弹出如图 55-73 所示的对话
框,选择本书配套光盘中
Chapter 10\55 手机待机图
像 \media\002.psd 文件,单
击"打开"按钮打开素材文
件。单击移动工具 ,将素
材文件"002"拖移到"手
机待机图像"图档内,得到
"图层 10",然后将图像调整
到图像上方位置,效果如图
55-74 所示。

图 55-73

图 55-74

36 单击横排文字工具 T，将前景色设置为黑色，在图像左下角输入文字并将"字体"设置为 System，"字体大小"设为 16.44 点，效果如图 55-75 所示。

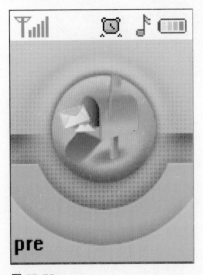

图 55-75

37 单击横排文字工具 T，将前景色设置为黑色，在图像右下角输入文字效果如图 55-76 所示。

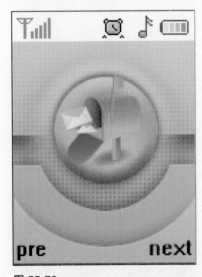

图 55-76

38 单击横排文字工具 T，将前景色设置为白色，在图像中输入文字并将"字体"设置为 System，"字体大小"设为 18 点，得到如图 55-77 所示的效果。

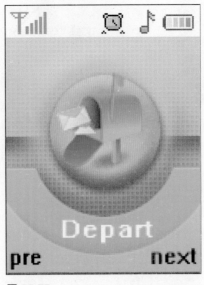

图 55-77

39 双击"Depart"图层，在弹出的"图层样式"对话框中单击"投影"样式并设置各项参数如图 55-78 所示，单击"确定"按钮，得到如图 55-79 所示的效果。

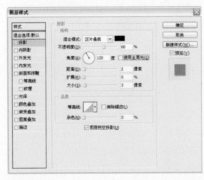

图 55-78

图 55-79

40 再次双击"Depart"图层，在弹出的"图层样式"对话框中单击"渐变叠加"样式，设置各项参数如图 55-80 所示，再单击渐变条，弹出"渐变编辑器"对话框，设置各项参数如图 55-81 所示，完成后单击"确定"按钮，得到如图 55-82 所示的效果。至此，本实例制作完成。

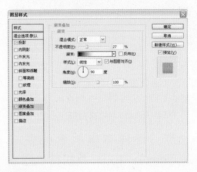

图 55-80

图 55-81

图 55-82

256

56 个性主页特效

本实例制作极富个性的网站首页图像，通过反复应用抽象的图片素材并对其进行变形处理，制作出对比强烈的背景图像，配合相同风格的个性元素，搭配出时尚另类的个人主页特效。

1 使用功能：色相/饱和度命令、自定形状工具、移动工具、高斯模糊滤镜、曲线命令、描边命令

2 配色： R:192 G:212 B:40　　R:51 G:101 B:0　　R:230 G:236 B:0

3 光盘路径：Chapter 10\56 个性主页特效\complete\个性主页特效.psd

4 难易程度：★★☆☆☆

257

操作步骤

01 执行"文件 > 打开"命令，弹出如图 56-1 所示的对话框，选择本书配套光盘中 Chapter 10\56 个性主页特效\media\001.jpg 文件，单击"打开"按钮打开素材文件，如图 56-2 所示。

02 复制"背景"图层，得到"背景副本"图层，将其混合模式设置为"叠加"，如图 56-3 所示，得到如图 56-4 所示的效果。

03 选择"背景副本"图层，执行"图层 > 新建调整图层 > 色相 / 饱和度"命令，在弹出的对话框中单击"确定"按钮，弹出"色相 / 饱和度"对话框，设置各项参数如图 56-5 所示，完成后单击"确定"按钮，效果如图 56-6 所示。

图 56-1

图 56-3

图 56-5

图 56-2

图 56-4

图 56-6

04 执行"图层 > 新建调整图层 > 曲线"命令,在弹出的对话框中单击"确定"按钮,在弹出的"曲线"对话框中设置曲线,如图56-7所示,完成后单击"确定"按钮,效果如图56-8所示。

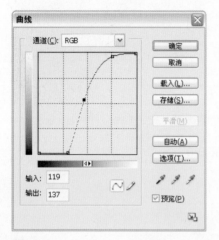

图 56-7

图 56-8

05 按下快捷键Ctrl+A全选图像,再按下快捷键Ctrl+Shift +C复制调整后的图像,再按下快捷键Ctrl+V进行粘贴,得到"图层1",如图56-9所示。

图 56-9

06 复制"图层1"图层,得到"图层1副本",如图56-10所示,按下快捷键Ctrl+T缩小图像至原来的四分之一大小,完成后效果如图56-11所示。

图 56-10

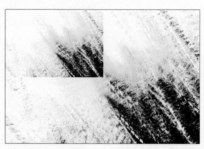

图 56-11

07 复制"图层1副本",执行"编辑 > 变换 > 水平翻转"命令,然后单击移动工具，将复制的图像向右移动,得到如图56-12所示的效果。

图 56-12

08 按下快捷键Ctrl+E合并图层,如图56-13所示,复制"图层1副本2"图层,执行"编辑 > 变换 > 垂直翻转"命令翻转图像,然后单击移动工具，将复制的图像向下移动,效果如图56-14所示。

图 56-13

图 56-14

09 按下快捷键Ctrl+E合并图层,并将"图层1"拖移到"图层1副本3"之上,如图56-15所示,然后执行"滤镜 > 模糊 > 高斯模糊"命令,在弹出的对话框中设置各项参数,如图56-16所示,单击"确定"按钮,得到如图56-17所示的效果。

图 56-15

258

图 56-16

图 56-17

10 选择"图层1"图层，单击"添加矢量蒙版"按钮 ◻ 为图层添加蒙版，如图56-18所示。单击矩形选框工具 ▭ ，参考如图56-19所示在图像中创建矩形选区，设置前景色为黑色，按下快捷键Alt+Delete填充选区，然后按下快捷键Ctrl+D取消选区，得到如图56-20所示的效果。

图 56-18

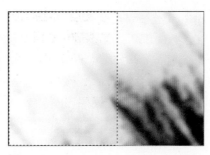

图 56-19

图 56-20

11 单击自定形状工具 ◊，在属性栏中单击"形状图层"按钮 ◻，然后在"形状"下拉面板中选择"箭头7"图案，如图56-21所示。将前景色设置为白色，在图像中绘制箭头，效果如图56-24所示。

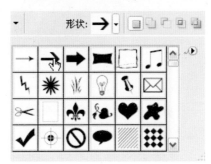

图 56-21

图 56-22

12 多次使用自定形状工具 ◊，在属性栏中选择箭头形状，然后将前景色设置为白色，进行图案绘制，得到如图56-23所示的效果。

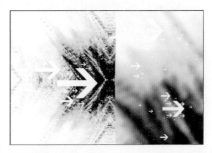

图 56-23

13 单击自定形状工具 ◊，在属性栏中选择箭头形状，然后将前景色设置为黑色，多次进行图案绘制，并在图层面板上将"不透明度"改为40%，如图56-24所示，得到如图56-25所示的效果。

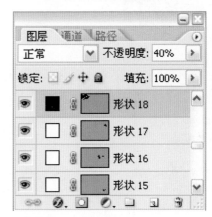

图 56-24

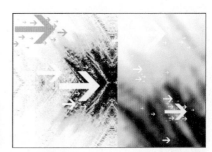

图 56-25

14 反复使用自定形状工具 ，在属性栏中选择箭头形状，然后将前景色设置为黑色，图像中绘制图案。在图层面板上将图层"不透明度"改为40%，得到如图56-26所示的效果。

图 56-26

15 执行"文件 > 打开"命令，弹出如图56-27所示的对话框，选择本书配套光盘中Chapter 10\56 个性主页特效\media\002.jpg 文件，单击"打开"按钮打开素材文件，如图56-28所示。

图 56-27

图 56-28

16 单击移动工具 ，将素材文件"002"拖移到"001"图档内，生成"图层2"，如图 56-29 所示。按下快捷键 Ctrl+T 对图片进行自由变换，缩小图片后得到如图 56-30 所示的效果。

图 56-29

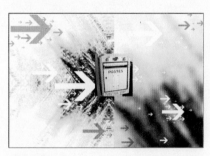

图 56-30

17 选择"图层2"图层，执行"编辑 > 描边"命令，在弹出的对话框中设置各项参数，将颜色设置为白色，如图56-31 所示，完成后单击"确定"按钮，得到如图 56-32所示的效果。

图 56-31

图 56-32

18 执行"文件 > 打开"命令，弹出如图56-33所示的对话框，选择本书配套光盘中Chapter 10\56 个性主页特效\media\003.jpg 文件，单击"打开"按钮打开素材文件。

图 56-33

19 单击移动工具 ，将素材文件"003"拖移到"001"图档内，生成"图层3"，将"不透明度"改为80%，如图56-34 所示。然后按下快捷键 Ctrl+T，对图片进行自由变换，缩小图像后得到如图56-35所示的效果。

图 56-34

图 56-35

20　选择"图层 3"图层，执行"编辑 > 描边"命令，在弹出的对话框中设置各项参数，将颜色设置为黑色，如图 56-36 所示，单击"确定"按钮，得到如图 56-37 所示的效果。

图 56-36

图 56-37

21　执行"文件 > 打开"命令，弹出如图 56-38 所示的对话框，选择本书配套光盘中 Chapter 10\56 个性主页特效\media\004.jpg 文件，单击"打开"按钮打开素材文件。

图 56-38

22　单击移动工具，将素材文件"004"拖移到"001"图档内，生成"图层 4"，将其"不透明度"改为 50%，如图 56-39 所示。按下快捷键 Ctrl+T 对图片进行自由变换，缩小图像后得到如图 56-40 所示的效果。

图 56-39

图 56-40

23　执行"文件 > 打开"命令，弹出如图 56-41 所示的对话框，分别选择本书配套光盘中 Chapter 10\56 个性主页特效 \media\005.jpg、006.jpg 和 007.jpg 文件，单击"打开"按钮打开素材文件，如图 56-42、图 56-43 和图 56-44 所示。

图 56-41

图 56-42

图 56-43

图 56-44

24　单击移动工具，将素材文件"005"、"006"、"007"拖移到"001"图档内，如图 56-45 所示。按下快捷键 Ctrl+T 对图片进行自由变换，缩小图像后得到如图 56-46 所示的效果。

图 56-45

图 56-46

25 分别选择"图层5"、"图层6"、"图层7"图层,执行"编辑 > 描边"命令,在弹出的对话框中设置各项参数,将颜色设置为白色,如图 56-47 所示,完成后单击"确定"按钮,得到如图 56-48 所示的效果。

262

图 56-47

图 56-48

26 为了使画面图像更有层次,选择"形状12"图层,将"不透明度"改为50%,如图56-49 所示,得到如图 56-50 所示的效果。

图 56-49

图 56-50

27 在"形状21"图层之上新建图层"图层8",将"不透明度改为20%,如图56-51 所示。然后单击矩形选框工具,如图 56-52 所示在图像中创建选区,设置前景色为白色,按下快捷键 Alt+Delete 填充选区,然后按下快捷键 Ctrl+D 取消选区,效果如图 56-53 所示。

图 56-51

图 56-52

图 56-53

28 多次复制"图层8"图层,如图 56-54 所示。单击移动工具,结合键盘中的方向键向下移动复制图像,得到如图 56-55 所示的效果。

图 56-54

图 56-55

29 再次复制"图层8"图层，得到"图层8副本6"，如图56-56所示，对其执行"编辑 > 变换 > 旋转90度（顺时针）"命令旋转图像，然后单击移动工具 ⊕，将图像调整到合适的位置上，得到如图56-57所示的效果。

图 56-56

图 56-57

30 选择"图层7"图层，单击横排文字工具 T，将前景色设置为黑色，在图像中输入文字"There"，在字符面板上设置各项参数，如图56-58所示，得到如图56-59所示的效果。

图 56-58

图 56-59

31 单击横排文字工具 T，将前景色设置为黑色，在图像中输入文字并在字符面板上设置各项参数如图56-60所示，得到如图56-61所示的效果。

图 56-60

图 56-61

32 单击横排文字工具 T，将前景色设置为黑色，在图像中输入文字并将"字体"效果设置为System，"字体大小"设为6.99点，如图56-62所示。

图 56-62

33 继续单击横排文字工具 T，将前景色设置为白色，在图像中输入文字并将"字体"设置为System，"字体大小"设为6.99点，效果如图56-63所示。

图 56-63

34 再次单击横排文字工具 T，将前景色设置为白色，在图像中输入文字并将"字体"设置为System，"字体大小"设为6.99点，效果如图56-64所示。至此，本实例制作完成。

图 56-64

57 网页首页特效

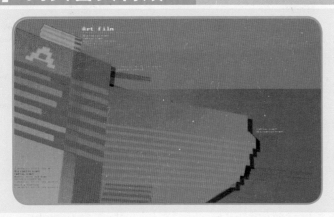

本实例制作网页的首页特效，通过自制一些个性的图形，结合颜色的变换表现出立体效果，然后再与素材图像进行合成，独具个性的网页特效就搞定了。

1 🔍 使用功能：多边形套索工具、移动工具、通道、曲线命令

2 🎨 配色：■ R:225 G:0 B:94 ■ R:132 G:0 B:60 ■ R:12 G:167 B:98

3 💿 光盘路径：Chapter 10\57网页首页特效\complete\网页首页特效.psd

4 🔧 难易程度：★★★☆☆

操作步骤

01 执行"文件 > 新建"命令，打开"新建"对话框，设置各项参数，如图 57-1 所示，然后单击"确定"按钮，新建一个图像文件。

264

图 57-1

02 新建图层"图层 1"，如图 57-2 所示。单击多边形套索工具 ⬚，如图 57-3 所示在画面中创建一个选区，单击渐变工具 ⬚，在属性栏上单击"线性渐变"按钮 ⬚，将前景色设置为 R:152 G:97 B:131，背景色设置为 R:197 G:45 B:135，在选区中从下到上拖动鼠标进行渐变填充，按下快捷键 Ctrl+D 取消选区，效果如图 57-4 所示。

图 57-2

图 57-3

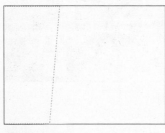

图 57-4

03 新建图层"图层 2"，单击多边形套索工具 ⬚，如图 57-5 所示在画面中创建选区，然后将前景色设置为 R:236 G:0 B:140，按下快捷键 Alt+Delete 进行颜色填充，按下快捷键 Ctrl+D 取消选区，得到如图 57-6 所示的效果。

图 57-5

图 57-6

04 多次复制"图层2",图层面板如图57-7所示。然后单击移动工具 ，结合键盘中的方向键向下移动复制的图像，得到如图57-8所示的效果。

图 57-7

图 57-8

05 在图层面板上选择"图层1"图层,如图57-9所示。单击多边形套索工具 ，如图57-10所示在图像中创建选区,单击渐变工具 ，在属性栏上单击"线性渐变"按钮 ，将前景色设置为 R:152 G:97 B:131,背景色设置为 R:197 G:45 B:135,然后在选区中从下到上拖动鼠标进行渐变填充,按下快捷键 Ctrl+D 取消选区,效果如图57-11所示。

图 57-9

图 57-10

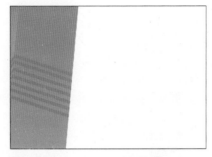

图 57-11

06 选择"背景"图层,单击渐变工具 ，在属性栏上单击"径向渐变"按钮 ，将前景色设置为 R:152 G:97 B:131,背景色设置为 R:197 G:45 B:135,在画面中从中心向外拖动鼠标进行渐变填充,按下快捷键 Ctrl+D 取消选区,图层面板如图57-12所示。得到的效果如图57-13所示。

图 57-12

图 57-13

07 新建图层"图层3",如图57-14所示。单击多边形套索工具 ，如图57-15所示在图像中创建选区,将前景色设置为 R:236 G:0 B:140,按下快捷键 Alt+Delete 进行颜色填充,按下快捷键 Ctrl+D 取消选区,得到如图57-16所示的效果。

图 57-14

图 57-15

图 57-16

08 多次复制"图层 3"图层，单击移动工具 ，结合键盘中的方向键将复制的图像移动到合适的位置，效果如图57-17所示。

图 57-17

09 按下快捷键 Ctrl+A 全选图像，然后再按下快捷键 Ctrl+Shift+C 对图层进行拷贝，然后再按下快捷键 Ctrl+V 粘贴图像，得到新图层"图层4"，如图57-18所示。

图 57-18

10 单击多边形套索工具 ，如图 57-19 所示在图像中创建选区，然后对选区执行"选择 > 存储选区"命令，在弹出的对话框中为通道命名，并单击"确定"按钮保存选区，在通道面板中得到新的通道，如图57-20所示。然后在保持选区的状态下按下快捷键 Ctrl+C 复制选区，再按下快捷键 Ctrl+V 粘贴图像，得到"图层5"，如图57-21所示。

图 57-19

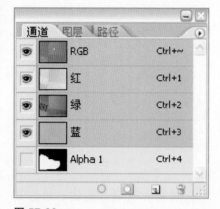

图 57-20

图 57-21

11 选择"图层4"图层，单击多边形套索工具 ，如图 57-22 所示在图像中创建选区，然后执行"选择 > 存储选区"命令保存选区，在通道面板中得到新的通道如图 57-23 所示。在保持选区的状态下按下快捷键 Ctrl+C 复制选区，再按下快捷键 Ctrl+V 粘贴图像，得到"图层6"，图层面板如图 57-24 所示。

图 57-22

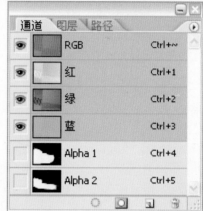

图 57-23

图 57-24

12 隐藏除"图层6"以外的所有图层，然后复制"图层6"并选择"图层6幅本"，再隐藏"图层6"，单击多边形套索工具 ，如图 57-25 所示在图像中创建选区，然后按住快捷键 Ctrl+Shift+Alt 单击"图层6"前的缩略图，得到重叠部分的选区。

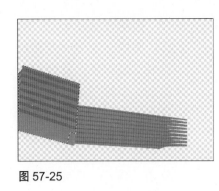

图 57-25

13 执行"选择 > 存储选区"命令保存选区，在通道面板中得到新的通道如图 57-26 所示。选择"Alpha 3"通道，按住 Ctrl 键单击该通道载入选区，返回图层面板，按下快捷键 Shift+Ctrl+I 反选选区，按下 Delete 键删除选区内图像，再按下快捷键 Ctrl+D 取消选区，效果如图 57-27 所示。

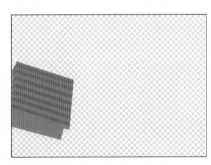

图 57-26

图 57-27

14 在图层面板上显示"图层 5"、"图层 6"、"图层 6 副本"图层，图层面板如图 57-28 所示，得到如图 57-29 所示的效果。按下 Ctrl+T 快捷键，对"图层 6 副本"进行自由变换，将其缩小后水平翻转，并移至图像下部，调整后如图 57-30 所示。

图 57-28

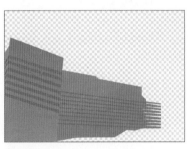

图 57-29

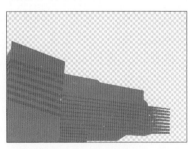

图 57-30

15 将"图层 6"放置于"图层 5"之下，然后复制"图层 6"，得到"图层 6 副本 2"，再、隐藏"图层 6"，单击多边形套索工具，如图 57-31 所示在图像中创建选区，然后按下 Delete 键删除选区内图像，按下快捷键 Ctrl+D 取消选区，再创建一个选区如图 57-32 所示，按下 Delete 键删除选区内图像，按下快捷键 Ctrl+D 取消选区，效果如图 57-33 所示。

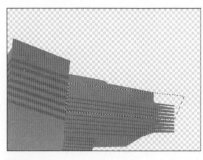

图 57-31

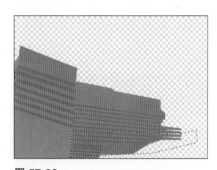

图 57-32

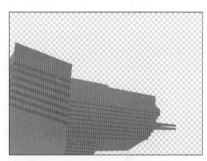

图 57-33

16 复制"图层 6"图层，并放置于"图层 6 副本 2"之上，然后按下快捷键 Ctrl+T 对图像进行自由变换，缩小图像后得到如图 57-34 所示的效果，图层面板如图 57-35 所示。

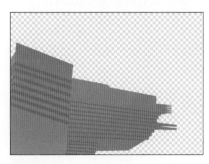

图 57-34

图 57-35

17 选择"图层 6 副本 3"图层，
单击多边形套索工具 ，
如图 57-36 所示在图像中创
建选区，然后按下 Delete 键
删除选区内图像，再按下快
捷键 Ctrl+D 取消选区，效果
如图 57-37 所示。

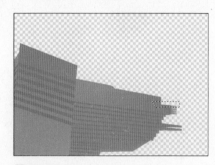

图 57-36

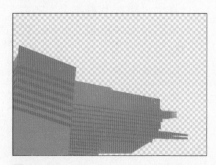

图 57-37

18 继续复制"图层 6 副本 2"
图层，得到"图层 6 副本 4"，
并放置于"图层 6 副本 3"
之上，按下快捷键 Ctrl+T
对图像进行自由变换，缩小
图像并移动位置后得到如图
57-39 所示的效果。图层面
板如图 57-38 所示。

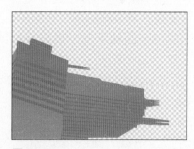

图 57-38

图 57-39

19 复制"图层 5"，之下并放置
于"图层 5"，将其"不透明度"
改为 40%，然后按下快捷键
Shift+Alt+Delete 将"图层
5 副本"填充为黑色，图层
面板如图 57-40 所示。单击
移动工具 ，将图像向右下
方移动，得到如图 57-41 所
示的效果。

图 57-40

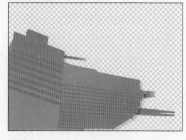

图 57-41

20 选择"图层 6 副本 4"图层，
执行"图层 > 新建调整图层
> 色相 / 饱和度"命令，在
弹出的"新建图层"对话框
中单击"确定"按钮，再在
打开的对话框中设置各项参
数，如图 57-42 所示，完成
后单击"确定"按钮，得到
的效果如图 57-43 所示。

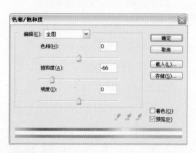

图 57-42

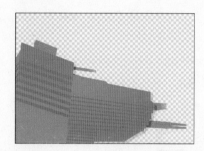

图 57-43

21 选择"图层 5"图层，单击
多边形套索工具 ，如图
57-44 所示在图像中创建选
区，执行"图层 > 新建调整
图层 > 曲线"命令，在弹出
的对话框中单击"确定"按
钮，在弹出的"曲线"对话
框中设置曲线如图 57-45 所
示，单击"确定"按钮，然
后按下快捷键 Ctrl+D 取消选
区，得到如图 57-46 所示的
效果。

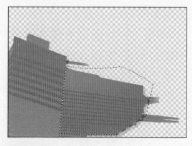

图 57-44

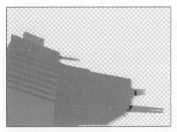

图 57-45

图 57-46

22　新建图层"图层 7"，将混合模式设置为"叠加"，如图 57-47 所示，单击多边形套索工具 ，如图 57-48 所示在图像中创建选区，将前景色设置为 R:19 G:207 B:140，按下快捷键 Alt+Delete 填充选区，再按下快捷键 Ctrl+D 取消选区，效果如图 57-49 所示。

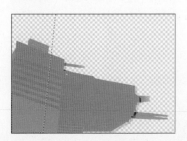

图 57-47

图 57-49

23　复制"图层 7"，得到"图层 7 副本"，将其混合模式设置为"强光"，"不透明度"改为 50%，单击移动工具 ，结合键盘中的方向键向左移动图像，效果如图 57-50 所示。

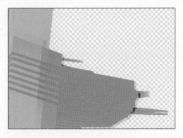

图 57-50

24　选择"图层 7"图层，如图 57-51 所示，单击多边形套索工具 ，如图 57-52 所示在图像中创建选区，按下 Delete 键删除选区内图像，再按下快捷键 Ctrl+D 取消选区，效果如图 57-53 所示。

图 57-51

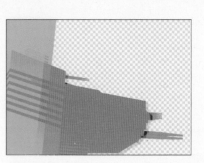

图 57-53

25　选择"图层 7"，单击多边形套索工具 ，多次创建选区，然后按下 Delete 键删除选区内图像，再按下快捷键 Ctrl+D 取消选区，得到如图 57-54 所示的效果。

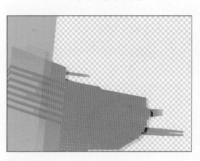

图 57-54

26　按下快捷键 Ctrl+A 全选图像，再按下快捷键 Ctrl+Shift+C 对图层进行拷贝，然后再按下快捷键 Ctrl+V 粘贴图像，得到新图层"图层 8"，如图 57-55 所示。

图 57-55

27　按下快捷键 Ctrl+N，弹出"新建"对话框，设置各项参数，如图 57-56 所示，然后单击"确定"按钮，新建一个图像文件。

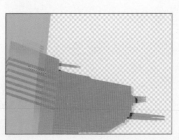

图 57-52

图 57-56

28 单击移动工具 ，将"素材"图像拖移到"网页首页特效"图档中，得到"图层 1"如图 57-57 所示。将图像移动至画面下方，得到如图 57-58 所示的效果。

图 57-57

图 57-58

29 单击魔棒工具 ，在图像中选取如图 57-59 所示的部分创建选区，然后按下 Delete 键删除选区内图像，再按下快捷键 Ctrl+D 取消选区，得到如图 57-60 所示的效果。

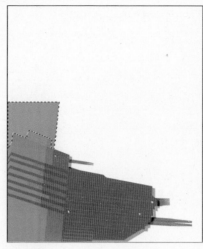

图 57-59

图 57-60

30 复制"图层 1"图层，得到"图层 1 副本"，按下快捷键 Ctrl+T 对图像进行自由变换，翻转并缩小图像后得到如图 57-61 所示的效果。

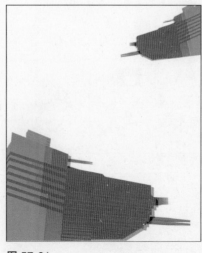

图 57-61

31 选择"背景"图层，如图 57-62 所示，将前景色设置为 R:236 G:0 B:140，按下快捷键 Alt+Delete 填充画面，得到的效果如图 57-63 所示。

图 57-62

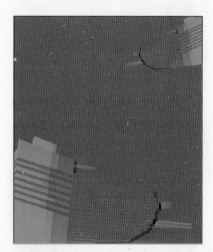

图 57-63

32 在"背景"图层上新建图层"图层 2"，将其混合模式设置为"正片叠底"，如图 57-64 所示。单击矩形选框工具 ，在图像中创建选区如图 57-65 所示。单击渐变工具 ，在属性栏上单击渐变快捷按钮，在弹出的面板中选择"前景到透明"样式，并单击"线性渐变"按钮 ，如图 57-66 所示，将前景色设置为 R:186 G:186 B:186，在选区中从右到左拖动鼠标进行渐变填充，按下快捷键 Ctrl+D 取消选区，效果如图 57-67 所示。

图 57-64

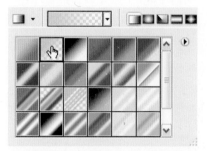

图 57-65

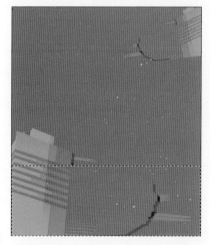

图 57-66

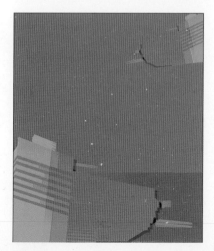

图 57-67

33 选择"图层 1 副本"图层，执行"图层 > 新建调整图层 > 曲线"命令，在弹出的对话框中设置曲线，如图 57-68 所示，单击"确定"按钮，得到如图 57-69 所示的效果。

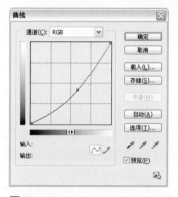

图 57-68

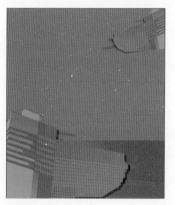

图 57-69

34 执行"文件 > 打开"命令，弹出如图 57-70 所示的对话框，选择本书配套光盘中 Chapter 10\57 网页首页特效 \media\001.png 文件，单击"打开"按钮打开素材文件，如图 57-71 所示。

图 57-70

图 57-71

35 单击移动工具，将素材文件"001"拖移到"网页首页特效"图档中，得到"图层 4"，将其"不透明度"改为 15%，如图 57-72 所示，然后按下快捷键 Ctrl+T 对图像进行自由变换，得到如图 57-73 所示的效果。

图 57-72

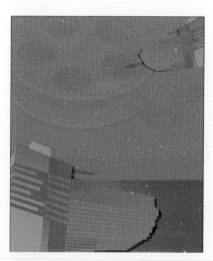

图 57-73

36 执行"文件 > 打开"命令，弹出如图 57-74 所示的对话框，选择本书配套光盘中 Chapter 10\57 网页首页特效 \media\002.png 文件，单击"打开"按钮打开素材文件，如图 57-75 所示。

图 57-74

图 57-75

37 单击移动工具，将素材文件"002"拖移到"网页首页特效"图档中，得到"图层 5"，如图 57-76 所示，按下快捷键 Ctrl+T 对图像进行自由变换，放大旋转图像后得到如图 57-77 所示的效果。

图 57-76

图 57-77

38 单击横排文字工具 T，将前景色设置为白色，在图像中输入字母"A"，并将其混合模式设置为"柔光"，如图 57-78 所示，然后在字符面板上设置各项参数，如图 57-79 所示，得到如图 57-80 所示的效果。

图 57-78

图 57-79

图 57-80

39 为了完善画面效果，继续单击横排文字工具 T，在图像中添加文字元素，效果如图 57-81 所示。至此，本实例制作完成。

图 57-81

272

Chapter 11

简单实物速绘

学习重点

本章实例主要绘制各种具有实物效果的图像，如立体感较强的钢管、逼真的放大镜镜面、质感强烈的铁锁链以及晶莹的水泡，这些实物特效可为图像的设计制作带来真实的效果。本章重点在于通过各种图层样式的结合及滤镜的使用来制作写实特效。

技能提示

通过本章的学习，可以让读者熟练地操作Photoshop软件，帮助读者将脑与手结合运用，在图片的制作中实现新的创意。

本章实例

58 金属管道特效   60 金属铁链特效

59 放大镜特效   61 气泡特效

效果展示

58 金属管道特效

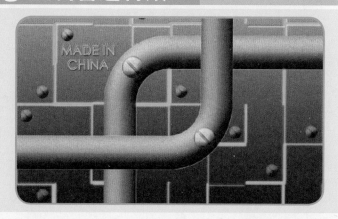

本实例通过渐变及图层样式的处理，结合绘图工具制作出金属管道的立体感和真实质感，画面效果逼真，适用于一些建筑的特效处理。

---

1 🔍 使用功能：椭圆选框工具、图层样式、椭圆工具、矩形选框工具、矩形工具、魔棒工具、拼贴滤镜

2 🎨 配色：■ R:115 G:255 B:95　■ R:123 G:123 B:123　■ R:87 G:87 B:87

3 💿 光盘路径：Chapter 11\58 金属管道特效\complete\金属管道特效.psd

4 🌐 难易程度：★★☆☆☆

操作步骤

01 执行"文件 > 新建"命令，打开"新建"对话框，在弹出的对话框中设置"宽度"为 0.7 厘米、"高度"为 0.7 厘米，"分辨率"为 350 像素 / 英寸，如图 58-1 所示。完成设置后，单击"确定"按钮，新建一个图像文件。

图 58-1

02 单击椭圆选框工具 ⊙ 在属性栏上单击"填充像素"按钮 ▣，并在"样式"下拉列表中选择"固定大小"选项，设置尺寸如图 58-2 所示，然后在画面中创建选区，如图 58-3 所示。

图 58-2

图 58-3

03 设置前景色为灰色（R:204 G:204 B:204），按下快捷键 Alt + Delete 进行填充，效果如图 58-4 所示。

图 58-4

04 双击"图层 1"的灰色区域，在弹出的对话框中设置各项参数，如图 58-5 和 58-6 所示，单击"确定"按钮，得到如图 58-7 所示的效果。

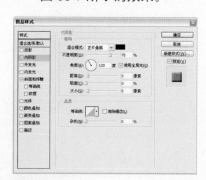

图 58-5

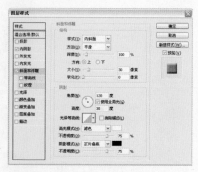

图 58-6

图 58-7

05 新建图层 "图层 2"。设置前景色为深灰色（R:153 G:153 B:153），单击矩形选框工具 ，在图像中创建适当大小的矩形选区，如图 58-8 所示。按下快捷键 Alt + Delete 将选区填充为深灰色，如图 58-9 所示。

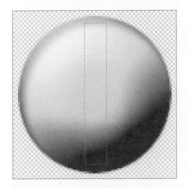

图 58-8

图 58-9

06 执行 "编辑 > 自由变换" 命令，在属性栏上设置各项参数，如图 58-10 所示，按下 Enter 键确定变换，再按下快捷键 Ctrl + D 取消选区，得到如图 58-11 所示的效果。

图 58-10

图 58-11

07 双击 "图层 2" 的灰色区域，在弹出的对话框中设置各项参数，如图 58-12 和 58-13 所示，单击 "确定" 按钮，得到如图 58-14 所示的效果。

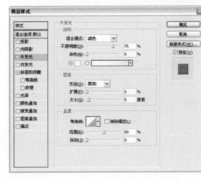

图 58-12

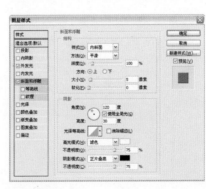

图 58-13

图 58-14

08 执行 "文件 > 新建" 命令，打开 "新建" 对话框，在弹出的对话框中设置 "宽度" 为 4 厘米、"高度" 为 4 厘米，"分辨率" 为 350 像素 / 英寸，如图 58-15 所示。完成设置后，单击 "确定" 按钮，新建一个图像文件。

图 58-15

09 执行 "视图 > 新建参考线" 命令，在弹出的对话框中分别设置各项参数，如图 58-16 和 58-17 所示，单击 "确定" 按钮，得到如图 58-18 所示的效果。

图 58-16

图 58-17

图 58-18

10 单击椭圆工具 ◎ ，在属性栏上单击"填充像素"按钮 ▣ ，如图 58-19 所示，然后按住 Shift 键在画面中心绘制适当大小的正圆图像，效果如图 58-20 所示。

图 58-19

276

图 58-20

11 单击椭圆选框工具 ◎ ，沿着参考线在图像左上角创建适当大小的选区，如图 58-21

所示，然后按下键盘中的方向键将选区的位置移至图像正中，按下 Delete 键删除选区内图像，再按下快捷键 Ctrl + D 取消选区，效果如图 58-22 所示。

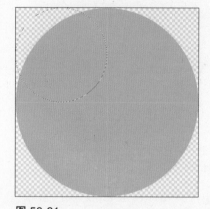

图 58-21

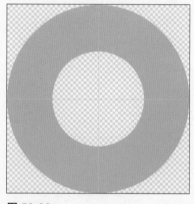

图 58-22

12 单击矩形选框工具 ▣ ，沿着参考线在图像右侧创建选区，如图 58-23 所示，然后按下 Delete 键删除选区内图像，再按下快捷键 Ctrl + D 取消选区，效果如图 58-24 所示。

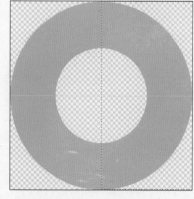

图 58-23

图 58-24

13 再次单击矩形选框工具 ▣ ，沿着参考线在图像下方创建选区，如图 58-25 所示，然后按下 Delete 键删除选区内图像，再按下快捷键 Ctrl + D 取消选区，效果如图 58-26 所示。

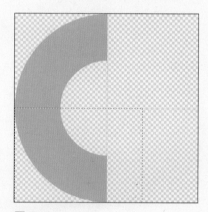

图 58-25

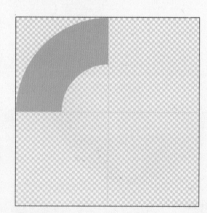

图 58-26

14 新建图层"图层 2"，单击矩形工具 ▣ ，在属性栏上单击"填充像素"按钮 ▣ ，如图 58-27 所示，然后在图像中右上角部分绘制适当大小的矩形图像，如图 58-28 所示。

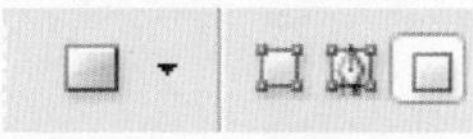

图 58-27

16 执行"图像 > 画布大小"命令，在弹出的对话框中设置"宽度"和"高度"都为 12 厘米，如图 58-31 所示，单击"确定"按钮，得到如图 58-32 所示的效果。

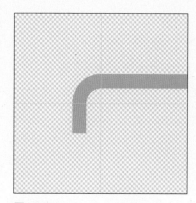

图 58-34

18 选择"图层 2 副本"图层，使用以上相同方法，对图像进行自由变换，得到如图 58-35 所示的效果。然后连续两次按下快捷键 Ctrl + E 合并图层，图层面板如图 58-36 所示。

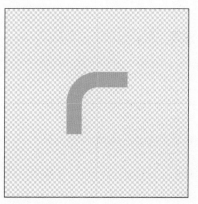

图 58-31

图 58-28

15 复制"图层 2"图层，得到"图层 2 副本"，如图 58-29 所示。执行"编辑 > 变换 > 旋转 90 度（顺时针）"命令，然后单击移动工具，按下键盘中的方向键适当调整图像的位置，得到如图 58-30 所示的效果。

图 58-29

17 选择"图层 2"图层，执行"编辑 > 自由变换"命令，按住 Shift 键向右拖曳自由变换编辑框，如图 58-33 所示，按下 Enter 键确定变换，得到如图 58-34 所示的效果。

图 58-32

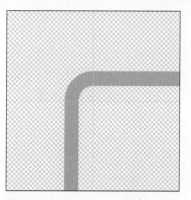

图 58-35

图 58-36

19 双击"图层 1"的灰色区域，在弹出的对话框中设置各项参数，如图 58-37 和 58-38 所示，单击"确定"按钮，再按下快捷键 Ctrl + H 隐藏参考线，得到如图 58-39 所示的效果。

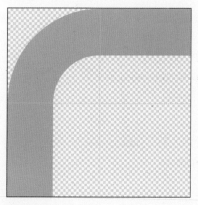

图 58-30

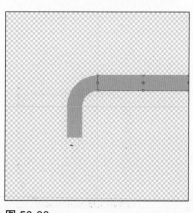

图 58-33

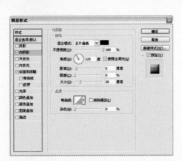

图 58-37

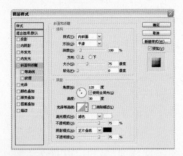

图 58-38

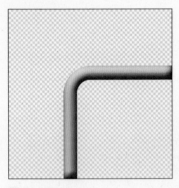

图 58-39

278

20 返回"螺丝"图档，按下快捷键 Ctrl + E 合并图层，如图 58-40 所示。然后单击移动工具 ，将图像拖曳至"金属管道"图档中，按下键盘中的方向键调整图像的位置，得到如图 58-41 所示的效果。

图 58-40

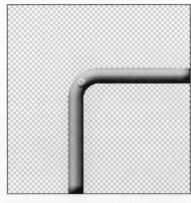

图 58-41

21 按住 Ctrl 键选择"图层 1"和"图层 2"图层，将其拖曳至"创建新图层"按钮 上，复制得到"图层 1 副本"和"图层 2 副本"，如图 58-42 所示。

图 58-42

22 执行"编辑 > 变换 > 旋转 180 度"命令，得到如图 58-43 所示的效果。单击移动工具 ，按下键盘中的方向键适当调整图像的位置，效果如图 58-44 所示。

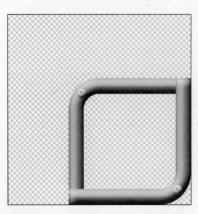

图 58-43

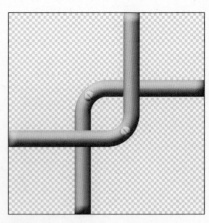

图 58-44

23 设置前景色为深灰色（R:153 G:153 B:153），新建图层"图层 3"，将其拖曳至图层面板的最下层，如图 58-45 所示。按下快捷键 Alt + Delete 填充画面为深灰色，效果如图 58-46 所示。

图 58-45

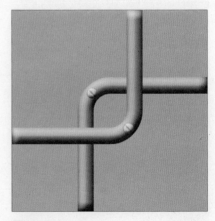

图 58-46

24 执行"滤镜 > 风格化 > 拼贴"命令，在弹出的对话框中设置各项参数，如图 58-47 所示，单击"确定"按钮，得到如图 58-48 所示的效果。

图 58-47

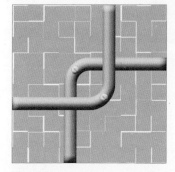

图 58-48

25 单击魔棒工具 🖌，选中图像中的白色区域，如图 58-49 所示，按下 Delete 键删除选区内图像，再按下快捷键 Ctrl + D 取消选区，得到如图 58-50 所示的效果。

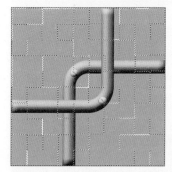

图 58-49

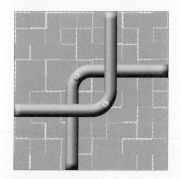

图 58-50

26 双击"图层 3"的灰色区域，在弹出的对话框中设置各项参数，如图 58-51、58-52 和 58-53 所示，单击"确定"按钮，得到如图 58-54 所示的效果。

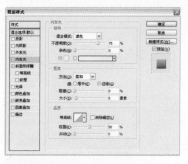

图 58-51

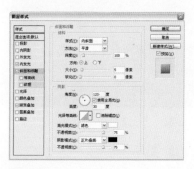

图 58-52

图 58-53

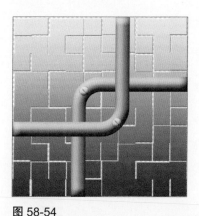

图 58-54

27 新建图层"图层 4"，将其拖曳至图层面板的最下层，如图 58-55 所示。设置前景色为绿色（R:115 G:255 B:95）按下快捷键 Alt + Delete 填充画面为绿色，效果如图 58-56 所示。

图 58-55

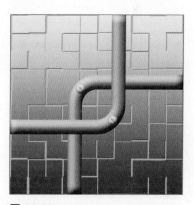

图 58-56

28 复制"图层 2 副本"，得到"图层 2 副本 2"，如图 58-57 所示。执行"编辑 > 自由变换"命令，拖动自由变换编辑框适当缩小图像，并移动至适当位置，按下 Enter 键确定变换，得到如图 58-58 所示的效果。

图 58-57

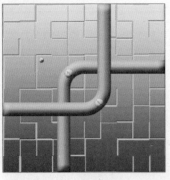

图 58-58

29 使用以上相同方法，多次复制"图层2副本2"，并将其移动到图像适合位置，如图 58-59 所示。按住 Shift 键选中"图层2副本2"及所有复制图层，按下快捷键 Ctrl+E 合并图层，图层面板如图 58-60 所示。

图 58-59

图 58-60

30 执行"图像 > 画布大小"命令，在弹出的对话框中设置"宽度"和"高度"都为10厘米，如图 58-61 所示，单击"确定"按钮，得到如图 58-62 所示的效果。

图 58-61

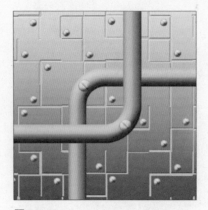

图 58-62

31 将"图层2副本27"拖曳至"图层3"之上，并新建图层"图层5"，如图 58-63 所示。单击渐变工具，在属性栏上单击"线性渐变"按钮，设置渐变如图 58-64 所示，在选区中从上到下拖动鼠标应用渐变填充，得到的效果如图 58-65 所示。

图 58-63

图 58-64

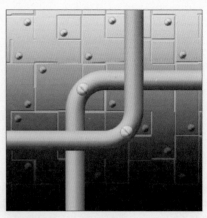

图 58-65

32 设置"图层5"的"不透明度"为60%，如图 58-66 所示，得到如图 58-67 所示的效果。

图 58-66

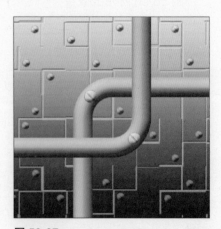

图 58-67

33 分别双击"图层1"及"图层1副本"的灰色区域，在弹出的对话框中设置各项参数，如图 58-68 所示，单击"确定"按钮，得到如图 58-69 所示的效果。

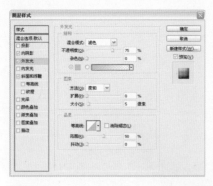

图 58-68

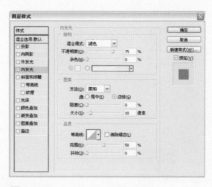

图 58-71

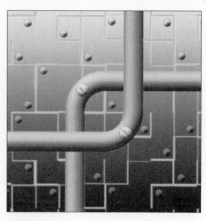

图 58-74

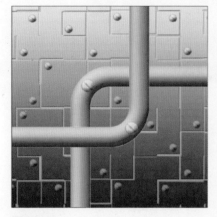

图 58-69

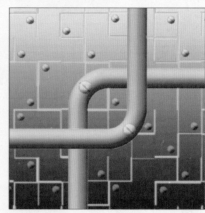

图 58-72

36 执行"图像 > 调整 > 曲线"命令，在弹出的对话框中设置曲线，如图 58-75 所示，单击"确定"按钮，得到如图 58-76 所示的效果。

图 58-75

34 按住 Ctrl 键选择除"图层 4"以外的所有图层，按下快捷键 Ctrl + E 合并图层，得到如图 58-70 所示的图层效果。双击"图层 2 副本"的灰色区域，在弹出的对话框中设置各项参数，如图 58-71 所示，单击"确定"按钮，得到如图 58-72 所示的效果。

35 执行"滤镜 > 杂色 > 添加杂色"命令，在弹出的对话框中设置"数量"为 10%，如图 58-73 所示，单击"确定"按钮，得到如图 58-74 所示的效果。

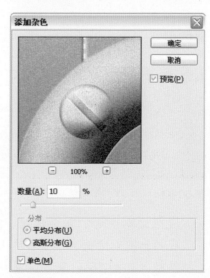

图 58-73

图 58-70

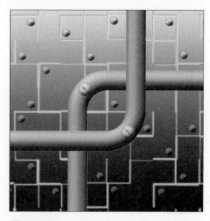

图 58-76

37 单击横排文字工具 T ，在字
符面板中设置各项参数，如
图 58-77 所示，在图像中输
入文字。然后单击移动工具
，按下键盘中的方向键适
当调整文字的位置，效果如
图 58-78 所示。

图 58-77

图 58-78

38 双击文字图层的灰色区域，
在弹出的对话框中设置各项
参数，如图 58-79 所示，单
击"确定"按钮，得到如图
58-80 所示的效果。

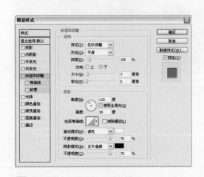

图 58-79

图 58-80

39 单击横排文字工具 T ，在字
符面板中设置各项参数，如
图 58-81 所示，在图像中输
入文字。然后单击移动工具
，按下键盘中的方向键适
当调整文字的位置，效果如
图 58-82 所示。

图 58-81

图 58-82

40 双击文字图层的灰色区域，
在弹出的对话框中设置各项
参数，如图 58-83 所示，单
击"确定"按钮，得到如图
58-84 所示的效果。

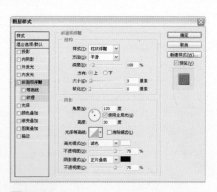

图 58-83

图 58-84

41 设置文字图层的混合模式为
"叠加"，如图 58-85 所示，
得到如图 58-86 所示的效果。
至此，本实例制作完成。

图 58-85

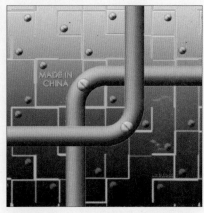

图 58-86

282

59 放大镜特效

本实例制作使用放大镜凸显文字和图片的放大效果，镜片透过的部分被真实地放大。在一广告宣传中使用此特效，可有效地突出主题。

1	🔍 使用功能：椭圆工具、收缩命令、渐变工具、魔棒工具、高斯模糊滤镜、设置不透明度、图层样式
2	🎨 配色：■R:44 G:189 B:250 ■R:48 G:51 B:168 ■R:120 G:120 B:120
3	◎ 光盘路径：Chapter 11\59 放大镜特效 \complete\放大镜特效.psd
4	🎯 难易程度：★★★☆☆

操作步骤

01 执行"文件 > 新建"命令，打开"新建"对话框，在弹出的对话框中设置"宽度"为 10 厘米、"高度"为 10 厘米，"分辨率"为 350 像素 / 英寸，如图 59-1 所示。完成设置后，单击"确定"按钮，新建一个图像文件。

图 59-1

图 59-2

图 59-3

图 59-4

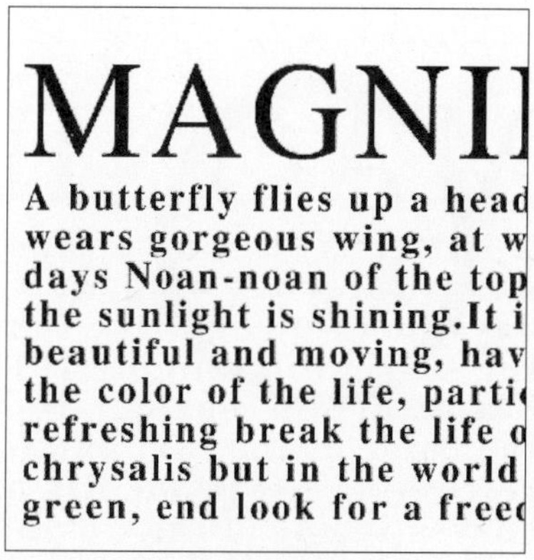

02 单击横排文字工具 T，在字符面板中设置各项参数，如图 59-2 所示，在画面中输入文字。然后单击移动工具 ⊕，按下键盘中的方向键适当调整文字的位置，效果如图 59-3 所示。

03 单击横排文字工具 T，在字符面板中设置各项参数，如图 59-4 所示，在画面中输入文字。然后单击移动工具 ⊕，按下键盘中的方向键适当调整文字的位置，效果如图 59-5 所示。

图 59-5

04 按下 D 键将颜色设置为默认色，新建图层"图层 1"，单击椭圆工具◯，在属性栏上单击"填充像素"按钮▣，然后按住 Shift 键在画面中绘制一个适当大小的正圆图像，如图 59-6 所示。

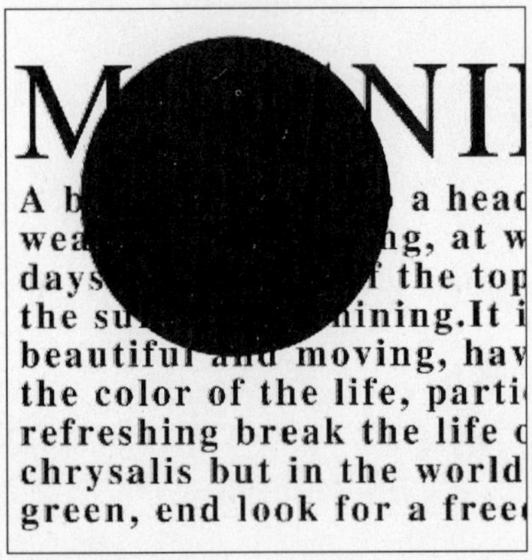

图 59-6

05 按住 Ctrl 键单击"图层 1"前的缩略图，载入选区。执行"选择 > 修改 > 收缩"命令，在弹出的对话框中设置"收缩量"为 50 像素，如图 59-7 所示，单击"确定"按钮，然后按下 Delete 键删除选区内图像，最后取消选区，得到如图 59-8 所示的效果。

图 59-7

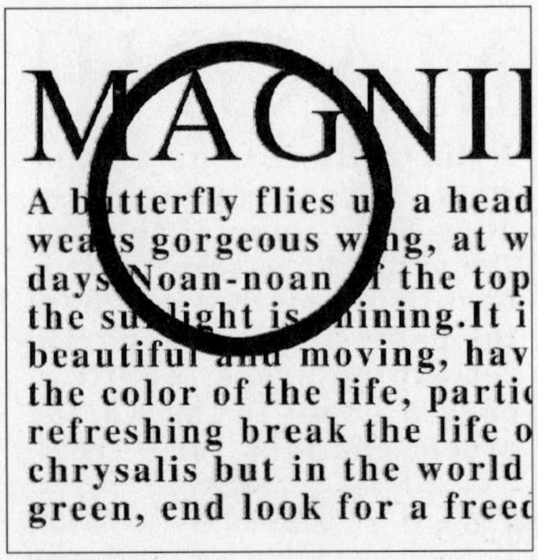

图 59-8

06 双击"图层 1"的灰色区域，在弹出的对话框中设置各项参数，如图 59-9 所示，单击"确定"按钮，得到如图 59-10 所示的效果。

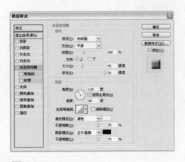

图 59-9

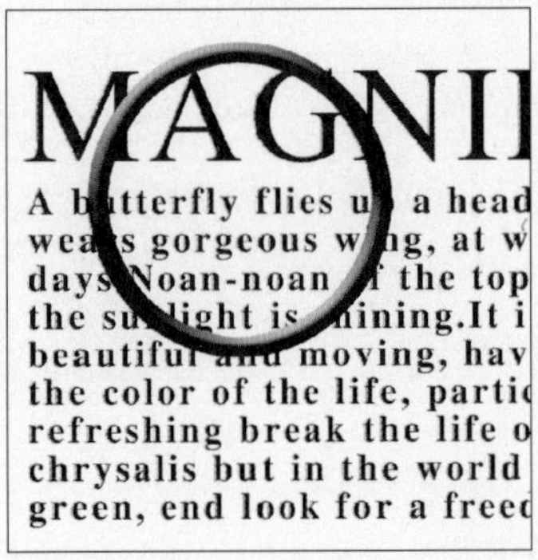

图 59-10

07 在文字图层上新建图层"图层 2"，单击矩形选框工具▣，在画面中创建矩形选区，如图 59-11 所示。单击渐变工具▣，并单击属性栏上的"线性渐变"按钮，设置渐变如图 59-12 所示，然后在选区中从左到右拖动鼠标应用渐变填充，最后按下快捷键 Ctrl + D 取消选区，得到的效果如图 59-13 所示。

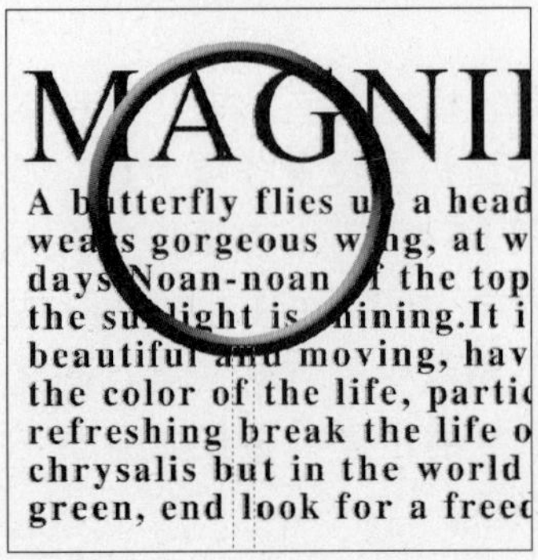

图 59-11

图 59-12

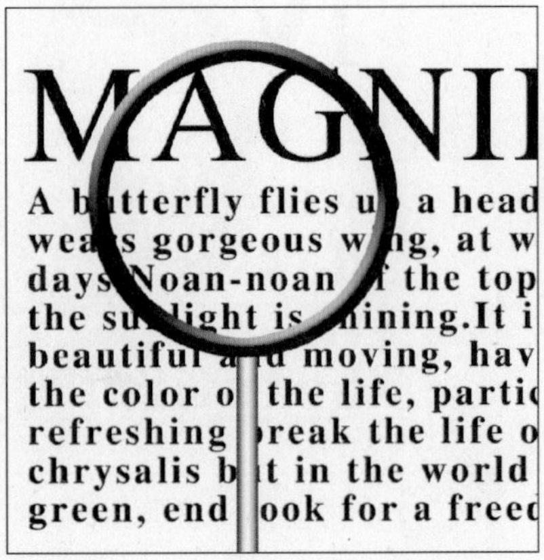

图 59-13

08 在"图层 2"上新建图层"图层 3"。单击矩形选框工具▣，在画面中创建矩形选区，如图 59-14 所示。单击渐变工具▣，并单击属性栏上的"线性渐变"按钮，设置渐变如图 59-15 所示，然后在选区中从左到右拖动鼠标应用渐变填充，最后按下快捷键 Ctrl + D 取消选区，得到的效果如图 59-16 所示。

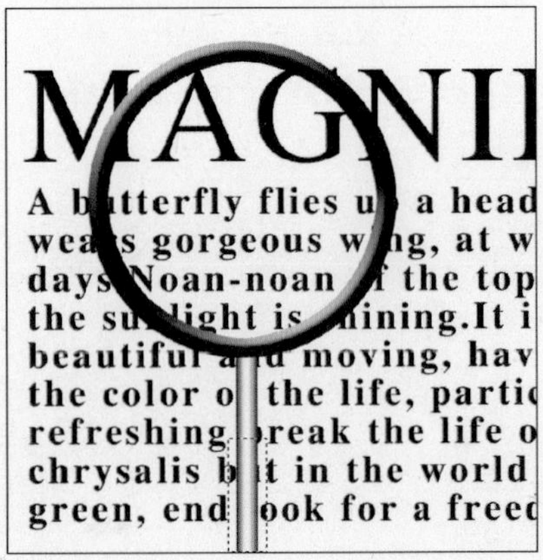

图 59-14

图 59-15

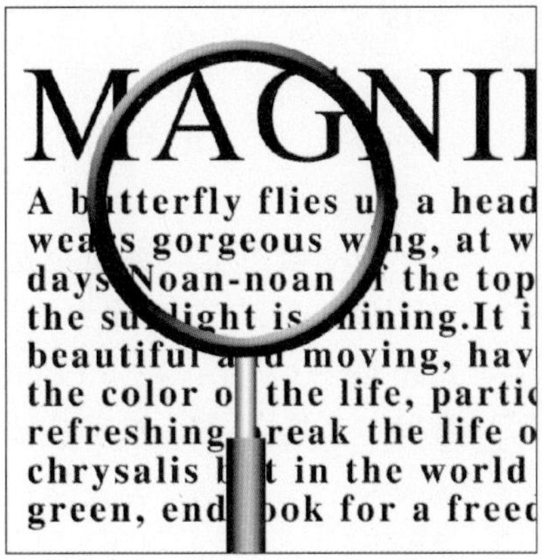

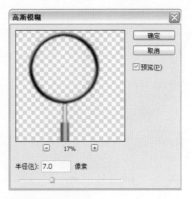

图 59-16

09 按住 Ctrl 键选择"图层 1"、"图层 2"和"图层 3"图层，并将其拖曳至"创建新图层"按钮 ⬜ 上，复制出新的图层副本，按下快捷键 Ctrl + E 合并复制图层，得到"图层 1 副本"。分别单击"图层 1"、"图层 2"和"图层 3"前的"指示图层可视性"图标👁，隐藏这些图层。然后将"图层 1 副本"拖曳至"图层 2"的下层，如图 59-17 所示。

图 59-17

10 执行"滤镜 > 模糊 > 高斯模糊"命令，在弹出的对话框中设置"半径"为 7 像素，如图 59-18 所示，单击"确定"按钮，得到如图 59-19 所示的效果。

图 59-18

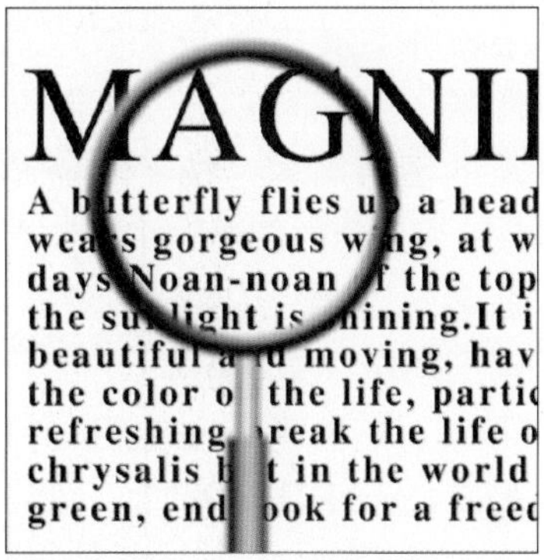

图 59-19

11 设置"图层 1 副本"的"不透明度"为 55%，如图 59-20 所示，得到如图 59-21 所示的效果。

图 59-20

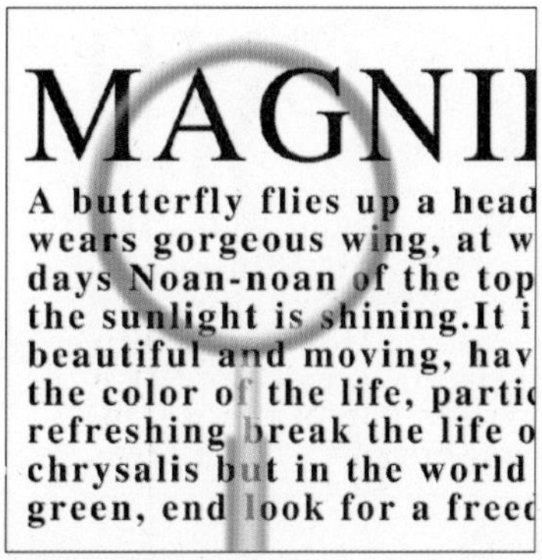

图 59-21

12 分别单击"图层 1"、"图层 2"和"图层 3"前的"指示图层可视性"图标👁，显示这些图层，如图 59-22 所示。然后单击移动工具⊕，按下键盘中的方向键适当调整图像的位置，效果如图 59-23 所示。

图 59-22

图 59-23

13 选择"图层 1"，单击魔棒工具✎，在图像中单击创建选区，如图 59-24 所示。在"图层 1 副本"上新建图层"图层 4"，填充选区为白色，然后按下快捷键 Ctrl + D 取消选区，得到的效果如图 59-25 所示。

图 59-24

285

图 59-25

14 双击"图层 4"的灰色区域，在弹出的对话框中设置各项参数，如图 59-26、59-27 和 59-28 所示，单击"确定"按钮，在图层面板上将"填充"调整为 20%，得到如图 59-29 所示的效果。

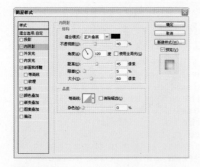

图 59-26

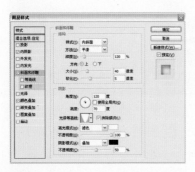

图 59-27

图 59-28

图 59-29

15 按住 Ctrl 键选中两个文字图层，并将其拖曳至"创建新图层"按钮 上，复制出新的图层副本，按下快捷键 Ctrl + E 合并图层，并将其重命名为"文本"。复制该图层，得到图层"文本副本"。然后再分别单击两个文字图层前的"指示图层可视性"图标 ，隐藏图层，如图 59-30 所示。按住 Ctrl 键单击"图层 4"前的缩略图，载入选区，如图 59-31 所示。

图 59-30

图 59-31

16 选择图层"文本"，按下 Delete 键删除选区内图像。然后选择"文本副本"图层，执行"编辑 > 自由变换"命令，拖动自由变换编辑框适当调整选区内文字的大小，如图 59-32 所示，按下 Enter 键确定变换，最后按下快捷键 Ctrl + D 取消选区，得到如图 59-33 所示的效果。

图 59-32

图 59-33

17 再次按住 Ctrl 键单击"图层 4"前的缩略图，载入选区，执行"选择 > 反向"命令，对选区进行反选，如图 59-34 所示。按下 Delete 键删除选区内图像，再按下快捷键 Ctrl+D 取消选区，得到如图 59-35 所示的效果。

图 59-34

图 59-35

18　执行"文件 > 打开"命令，弹出如图 59-36 所示的对话框，选择本书配套光盘中 Chapter 11\59 放大镜特效 \media\ 蝴蝶 .jpg 文件，单击"打开"按钮打开素材文件，如图 59-37 所示。

图 59-37

19　单击魔棒工具，在图像中单击创建选区，执行"选择 > 反向"命令，对选区进行反选，如图 59-38 所示。单击移动工具，将选区内图像拖曳至"放大镜特效"图档中，自动生成"图层 5"，然后将"图层 5"拖动至图层"文本副本"之上，效果如图 59-39 所示。

图 59-38

图 59-39

20　执行"编辑 > 自由变换"命令，拖动自由变换编辑框适当调整图像的大小并进行旋转，如图 59-40 所示，按下 Enter 键确定变换，得到如图 59-41 所示的效果。

图 59-40

图 59-41

21　双击"图层 5"的灰色区域，在弹出的对话框中设置各项参数，如图 59-42 所示，单击"确定"按钮，得到如图 59-43 所示的效果。至此，本实例制作完成。

图 59-42

图 59-43

图 59-36

60 金属铁链特效

本实例要制作的是具有金属质感的铁链图像，金属铁链厚重坚实，能够突出并强化画面主题，适用于各种图片的创意制作。

1 🔍 使用功能：圆角矩形工具、魔棒工具、图层样式、移动工具、自由变换命令、图层混合模式

2 🎨 配色： ▨ R:254 G:205 B:3 ▨ R:253 G:156 B:2

3 💿 光盘路径：Chapter 11\60 金属铁链特效 \complete\金属铁链特效.psd

4 ⭐ 难易程度：★★☆☆☆

操作步骤

01 执行"文件 > 新建"命令，打开"新建"对话框，在弹出的对话框中设置"宽度"为 10 厘米、"高度"为 8 厘米，"分辨率"为 350 像素 / 英寸，如图 60-1 所示。完成设置后，单击"确定"按钮，新建一个图像文件。

图 60-1

02 设置前景色为灰色（R:83 G:83 B:83），新建图层"图层 1"，单击圆角矩形工具 ▢，在属性栏上单击"填充像素"按钮 ▢，并设置"半径"为 40px，如图 60-2 所示，在画面中绘制一个适当大小的圆角矩形图像，如图 60-3 所示。

半径： 40 px

图 60-2

图 60-3

03 执行"滤镜 > 素描 > 影印"命令，在弹出的对话框中设置各项参数，如图 60-4 所示，单击"确定"按钮，得到如图 60-5 所示的效果。

图 60-4

图 60-5

04 单击魔棒工具 🔧，在图像中单击创建选区，如图 60-6 所示，按下 Delete 键删除选区内图像，然后按下快捷键 Ctrl + D 取消选区，得到如图 60-7 所示的效果。

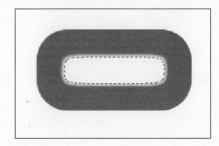

图 60-6

288

图 60-7

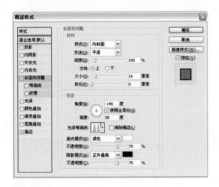

图 60-8

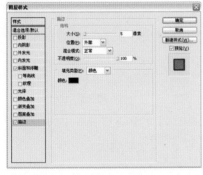

图 60-9

图 60-10

06 单击圆角矩形工具 □，在画
面中绘制一个适当大小的圆
角矩形图像，生成"图层 2"，
如图 60-11 所示，得到如图
60-12 所示的效果。

图 60-11

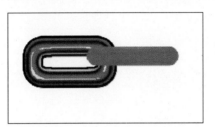

图 60-12

07 在"图层 1"上右击鼠标，
在弹出的快捷菜单中选择"拷
贝图层样式"命令，然后在
"图层 2"上右击鼠标，在弹
出的快捷菜单中选择"粘贴
图层样式"命令，图层面板
如图 60-13 所示，得到如图
60-14 所示的效果。

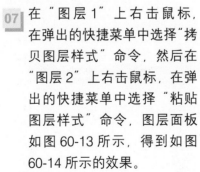

图 60-13

图 60-14

08 复制"图层 1"图层，得到"图
层 1 副本"，如图 60-15 所示。
单击移动工具 ⊕，按下键盘
中的方向键适当移动图像的
位置，效果如图 60-16 所示。

图 60-15

图 60-16

09 使用以上相同方法，分别复
制"图层 1"和"图层 2"，
再单击移动工具 ⊕，对图
像位置进行调整，得到如图
60-17 所示的效果。

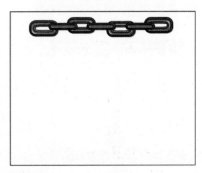

图 60-17

10 按住 Shift 键选中除"背景"图层以外的所有图层，将其拖曳至"创建新图层"按钮 🔳 上，复制出新的副本，再按下快捷键 Ctrl + E 进行合并，如图 60-18 所示。单击移动工具 ▶⊕，调整图像的位置，将合并后的副本图像移至画面下方，如图 60-19 所示。

图 60-18

图 60-19

290

11 复制"图层 2 副本 5"图层，得到"图层 2 副本 6"。执行"编辑 > 变换 > 旋转 90 度（顺时针）"命令，旋转图像如图 60-20 所示。单击移动工具 ▶⊕，将图像移至画面左侧，如图 60-21 所示。

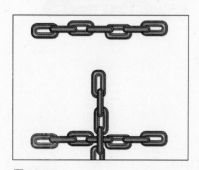

图 60-20

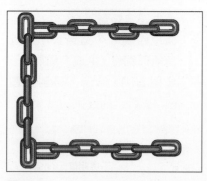

图 60-21

12 复制"图层 2 副本 6"，得到"图层 2 副本 7"，如图 60-22 所示。单击移动工具 ▶⊕，将图像移至画面右侧，如图 60-23 所示。

图 60-22

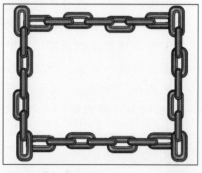

图 60-23

13 按住 Shift 键选中除"背景"图层以外的所有图层，按下快捷键 Ctrl + E 进行合并，图层面板如图 60-24 所示。执行"编辑 > 自由变换"命令，拖动自由变换编辑框适当调整图像的大小，按下 Enter 键确定变换，得到如图 60-25 所示的效果。

图 60-24

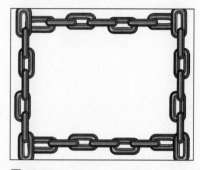

图 60-25

14 设置前景色为橙色（R:253 G:156 B:2），在"背景"图层上新建图层"图层 3"，如图 60-26 所示。按下快捷键 Alt+Delete 填充画面，得到如图 60-27 所示的效果。

图 60-26

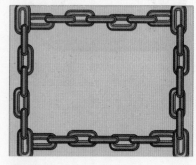

图 60-27

15 双击"图层2副本7"的灰色区域,在弹出的对话框中设置各项参数,如图60-28所示,单击"确定"按钮,得到如图60-29所示的效果。

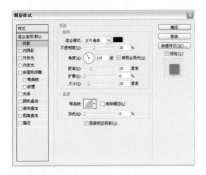

图 60-28

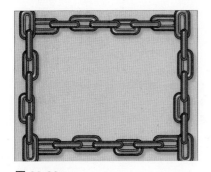

图 60-29

16 单击横排文字工具 T,在字符面板中设置各项参数,如图60-30所示,在图像中输入文字。然后单击移动工具 ⊕,按下键盘中的方向键适当调整文字的位置,效果如图60-31所示。

图 60-30

图 60-31

17 执行"编辑 > 自由变换"命令,适当旋转文字,如图60-32所示。按下 D 键将颜色设置为默认色,选中小写字母,按下快捷键 Ctrl + Delete 将其分别填充为白色,得到如图60-33所示的效果。

图 60-32

图 60-33

18 单击横排文字工具 T,在字符面板中设置各项参数,如图60-34所示,在图像中输入文字。然后单击移动工具 ⊕,按下键盘中的方向键适当调整文字的位置,效果如图60-35所示。

图 60-34

图 60-35

19 执行"编辑 > 自由变换"命令,适当旋转文字,效果如图60-36所示。

图 60-36

20 使用以上相同的方法,在字符面板中进行相同的参数设置,分别输入两排文字,并进行适当旋转,图层面板如图60-37所示,得到如图60-38所示的效果。

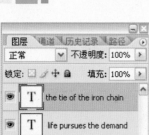

图 60-37

图 60-38

21 单击横排文字工具 T，在字符面板中设置各项参数，如图 60-39 所示，在图像中输入文字。然后单击移动工具 ，按下键盘中的方向键适当调整文字的位置，效果如图 60-40 所示。

图 60-39

图 60-40

22 执行"编辑>自由变换"命令，适当旋转文字，如图 60-41 所示。设置文字图层"A"的混合模式为"叠加"，如图 60-42 所示，得到如图 60-43 所示的效果。

图 60-41

图 60-42

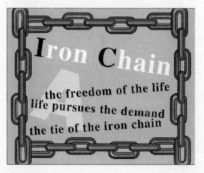

图 60-43

23 单击横排文字工具 T，在字符面板中设置各项参数，如图 60-44 所示，在图像中输入文字。然后单击移动工具 ，按下键盘中的方向键适当调整文字的位置，效果如图 60-45 所示。

图 60-44

图 60-45

24 设置文字图层"B"的混合模式为"强光"，如图 60-46 所示，得到如图 60-47 所示的效果。至此，本实例制作完成。

图 60-46

图 60-47

292

61 气泡特效

本实例通过极坐标、旋转扭曲等滤镜制作出透明气泡的特殊效果，通过模糊背景表现出气泡晶莹清透的感觉，制作出梦幻朦胧的图片。

1 🔍 使用功能：矩形选框工具、极坐标滤镜、图层蒙版、旋转扭曲滤镜、高斯模糊滤镜

2 🎨 配色：■R:223 G:155 B:6　■R:91 G:140 B:47　■R:242 G:3 B:228

3 💿 光盘路径：Chapter 11\61 气泡特效 \complete\气泡特效.psd

4 🗻 难易程度：★★★☆☆

操作步骤

01 执行"文件 > 打开"命令，弹出如图 61-1 所示的对话框，选择本书配套光盘中 Chapter 11\61 气泡特效 \media\001.jpg 文件，单击"打开"按钮打开素材文件，如图 61-2 所示。

图 61-1

图 61-2

图 61-3

02 连续两次复制"背景"图层，得到"背景副本"及"背景副本 2"两个图层，如图 61-3 所示。单击矩形选框工具，在画面中的适当位置创建选区，如图 61-4 所示。

图 61-4

03 执行"滤镜 > 扭曲 > 极坐标"
命令，在弹出的对话框中设
置各项参数，如图 61-5 所示，
单击"确定"按钮，得到如
图 61-6 所示的效果。

图 61-5

图 61-6

04 按下 D 键将颜色设置为默认
色。在图层面板上单击"添
加图层蒙版"按钮 ，为
"背景副本 2"图层创建蒙版，
图层面板如图 61-7 所示。单
击画笔工具 ，在属性栏上
设置画笔为"柔角 125 像素"，
如图 61-8 所示，在圆形区域
内进行涂抹，得到如图 61-9
所示的效果。

图 61-7

图 61-8

图 61-9

05 单击椭圆选框工具 ，选中图
像中的圆形区域，如图 61-10
所示。按下快捷键 Ctrl + E
合并"背景副本"及"背景
副本 2"图层，图层面板如
图 61-11 所示。

图 61-10

图 61-11

06 保持选区，执行"选择 > 反
向"命令，对选区进行反选，
如图 61-12 所示。单击"背景"
图层前的"指示图层可视性"
图标 ，隐藏图层。按下
Delete 键删除选区内图像，
然后按下快捷键 Ctrl + D 取
消选区，得到如图 61-13 所
示的效果。

图 61-12

图 61-13

294

07 单击模糊工具 🖌，对图像的边缘进行涂抹，模糊处理后的效果如图 61-14 所示。

图 61-14

08 按住 Ctrl 键单击"背景副本"前的缩略图，载入选区，如图 61-15 所示。执行"滤镜 > 扭曲 > 旋转扭曲"命令，在弹出的对话框中设置各项参数，如图 61-16 所示，单击"确定"按钮，按下快捷键 Ctrl + D 取消选区，得到如图 61-17 所示的效果。

图 61-15

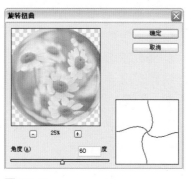

图 61-16

图 61-17

09 单击"背景"图层前的"指示图层可视性"图标 👁，显示图层，效果如图 61-18 所示。

图 61-18

10 使用以上相同的方法，重复制作气泡效果，并适当调整气泡的大小及位置，图层面板如图 61-19 所示，完成后得到如图 61-20 所示的效果。

图 61-19

图 61-20

11 选择"背景"图层，执行"滤镜 > 模糊 > 高斯模糊"命令，在弹出的对话框中设置"半径"为 10 像素，如图 61-21 所示，单击"确定"按钮，得到如图 61-22 所示的效果。

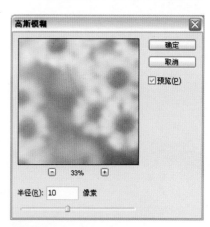

图 61-21

图 61-22

12 单击横排文字工具 T，在字符面板中设置"字体"为创艺简标宋，"字体大小"设为 18 点，"文本颜色"为黑色，在图像中输入文字。然后单击移动工具 ，按下键盘中的方向键适当调整文字的位置，效果如图 61-23 所示。

图 61-23

13 单击横排文字工具 T，选中文字中的第一个字母"T"至反白状态，在字符面板中设置"文本颜色"为 R:242 G:3 B:228，"字体大小"为 30 点，得到如图 61-24 所示的文字效果。

图 61-24

14 单击横排文字工具 T，在字符面板中设置"字体"为创艺简标宋，"字体大小"为 8 点，"文本颜色"为黑色，在图像中输入文字，图层面板如图 61-25 所示。然后单击移动工具 ，按下键盘中的方向键适当调整文字的位置，得到的效果如图 61-26 所示。至此，本实例制作完成。

图 61-25

图 61-26

Chapter 12

实物写真

学习重点

本章主要制作各种实物仿真特效，表现真实立体的实物质感，可在各种宣传及实物绘制上广泛应用。本章重点在于使用滤镜和图层样式制作出徽章的立体感以及宝石的闪耀质感，让读者更为深入地了解复杂的滤镜功效和图层功能。

技能提示

通过本章的学习，可以让读者找到实物绘制的一些特定方法，并以此衍生出更多的创意及构图效果，将所学知识融会贯通，对Photoshop的运用更加得心应手。

本章实例

62 木筷写真	65 项链吊坠
63 时尚徽章	66 化妆品写真
64 闪耀钻石	

效果展示

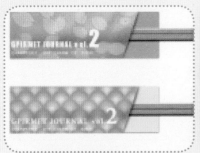

62 木筷写真

本实例通过图层样式及滤镜的一些特殊功能制作出写实筷子的效果，突出了筷子的木质质感，在一些广告及实物设计上为读者提供参考。

---

1 🔍 使用功能：自定形状工具、图层样式、添加杂色滤镜、直线工具、波浪滤镜、渐变工具、定义画笔工具

2 🎨 配色：■ R:219 G:142 B:6 ■ R:178 G:143 B:58 ■ R:125 G:140 B:196

3 ◉ 光盘路径：Chapter 12\62 木筷写真 \complete\木筷写真.psd

4 🖌 难易程度：★★★★☆

操作步骤

01 执行"文件 > 新建"命令，打开"新建"对话框，在弹出的对话框中设置"宽度"为 8 厘米、"高度"为 6 厘米，"分辨率"为 350 像素 / 英寸，如图 62-1 所示，完成设置后，单击"确定"按钮，新建一个图像文件。

图 62-1

02 设置前景色为橙色（R:219 G:142 B:6），新建图层"图层 1"。单击自定形状工具，在属性栏上单击"填充像素"按钮，选择"形状"为"方形"，如图 62-2 所示，在画面中绘制图像，如图 62-3 所示。

图 62-2

图 62-3

03 双击"图层 1"的灰色区域，在弹出的对话框中设置和各项参数，如图 62-4 所示，单击"确定"按钮，得到如图 62-5 所示的效果。

图 62-4

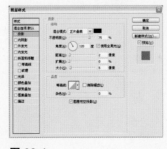

图 62-5

04 设置前景色为黄色（R:218 G:183 B:86），新建图层"图层 2"。单击自定形状工具，在图像中绘制一个矩形，如图 62-6 所示。图层面板如图 62-7 所示。

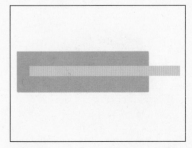

图 62-6

图 62-7

05 双击"图层2"的灰色区域，在弹出的对话框中设置各项参数，如图62-8和62-9所示，单击"确定"按钮，得到如图62-9所示的效果。

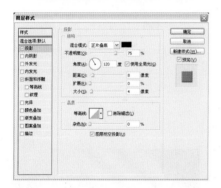

图 62-8

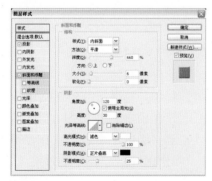

图 62-9

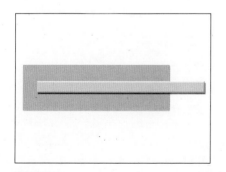

图 62-10

06 将"图层2"拖曳至"创建新图层"按钮 📄 上，复制得到"图层2副本"。按住Ctrl键单击"图层2副本"前的缩略图，载入选区。执行"滤镜 > 杂色 > 添加杂色"命令，在弹出的对话框中设置各项参数，如图62-11所示，单击"确定"按钮，得到如图62-12所示的效果。

图 62-11

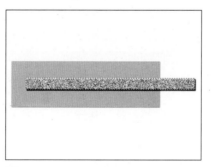

图 62-12

07 执行"滤镜 > 模糊 > 动感模糊"命令，在弹出的对话框中设置各项参数，如图62-13所示，单击"确定"按钮，然后按下快捷键Ctrl + D取消选区，效果如图62-14所示。

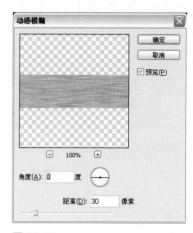

图 62-13

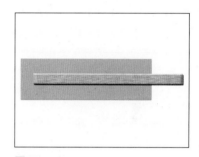

图 62-14

08 将"图层2副本"的图层混合模式更改为"正片叠底"，"不透明度"设为50%，得到如图62-15所示的效果。图层面板如图62-16所示。

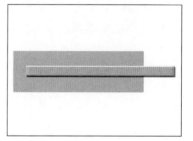

图 62-15

图 62-16

09 按下 D 键将颜色设置为默认色。新建图层"图层 3", 单击直线工具 ，在属性栏上单击"填充像素"按钮 ，并设置"粗细"为 5px, 如图62-17 所示，然后按住 Shift 键在图像中适当位置绘制直线。单击橡皮擦工具 ，擦去直线多余部分，得到的效果如图 62-18 所示。

图 62-17

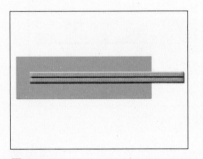

图 62-18

10 双击"图层 3"的灰色区域，在弹出的对话框中设置各项参数，如图 62-19 所示，单击"确定"按钮，得到如图62-20 所示的效果。

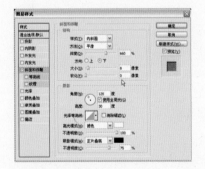

图 62-19

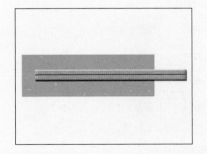

图 62-20

11 新建图层"图层 4", 单击画笔工具 ，在属性栏上设置画笔如图 62-21 所示，然后在图像中绘制阴影。按住 Ctrl 键单击"图层 1"前的缩略图，载入选区。执行"选择 > 反向"命令反选选区，按下 Delete 键删除选区内图像，再按下快捷键 Ctrl + D 取消选区，得到如图 62-22 所示的效果。

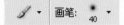

图 62-21

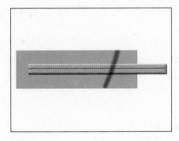

图 62-22

12 设置前景色为橙色（R:255 G:167 B:13), 新建图层"图层 5"。单击钢笔工具 ，在图像中沿"图层 1"和"图层 4"图像的边缘绘制路径，然后在路径面板上单击"用前景色填充路径"按钮 进行路径填充，效果如图 62-23 所示。

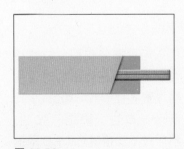

图 62-23

13 按住 Ctrl 键单击"图层 5"前的缩略图，载入选区。新建图层"图层 6"。单击渐变工具 ，在属性栏上单击"线性渐变"按钮 ，然后单击

属性栏上的渐变条，在弹出的对话框中设置渐变，如图62-24 所示，单击"确定"按钮，在选区中拖动鼠标进行渐变填充，然后按下快捷键 Ctrl + D 取消选区，得到如图 62-25 所示的效果。

图 62-24

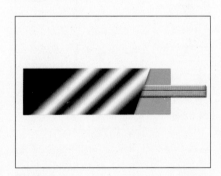

图 62-25

14 执行"滤镜 > 扭曲 > 波浪"命令，在弹出的对话框中设置各项参数，如图 62-26 所示，单击"确定"按钮，得到如图 62-27 所示的效果。

图 62-26

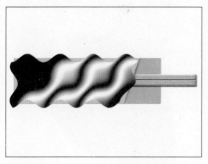

图 62-27

15 执行"编辑 > 自由变换"命令，显示出自由变换编辑框，如图 62-28 所示将图像拉大，按下 Enter 键确定变换。设置"图层 6"的混合模式为"正片叠底"，"不透明度"为 10%，得到如图 62-29 所示的效果。

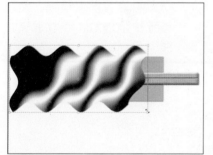

图 62-28

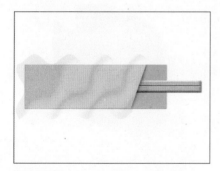

图 62-29

16 按住 Ctrl 键单击"图层 5"前的缩略图，载入选区。执行"选择 > 反向"命令反选选区，按下 Delete 键删除选区内图像，按下快捷键 Ctrl + D 取消选区，得到如图 62-30 所示的效果。

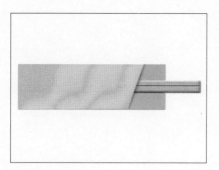

图 62-30

17 按住 Ctrl 键单击"图层 6"前的缩略图，载入选区。新建图层"图层 7"。单击渐变工具，在属性栏中设置各项参数，如图 62-31 所示，在选区中从上至下拖动鼠标进行渐变填充，然后按下快捷键 Ctrl + D 取消选区，得到如图 62-32 所示的效果。

图 62-31

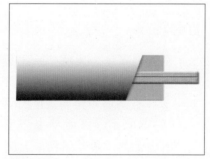

图 62-32

18 设置"图层 7"的混合模式为"正片叠底"，"不透明度"为 20%，得到如图 62-33 所示的效果。

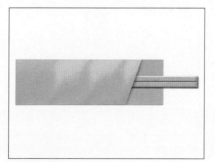

图 62-33

19 设置前景色为白色，按住 Ctrl 键单击"图层 2"前的缩略图，载入选区。新建图层"图层 8"，执行"选择 > 修改 > 扩展"命令，在弹出的对话框中设置各项参数，如图 62-34 所示，单击"确定"按钮，效果如图 62-35 所示。

图 62-34

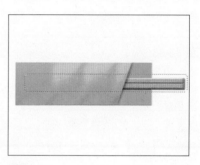

图 62-35

20 执行"选择 > 羽化"命令，在弹出的对话框中设置"羽化半径"为 10 像素，如图 62-36 所示，单击"确定"按钮。按下快捷键 Alt + Delete 填充选区，然后按下快捷键 Ctrl + D 取消选区，得到如图 62-37 所示的效果。

图 62-36

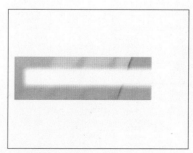

图 62-37

21 按住 Ctrl 键单击"图层 7"前的缩略图，载入选区。执行"选择 > 反向"命令反选选区，按下 Delete 键删除选区内图像，然后按下快捷键 Ctrl+D 取消选区，效果如图 62-38 所示。图层面板如图 62-39 所示。

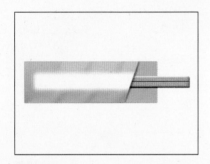

图 62-38

图 62-39

22 设置"图层 8"的混合模式为"正片叠底"，然后双击"图层 8"的灰色区域，在弹出的对话框中设置各项参数，如图 62-40 所示，单击"确定"按钮，得到如图 62-41 所示的效果。

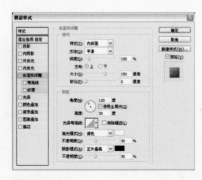

图 62-40

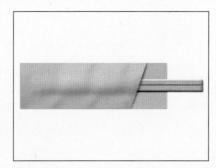

图 62-41

23 执行"文件 > 新建"命令，在弹出的对话框中设置"宽度"为 3 厘米、"高度"为 3 厘米，"分辨率"为 350 像素 / 英寸，如图 62-42 所示。完成设置后，单击"确定"按钮，新建一个图像文件。

图 62-42

24 设置前景色为黑色，新建图层"图层 1"。单击钢笔工具，在画面中绘制路径如图 62-43 所示，然后单击路径面板上的"用前景色填充路径"按钮 ● 进行路径填充，效果如图 62-44 所示。

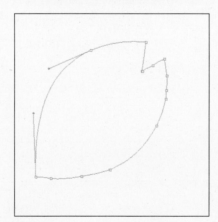

图 62-43

图 62-44

25 按住 Ctrl 键单击"图层 1"前的缩略图，载入选区。新建图层"图层 2"。单击渐变工具，在属性栏上单击"线性渐变"按钮，设置渐变如图 62-45 所示，在选区中拖动鼠标进行渐变填充，然后按下快捷键 Ctrl + D 取消选区，得到如图 62-46 所示的效果。

图 62-45

图 62-46

26 执行"编辑 > 定义画笔"命令，在弹出的对话框中保持默认设置，单击"确定"按钮，如图 62-47 所示。

图 62-47

27 返回"木筷写真"图档,设置前景色为淡橙色(R:246 G:212 B:154),背景色为白色。单击画笔工具 ✐,在画笔预设面板中进行参数设置,如图 62-48、62-49 和 62-50 所示。

图 62-48

图 62-49

图 62-50

28 按住 Ctrl 键单击"图层7"前的缩略图,载入选区。新建图层"图层9"。单击画笔工具 ✐,在选区中进行绘制,然后按下快捷键 Ctrl + D 取消选区,得到如图 62-51 所示的效果。

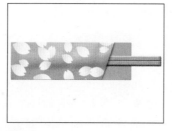

图 62-51

29 设置"图层9"的混合模式为"柔光",如图 62-52 所示。得到的效果如图 62-53 所示。

图 62-52

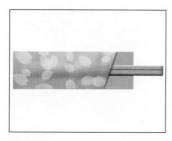

图 62-53

30 设置前景色为白色。单击横排文字工具 T,在属性栏上单击"显示/隐藏字符和段落调板"按钮 🗐,在弹出的字符面板中设置各项参数,如图 62-54 所示,在图像中输入如图 62-55 所示的文字。然后单击移动工具 ➤,按下键盘中的方向键适当调整文字的位置。

图 62-54

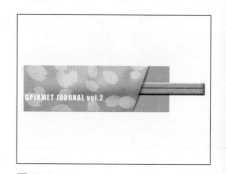

图 62-55

31 单击横排文字工具 T,选中文字图层中的文字"2",在字符面板上将其"字体大小"设置为24点,效果如图 62-56 所示。

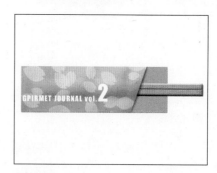

图 62-56

32 单击横排文字工具 T,在字符面板中设置各项参数,如图 62-57 所示,然后在图像中输入如图 62-58 所示的文字。单击移动工具 ➤,按下键盘中的方向键适当调整文字的位置。

图 62-57

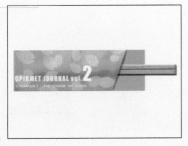

图 62-58

33 按住 Shirt 键选择除"背景"图层以外的所有图层,然后单击移动工具，结合键盘中的方向键将图像移至画面上部,效果如图 62-59 所示。

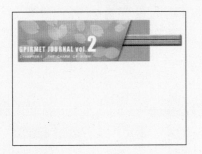

图 62-59

34 在图层面板上单击"创建新组"按钮，新建"组 1"。按住 Shirt 键选中"图层 1"至"图层 8"之间的所有图层,将其拖曳至"创建新图层"按钮上,复制出新的图层。将所有复制图层再拖曳至"组 1"内。然后单击移动工具，将复制图像移至画面下部,效果如图 62-60 所示。

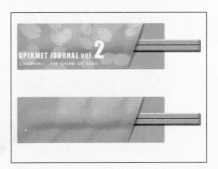

图 62-60

35 选择"图层 1 副本",设置前景色为灰色（R:229 G:229 B:229）,单击油漆桶工具，对图像进行填充,效果如图 62-61 所示。再选择"图层 5 副本"图层,设置前景色为灰色（R:217 G:217 B:217）,单击油漆桶工具，对图像进行填充,效果如图 62-62 所示。

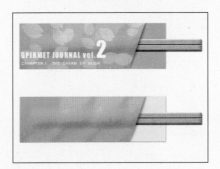

图 62-61

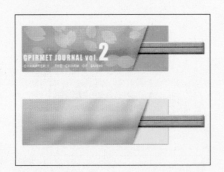

图 62-62

36 执行"文件 > 新建"命令,打开"新建"对话框,在弹出的对话框中设置"宽度"为 0.7 厘米、"高度"为 0.7厘米,"分辨率"为 350 像素／英寸,如图 62-63 所示。完成设置后,单击"确定"按钮,新建一个图像文件。

图 62-63

37 设置前景色为蓝色（R:163 G:182 B:255）,新建图层"图层 1"。单击自定形状工具，在属性栏上单击"填充像素"按钮，选择"形状"为"靶心",如图 62-64 所示,然后按住 Shift 键,在图像中进行满画布绘制,效果如图 62-65 所示。

图 62-64

图 62-65

38 单击魔棒工具，依次选中圆环,并由外向内依次填充颜色为蓝色（R:182 G:200 B:255）、（R:200 G:218 B:255）、（R:218 G:236 B:255）以及白色,效果如图 62-66 所示。图层面板如图 62-67 所示。

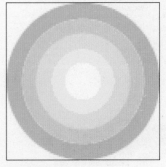

图 62-66

304

图 62-67

39 执行"视图 > 新建参考线"
命令，在弹出的对话框中
依次设置各项参数，如图
62-68 和 62-69 所示，单击"确
定"按钮，得到如图 62-70
所示的效果。

图 62-68

图 62-69

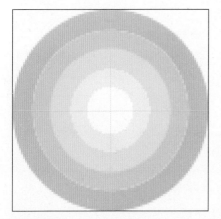

图 62-70

40 单击矩形选框工具▣，在图
像左下角部分沿着参考线创
建矩形选区。然后按下快捷
键 Ctrl+J 进行复制粘贴得到
"图层 2"，执行"编辑 > 变
换 > 旋转 180 度"命令，得
到如图 62-71 所示的效果。

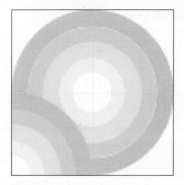

图 62-71

41 将"图层 2"图层拖曳至"创
建新图层"按钮▣上，复
制得到"图层 2 副本"，如图
62-72 所示。执行"编辑 >
变换 > 水平翻转"命令翻转
图像，然后单击移动工具▶⊕，
将图像移至画面右侧，效果
如图 62-73 所示。

图 62-72

图 62-73

42 按住 Ctrl 键选中"图层 2"
及"图层 2 副本"图层，将
其拖曳至"创建新图层"按
钮▣上，复制出新的图层，
如图 62-74 所示。执行"编
辑 > 变换 > 垂直翻转"命
令翻转图像，然后单击移动
工具▶⊕，将图像移至画面上
方，效果如图 62-75 所示。

图 62-74

图 62-75

43 将"图层 2 副本 2"以及"图
层 2 副本 3"拖曳至"图层 1"
之下，如图 62-76 所示。按下
快捷键 Ctrl + H 隐藏参考线，
得到如图 62-77 所示的效果。

图 62-76

图 62-77

图 62-81

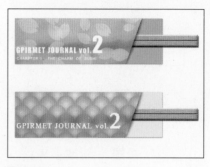

图 62-85

44 执行"编辑 > 定义图案"命令，在弹出的对话框中命名为"图案 1"，单击"确定"按钮，如图 62-78 所示。

图 62-78

45 返回"木筷写真"图档，按住 Ctrl 键单击"图层 7 副本"前的缩略图，载入选区。单击"创建新的填充或调整图层"按钮 ，在弹出的菜单中单击"图案"命令，在弹出的对话框中设置各项参数，如图 62-79 所示，单击"确定"按钮，得到如图 62-80 所示的效果。

图 62-79

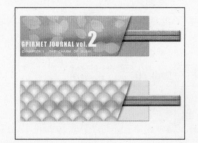

图 62-80

46 设置填充图层的混合模式为"正片叠底"，如图 62-81 所示，得到如图 62-82 所示的效果。

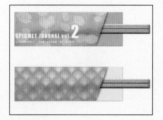

图 62-82

47 选择"图层 8 副本"图层，设置前景色为白色。单击横排文字工具 T，在字符面板上设置各项参数，如图 62-83 所示，在图像中输入如图 62-84 所示的文字。然后单击移动工具 ，按下键盘中的方向键适当调整文字的位置。

图 62-83

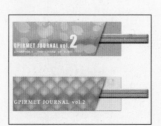

图 62-84

48 单击横排文字工具 T，选中文字图层中的"2"在字符面板上将其"字体大小"设置为 24 点，效果如图 62-85 所示。

49 单击横排文字工具 T，在字符面板上设置各项参数，如图 62-86 所示，在图像中输入文字。单击移动工具 ，按下键盘中的方向键适当调整文字的位置，效果如图 62-87 所示。至此，本实例制作完成。

图 62-86

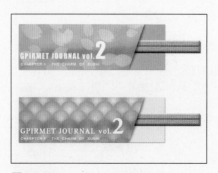

图 62-87

63 时尚徽章

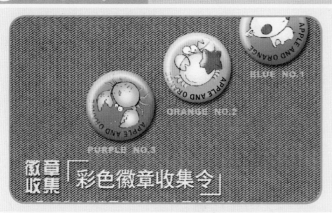

本实例制作具有真实质感的卡通徽章，通过图层样式的设置制作出徽章平滑而立体的效果，画面风格写实，时尚可爱，此方法在一些实物特效制作中较为实用。

1 🔍 使用功能：图层样式、边界命令、收缩命令、径向模糊滤镜、添加杂色滤镜、阴影线滤镜

2 🎨 配色：■ R:72 G:125 B:255　■ R:249 G:147 B:0　■ R:236 G:42 B:237　■ R:9 G:122 B:56

3 💿 光盘路径：Chapter 12\62 木筷写真 \complete\木筷写真.psd

4 🗡 难易程度：★★★★☆

操作步骤

01 执行"文件 > 新建"命令，打开"新建"对话框，在弹出的对话框中设置"宽度"为 500 像素、"高度"为 500 像素，"分辨率"为 350 像素 / 英寸，如图 63-1 所示。完成设置后，单击"确定"按钮，新建一个图像文件。

图 63-1

02 设置前景色为黄色（R:254 G:179 B:0），新建图层"图层 1"。单击椭圆工具 ◯，在属性栏上单击几何选项按钮 ，在弹出的面板中设置各项参数，如图 63-2 所示。在图像居中位置单击鼠标，自动生成固定大小的圆形，效果如图 63-3 所示。

图 63-2

图 63-3

03 双击"图层 1"的灰色区域，在弹出的对话框中设置各项参数，如图 63-4 和 63-5 所示，单击"确定"按钮，得到如图 63-6 所示的效果。

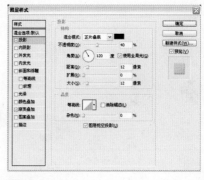

图 63-4

图 63-5

307

图 63-6

04 将"图层 1"拖曳至"创建新图层"按钮 上，复制出"图层 1 副本"。双击"图层 1 副本"的灰色区域，在弹出的对话框中设置各项参数，如图 63-7 所示，单击"确定"按钮，得到如图 63-8 所示的效果。

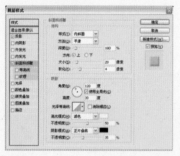

图 63-7

图 63-8

05 执行"文件 > 打开"命令，弹出如图 63-9 所示的对话框，选择本书配套光盘中 Chapter 12\63 时 h 尚徽章\media\001.jpg 文件，单击"打开"按钮打开素材文件，如图 63-10 所示。

图 63-9

图 63-10

06 单击魔棒工具 ，按住 Shift 键选中图像中的空白区域创建选区。执行"选择 > 反向"命令反选选区，如图 63-11 所示。图层面板如图 63-12 所示。

图 63-11

图 63-12

07 单击移动工具 ，将所选图像拖曳至"徽章"图档中，生成"图层 2"，按下快捷键 Ctrl+T 缩小图像，将图像移动至圆形中心，按下键盘中的方向键进行调整，效果如图 63-13 所示。图层面板如图 63-14 所示。

图 63-13

图 63-14

08 按住 Ctrl 键单击"图层 1 副本"前的缩略图，载入选区。执行"选择 > 修改 > 收缩"命令，在弹出的对话框中设置各项参数，如图 63-15 所示，单击"确定"按钮，选区如图 63-16 所示。

图 63-15

图 63-16

09 执行"选择 > 修改 > 边界"命令，在弹出的对话框中设置"宽度"为 15 像素，如图 63-17 所示，单击"确定"按钮，得到如图 63-18 所示效果。

图 63-17

图 63-18

10 执行"选择 > 羽化"命令，在弹出的对话框中设置"羽化半径"为 2 像素，如图 63-19 所示，单击"确定"按钮。设置前景色为白色，新建图层"图层 3"，按下快捷键 Alt+Delete 填充选区，再按下 Ctrl+D 快捷键取消选区，效果如图 63-20 所示。

图 63-19

图 63-20

11 单击橡皮擦工具，在属性栏上设置各项参数，如图 63-21 所示，然后擦去图像中右下部分的白色圆环，效果如图 63-22 所示。

图 63-21

图 63-22

12 执行"滤镜 > 模糊 > 径向模糊"命令，在弹出的对话框中设置各项参数，如图 63-23 所示，单击"确定"按钮，得到如图 63-24 所示的效果。

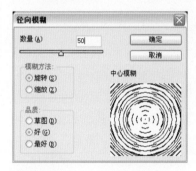

图 63-23

图 63-24

13 选择"图层 2"图层，按住 Ctrl 键单击"图层 1 副本"前的缩略图，载入选区。执行"选择 > 修改 > 收缩"命令，在弹出的对话框中设置"收缩量"为 20 像素，如图 63-25 所示，单击"确定"按钮，得到如图 63-26 所示的效果。

图 63-25

图 63-26

14 在路径面板上单击扩展按钮，在弹出的菜单中选择"建立工作路径"命令，建立"路径 1"。单击横排文字工具，在字符面板中进行如图 63-27 所示的设置，然后在建立的路径上单击输入文字，效果如图 63-28 所示。

图 63-27

图 63-28

15 使用前面所讲解的方法，打
开光盘提供的素材文件，制
作"徽章 2""徽章 3"图像，
得到如图 63-29 和 63-30 所
示的效果。

图 63-29

310

图 63-30

16 执行"文件 > 新建"命令，
打开"新建"对话框，在弹
出的对话框中设置"宽度"
为 8 厘米、"高度"为 6 厘米、
"分辨率"为 350 像素 / 英寸，
如图 63-31 所示。完成设置
后，单击"确定"按钮，新
建一个图像文件。

图 63-31

17 新建图层"图层 1"，设置前景
色为绿色（R:12 G:138 B:60），
按下快捷键 Alt+ Delete 填充画
面，效果如图 63-32 所示。图
层面板如图 63-33 所示。

图 63-32

图 63-33

18 执行"滤镜 > 杂色 > 添加杂
色"命令，在弹出的对话框
中设置各项参数，如图 63-34
所示，单击"确定"按钮，
得到如图 63-35 所示的效果。

图 63-34

图 63-35

19 执行"滤镜 > 画笔描边 >
阴影线"命令，在弹出的对
话框中设置各项参数，如图
63-36 所示，单击"确定"按钮，
得到如图 63-37 所示的效果。

图 63-36

图 63-37

20 双击"图层 1"的灰色区域，
在弹出的对话框中设置各项
参数，如图 63-38 所示，单
击"确定"按钮，得到如图
63-39 所示的效果。

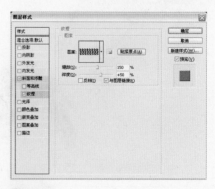

图 63-38

图 63-39

21 将三个徽章图像分别拖曳至"时尚徽章"图档内，单击移动工具 ，按下键盘中的方向键调整徽章的位置，效果如图 63-40 所示。图层面板如图 63-41 所示。

图 63-40

图 63-41

22 按住 Shift 键选择"图层 4"、"图层 3"及"图层 2"图层，执行"编辑 > 自由变换"命令，显示出自由变换编辑框，拖动编辑框适当调整三个徽章的大小，按下 Enter 键确定变换，然后单击移动工具 ，按下键盘中的方向键适当调整徽章的位置，得到如图 63-42 所示的效果。图层面板如图 63-43 所示。

图 63-42

图 63-43

23 设置前景色为灰色（R:179 G:182 B:163）。单击横排文字工具 ，在字符面板中设置参数，如图 63-44 所示，然后在图像中输入文字，完成后效果如图 63-45 所示。

图 63-44

图 63-45

24 单击横排文字工具 ，继续在图像中输入文字，效果如图 63-46 所示。图层面板如图 63-47 所示。

图 63-46

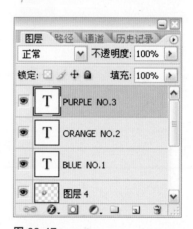

图 63-47

25 设置前景色为黄色（R:251 G:246 B:106）。单击横排文字工具 ，在字符面板中设置参数，如图 63-48 所示，然后在图像中输入文字，完成后效果如图 63-49 所示。

图 63-48

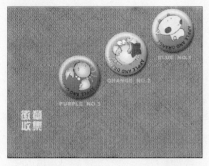

图 63-49

26 双击文字图层 "徽章收集"
的灰色区域，在弹出的对话
框中设置各项参数，如图
63-50 所示，单击 "确定"
按钮，得到如图 63-51 所示
的效果。

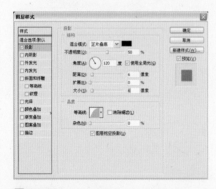

图 63-50

图 63-51

27 设置前景色为白色。单击横
排文字工具 **T**，在字符面板
中设置参数，如图 63-52 所
示，然后在图像中输入文字，
完成后效果如图 63-53 所示。

图 63-52

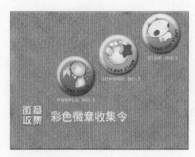

图 63-53

28 双击文字图层 "彩色徽章收
集令" 的灰色区域，在弹出
的对话框中设置各项参数，
如图 63-54 所示，单击 "确定"
按钮，得到如图 63-55 所示
的效果。

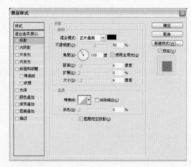

图 63-54

图 63-55

29 新建图层 "图层 5"。单击直
线工具 ****，在属性栏上设置
参数，如图 63-56 所示。在
图像中绘制直线，效果如图
63-57 所示。

图 63-56

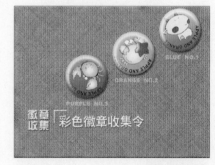

图 63-57

30 将 "图层 5" 拖曳至 "创建
新图层" 按钮 上，复制
得到 "图层 5 副本"。执行 "编
辑 > 变换 > 旋转 90 度（顺
时针）" 命令旋转图像，然
后单击移动工具 **+**，按下
键盘中的方向键适当调整图
像的位置，得到如图 63-58
所示的效果。图层面板如图
63-59 所示。

图 63-58

图 63-59

312

31 按下快捷键 Ctrl + E 合并"图层 5 副本"及"图层 5"。然后将其拖曳至"创建新图层"按钮 🔲 上，再次复制一个"图层 5 副本"。执行"编辑 > 变换 > 旋转 180 度"命令旋转图像，如图 63-60 所示。然后单击移动工具 ➤⊕，将图像移动至文字右下角，得到如图 63-61 所示的效果。

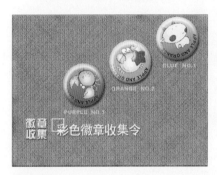

图 63-60

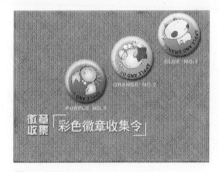

图 63-61

32 再次按下快捷键 Ctrl + E 合并"图层 5 副本"及"图层 5"。双击"图层 5"的灰色区域，在弹出的对话框中设置各项参数，如图 63-62 所示，单击"确定"按钮，得到如图 63-63 所示的效果。

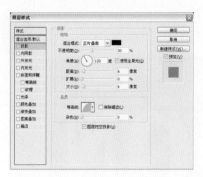

图 63-62

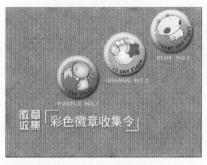

图 63-63

33 单击横排文字工具 T，在字符面板中设置各项参数，如图 63-64 所示，然后在图像中输入文字，完成后效果如图 63-65 所示。

图 63-64

图 63-65

34 单击横排文字工具 T，在字符面板中设置各项参数，如图 63-66 所示，然后在图像中输入文字，完成后效果如图 63-67 所示。至此，本实例制作完成。

图 63-66

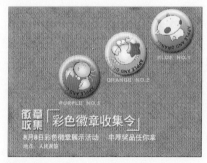

图 63-67

64 闪耀钻石

本实例制作具有真实光感的钻石写真，通过图层样式的设置与其他工具相结合，制作出钻石晶莹闪耀的质感，在黑色底纹的衬托下更加绚丽多彩。

1. 🔍 使用功能：图层样式、横排文字工具、自定形状工具、矩形工具、定义画笔、画笔预设

2. 🎨 配色：■ R:18 G:255 B:51　■ R:255 G:14 B:14　■ R:89 G:237 B:255

3. 💿 光盘路径：Chapter 12\64 闪耀钻石\complete\闪耀钻石.psd

4. 🏴 难易程度：★★★☆☆

操作步骤

01 执行"文件 > 新建"命令，打开"新建"对话框，在弹出的对话框中设置"宽度"为 10 厘米，"高度"为 10 厘米，"分辨率"为 350 像素 / 英寸，如图 64-1 所示。完成设置后，单击"确定"按钮，新建一个图像文件。

图 64-1

02 按下 D 键将颜色设置为默认色。按下快捷键 Alt + Delete 将"背景"图层填充为黑色，如图 64-2 所示。

图 64-2

03 单击横排文字工具 T，在字符面板中设置"字体"为创艺简标宋，"字体大小"为 100.66 点，然后在图像中输入文字，完成后效果如图 64-3 所示。

图 64-3

04 双击文字图层的灰色区域，在弹出的对话框中设置各项参数，如图 64-4 所示，单击"确定"按钮，得到如图 64-5 所示的效果。

图 64-4

图 64-5

314

05 执行"文件 > 新建"命令，打开"新建"对话框，在弹出的对话框中设置"宽度"为9像素、"高度"为9像素，"分辨率"为350像素/英寸，如图64-6所示。完成设置后，单击"确定"按钮，新建一个图像文件。

图 64-6

06 单击自定形状工具![]，在属性栏上单击"填充像素"按钮![]，选择"形状"为"标记1"，如图64-7所示，然后在画面中绘制适当大小的图案，如图64-8所示。

图 64-7

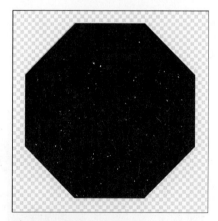

图 64-8

07 执行"编辑 > 自由变换"命令，显示出自由变换编辑框，拖动编辑框对图像进行适当旋转，如图64-9所示，按下Enter键确定变换，得到如图64-10所示的效果。

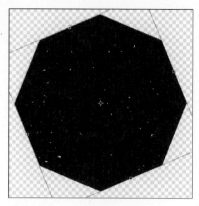

图 64-9

图 64-10

08 执行"编辑 > 定义画笔"命令，在弹出的对话框中单击"确定"按钮，如图64-11所示。

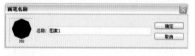

图 64-11

09 执行"文件 > 新建"命令，打开"新建"对话框，在弹出的对话框中设置"宽度"为9像素、"高度"为9像素，"分辨率"为350像素/英寸，如图64-12所示。完成设置后，单击"确定"按钮，新建一个图像文件。

图 64-12

10 单击自定形状工具![]，在属性栏上单击"填充像素"按钮![]，选择"形状"为"六边形"，如图64-13所示，然后在画面中绘制适当大小的图案，如图64-14所示。

图 64-13

图 64-14

11 执行"编辑 > 自由变换"命令，显示出自由变换编辑框，拖动编辑框对图像进行适当压缩，如图64-15所示，按下Enter键确定变换，得到如图64-16所示的效果。

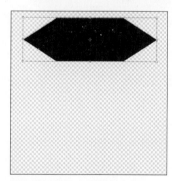

图 64-15

图 64-16

12 复制"图层1"图层,得到"图层1副本",单击移动工具 ，结合键盘中的方向键移动图像至画面下方,图层面板如图64-17所示。效果如图64-18所示。

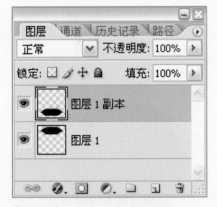

图 64-17

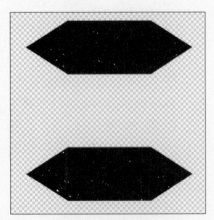

图 64-18

13 新建图层"图层2"。单击矩形工具 ，在属性栏上设置参数如图64-19所示,然后在画面中绘制适当大小的矩形图案,单击移动工具 ，按下键盘中的方向键适当调整图案的位置,得到如图64-20所示的效果。

图 64-19

图 64-20

14 执行"编辑 > 定义画笔"命令,在弹出的对话框中单击"确定"按钮,如图64-21所示。

图 64-21

15 返回"闪耀钻石"图档,设置前景色为白色,在文字图层上新建图层"图层1"。单击画笔工具 ，在画笔预设面板中设置各项参数,如图64-22、图64-23和图64-24所示,然后在画面中进行绘制,得到如图64-25所示的效果。

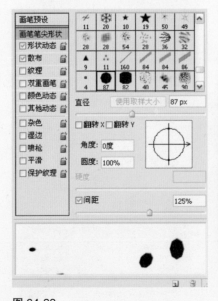

图 64-22

图 64-23

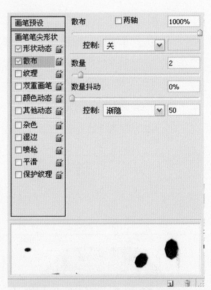

图 64-24

图 64-25

316

16 双击"图层 1"的灰色区域，在弹出的对话框中设置各项参数，如图 64-26、64-27 和 64-28 所示，单击"确定"按钮，得到如图 64-29 所示的效果。

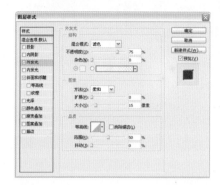

图 64-26

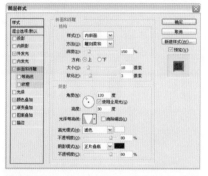

图 64-27

图 64-28

图 64-29

17 新建图层"图层 2"，如图 64-30 所示。单击画笔工具，在画面中进行适当绘制，得到如图 64-31 所示的效果。

图 64-30

图 64-31

18 双击"图层 2"的灰色区域，在弹出的对话框中设置各项参数，如图 64-32、64-33 和 64-34 所示，单击"确定"按钮，得到如图 64-35 所示的效果。

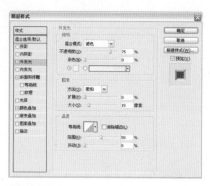

图 64-32

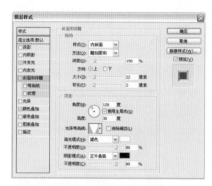

图 64-33

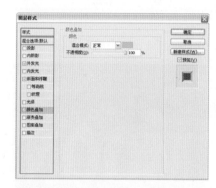

图 64-34

图 64-35

19 新建图层"图层 3"。单击画笔工具 , 在画笔预设面板中选择画笔为"图案 2", 如图 64-36 所示, 保持画笔预设中的默认设置, 在画面中进行适当绘制, 得到如图 64-37 所示的效果。

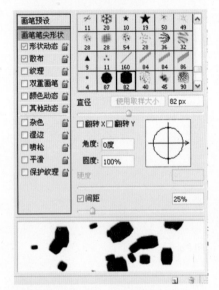

图 64-36

图 64-37

20 双击"图层 3"的灰色区域, 并在弹出的对话框中设置各项参数, 如图 64-38、64-39 和 64-40 所示, 单击"确定"按钮, 得到如图 64-41 所示的效果。

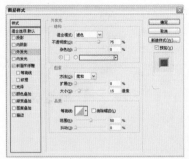

图 64-38

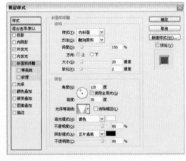

图 64-39

图 64-40

图 64-41

21 新建图层"图层 4"。单击画笔工具 , 在画笔预设面板中设置各项参数, 如图 64-42 所示, 然后在画面中进行适当绘制, 得到如图 64-43 所示的效果。

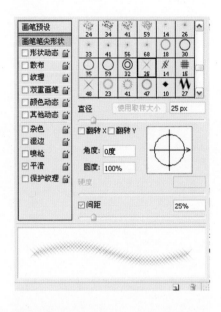

图 64-42

图 64-43

22 单击橡皮擦工具 , 分别选择"图层 1"、"图层 2"及"图层 3"图层, 擦除图像中多余的钻石图像, 得到如图 64-44 所示的效果。至此, 本实例制作完成。

图 64-44

318

65 项链吊坠

本实例用图层样式的特殊功能，巧妙地制作出钻石闪亮的质感以及项链的金属光泽，将项链吊坠的光彩表现得淋漓尽致。

1. 🔍 使用功能：图层样式、钢笔工具、自定形状工具、套索工具、不透明度设置、羽化半径

2. 🎨 配色：　█ R:241 G:122 B:114　█ R:237 G:60 B:85　█ R:255 G:2 B:223　█ R:144 G:130 B:149

3. ◉ 光盘路径：Chapter 12\65 项链吊坠\complete\项链吊坠.psd

4. 🗺 难易程度：★★★★☆

操作步骤

01 执行"文件 > 打开"命令，弹出如图 65-1 所示的对话框，选择本书配套光盘中 Chapter 12\69 项链吊坠\media\001.jpg 文件，单击"打开"按钮打开素材文件。

图 65-1

02 按下 D 键设置颜色为默认色，新建图层"图层 1"，如图 65-2 所示。单击钢笔工具 ✍，在图像中绘制项链形状的路径，得到如图 65-3 所示的效果。

图 65-2

图 65-3

03 在路径面板上单击"用前景色填充路径"按钮 ◉，填充路径，然后在路径面板的灰色区域单击，取消路径，得到如图 65-4 所示的效果。

图 65-4

04 双击"图层 1"的灰色区域，在弹出的对话框中设置各项参数，如图 65-5、65-6、65-7、65-8、65-9 和 65-10 所示，单击"确定"按钮，得到如图 65-11 所示的效果。

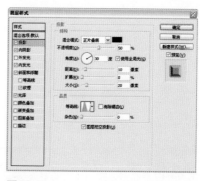

图 65-5

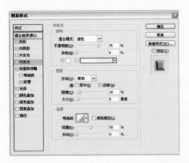

图 65-6

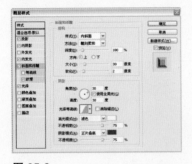

图 65-7

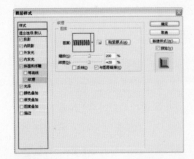

图 65-8

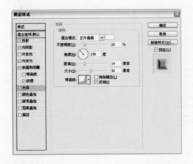

图 65-9

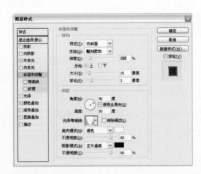

图 65-10

图 65-11

05 新建图层"图层 2"。单击自定形状工具 ，在属性栏上单击"填充像素"按钮 ，选择"形状"为"标记 1"，如图 65-12 所示，然后在图像中适当位置绘制图案，得到如图 65-13 所示的效果。

图 65-12

图 65-13

06 双击"图层 2"的灰色区域，在弹出的对话框中设置各项参数，如图 65-14、65-15 和 65-16 所示，单击"确定"按钮，得到如图 65-17 所示的效果。

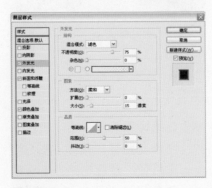

图 65-14

图 65-15

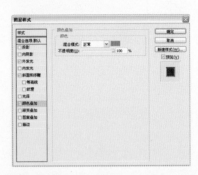

图 65-16

图 65-17

07 按住 Ctrl 键选择"图层 1"和"图层 2"，执行"编辑 >自由变换"命令，拖动编辑框对图像进行适当旋转，然后按下 Enter 键确定变换，得到如图 65-18 所示的效果。选择"图层 2"图层，单击移动工具 ，按下键盘中的方向键调整图像的位置，得到如图 65-19 所示的效果。

图 65-18

图 65-19

08 单击套索工具 🔎，在图像中
如图 65-20 所示位置创建选
区。单击移动工具 ➤⊕，将选
区内图像拖曳至适当位置，
并执行"编辑 > 自由变换"
命令，拖动自由变换编辑框
对图像进行适当旋转，按下
Enter 键确定变换，然后按下
快捷键 Ctrl + D 取消选区，
得到如图 65-21 所示的效果。

图 65-20

图 65-21

09 新建图层"图层 3"。单击钢
笔工具 🔖，在图像中绘制项
链吊坠的路径，如图 65-22
所示。单击路径面板上的"用
前景色填充路径"按钮 ●，
然后在路径面板的灰色区域
单击，取消路径，得到如图
65-23 所示的效果。

图 65-22

图 65-23

10 单击钢笔工具 🔖，在图像
中绘制项链吊坠的路径，如
图 65-24 所示。按下快捷键
Ctrl + Enter 将路径转化为选
区，再按下 Delete 键删除选
区内图像，最后按下快捷键
Ctrl + D 取消选区，得到如
图 65-25 所示的效果。

图 65-24

图 65-25

11 双击"图层 3"的灰色区域，
在弹出的对话框中设置各项
参数，如图 65-26、65-27、
65-28 和 65-29 所示，单击"确
定"按钮，得到如图 65-30
所示的效果。

图 65-26

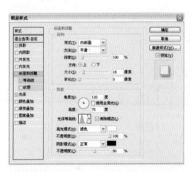

图 65-27

图 65-28

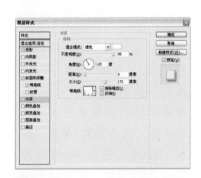

图 65-29

图 65-30

12 复制"图层3",得到"图层3副本",如图 65-31 所示。执行"编辑 > 变换 > 水平翻转"命令翻转图像,然后单击移动工具,按下键盘中的方向键移动图像,得到如图 65-32 所示的效果。

图 65-31

322

图 65-32

13 选择"图层1",单击套索工具,在图像中适当位置创建选区,如图 65-33 所示。执行"选择 > 羽化"命令,在弹出的对话框中设置"羽化半径"为5像素,单击"确定"按钮,按下 Delete 键删除选区内图像,然后按下快捷键 Ctrl + D 取消选区,得到如图 65-34 所示的效果。

图 65-33

图 65-34

14 新建图层"图层4",设置前景色为白色。单击画笔工具,在画笔预设面板中设置各项参数,如图 65-35 所示,然后在图像中绘制高光,效果如图 65-36 所示。

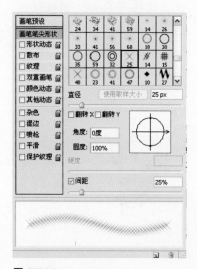

图 65-35

图 65-36

15 再次单击画笔工具,在画笔预设面板中设置各项参数,如图 65-37 所示,然后在图像中高光部分绘制圆点,效果如图 65-38 所示。

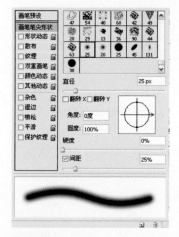

图 65-37

图 65-38

16 单击横排文字工具,在字符面板中设置各项参数,设置"文本颜色"为 R:255 G:152 B:5,如图 65-39 所示,在图像中输入文字。然后单击移动工具,按下键盘中的方向键适当调整文字的位置,效果如图 65-40 所示。

图 65-39

图 65-40

17 单击横排文字工具 T，选中文字"多"至反白状态，如图 65-41 所示，在字符面板中设置"字体大小"为 15 点，单击移动工具 退出文字编辑状态，得到如图 65-42 所示的效果。

图 65-41

图 65-42

18 单击横排文字工具 T，选中标点"。"，在字符面板中设置颜色为粉色（R:255 G:5 B:223）。然后单击移动工具 退出文字编辑状态，得到如图 65-43 所示的效果。

图 65-43

19 单击横排文字工具 T，在字符面板中设置各项参数，如图 65-44 所示，在图像中输入文字。然后单击移动工具 ，按下键盘中的方向键适当调整文字的位置，效果如图 65-45 所示。

图 65-44

图 65-45

20 单击横排文字工具 T，选中文字"众"至反白状态，在字符面板中设置"字体大小"为 18 点，设置颜色为粉色（R:255 G:5 B:223），单击移动工具 退出文字编辑状态，得到如图 65-46 所示的效果。

图 65-46

21 单击横排文字工具 T，在字符面板中设置各项参数，如图 65-47 所示，在图像中输入文字。然后单击移动工具 ，按下键盘中的方向键适当调整文字的位置，效果如图 65-48 所示。

图 65-47

图 65-48

22 设置文字图层"DIAMOND"的"不透明度"为 12%，得到如图 65-49 所示的效果。

图 65-49

23 单击横排文字工具 T，在字符面板中设置各项参数，如图 65-50 所示，在图像中输入文字。然后单击移动工具 ，按下键盘中的方向键适当调整文字的位置，效果如图 65-51 所示。

图 65-50

图 65-51

24 设置文字图层的"不透明度"为 41%，如图 65-52 所示，得到如图 65-53 所示的效果。

图 65-52

图 65-53

25 单击横排文字工具 T，在字符面板中设置各项参数，如图 65-54 所示，在图像中输入文字。然后单击移动工具 ，按下键盘中的方向键调整文字的位置，效果如图 65-55 所示。

图 65-54

图 65-55

26 单击横排文字工具 T，在字符面板中设置"字体"为方正小标宋繁体，"字体大小"为 7 点，在图像中输入文字。单击移动工具 ，适当调整文字的位置，得到的效果如图 65-56 所示。至此，本实例制作完成。

图 65-56

324

66 化妆品写真

本实例巧妙利用Photoshop中的渐变及图层样式等功能，制作出化妆品柔和多彩的立体瓶身效果，适用于化妆品类广告中的实物特效制作。

1	使用功能：	矩形工具、直排文字工具、椭圆工具、渐变工具、图层样式、描边命令、不透明度设置
2	配色：	R:252 G:248 B:208　■ R:217 G:187 B:123　■ R:210 G:126 B:163　■ R:128 G:181 B:208
3	光盘路径：	Chapter 12 \66化妆品写真\complete\化妆品写真.psd
4	难易程度：	★★★★☆

操作步骤

01 执行"文件 > 新建"命令，打开"新建"对话框，在弹出的对话框中设置"宽度"为 8 厘米、"高度"为 10 厘米、"分辨率"为 350 像素 / 英寸，如图 66-1 所示。完成设置后，单击"确定"按钮，新建一个图像文件。

图 66-1

02 按下 D 键将颜色设置为默认色，在图层面板上新建图层"图层 1"。单击矩形工具，在属性栏上单击"填充像素"按钮，如图 66-2 所示，然后在画面中绘制适当大小的矩形图案，如图 66-3 所示。

图 66-2

图 66-3

03 新建图层"图层 2"。单击椭圆工具，在属性栏上单击"填充像素"按钮，如图 66-4 所示，然后在画面中绘制适当大小的椭圆图案，再单击移动工具，按下键盘中的方向键调整图像的位置，将其移动至矩形上方，效果如图 66-5 所示。

图 66-4

图 66-5

04 复制"图层 2"图层，得到"图层 2 副本"，如图 66-6 所示。单击移动工具，按下键盘中的方向键调整图像的位置，将其移至矩形下方，效果如图 66-7 所示。

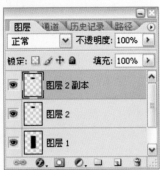

图 66-6

图 66-7

05 将"图层2副本"拖曳至"图层1"之上，按下快捷键Ctrl+E合并图层。选择"图层1"，按住Ctrl键单击"图层1"前的缩略图，载入选区，如图66-8所示。单击渐变工具▣，在属性栏上单击"线性渐变"按钮，设置渐变如图66-9所示，然后在选区中从左到右拖动鼠标应用渐变填充，得到的效果如图66-10所示。

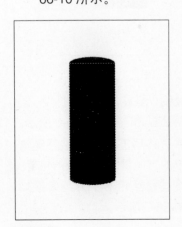

图 66-8

图 66-9

图 66-10

06 设置"图层1"的"不透明度"为53%，如图66-11所示，得到如图66-12所示的效果。

图 66-11

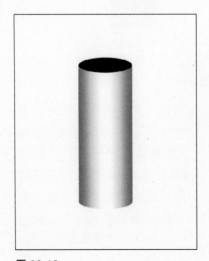

图 66-12

07 复制"图层2"图层，得到"图层2副本"，图层面板如图66-13所示。单击移动工具▶╋，按下键盘中的上下方向键调整图像的位置，移至圆柱体上方，如图66-14所示。

图 66-13

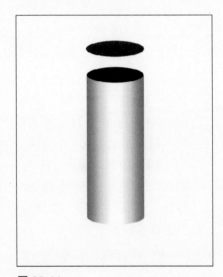

图 66-14

08 新建图层"图层3"，单击矩形工具▢，在属性栏上单击"填充像素"按钮▢，如图66-15所示，然后在图像中绘制适当大小的矩形图案，如图66-16所示。

图 66-15

图 66-16

09 连续两次按下快捷键 Ctrl + E 对"图层 3"、"图层 2 副本 2"及"图层 2"进行合并，得到"图层 2"如图 66-17 所示。按住 Ctrl 键单击"图层 2"前的缩略图，将"图层 2"中的图像载入选区，如图 66-18 所示。

图 66-17

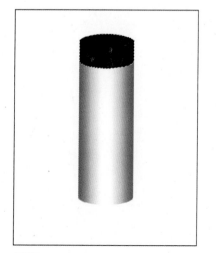

图 66-18

10 单击渐变工具 ，在属性栏上单击"线性渐变"按钮，设置渐变如图 66-19 所示，然后在选区中从左到右拖动鼠标应用渐变填充，完成后效果如图 66-20 所示。

图 66-19

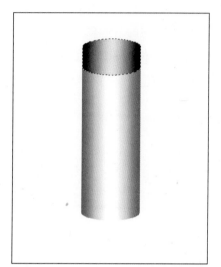

图 66-20

11 保持选区，在"图层 1"上新建图层"图层 3"，按下快捷键 Ctrl+Delete 将选区填充为白色，设置"图层 2"的"不透明度"为 80%，并按下快捷键 Ctrl + D 取消选区，得到如图 66-21 所示的效果。

图 66-21

12 复制"图层 1"图层，得到"图层 1 副本"，设置其混合模式为"滤色"，"不透明度"为 60%，如图 66-22 所示。按住 Ctrl 键单击"图层 1 副本"前的缩略图，将"图层 1 副本"中的图像载入选区，如图 66-23 所示。

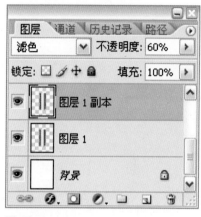

图 66-22

图 66-23

13 单击渐变工具，在属性栏上单击"径向渐变"按钮，设置渐变如图 66-24 所示，然后在选区中从左到右拖动鼠标应用渐变填充，完成后效果如图 66-25 所示。

图 66-24

图 66-25

按钮，得到如图 66-31 所示的效果。

图 66-28

14 新建图层"图层 4"，执行"编辑 > 描边"命令，在弹出的对话框中设置"宽度"为 10px，如图 66-26 所示，单击"确定"按钮，再按下快捷键 Ctrl + D 取消选区，得到如图 66-27 所示的效果。

图 66-26

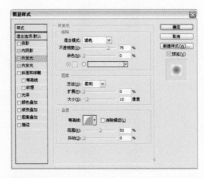

图 66-29

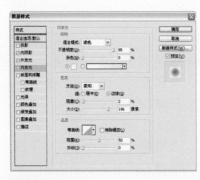

图 66-30

16 在"图层 2"上新建图层"图层 5"。按住 Ctrl 键单击"图层 2"前的缩略图，将"图层 2"中的图像载入选区。执行"编辑 > 描边"命令，在弹出的对话框中设置"宽度"为 10px，如图 66-32 所示，单击"确定"按钮，再按下快捷键 Ctrl + D 取消选区，得到如图 66-33 所示的效果。

图 66-32

图 66-27

15 双击"图层 4"的灰色区域，在弹出的对话框中设置各项参数，如图 66-28、66-29 和 66-30 所示，单击"确定"

图 66-31

图 66-33

17 双击"图层 5"的灰色区域，在弹出的对话框中设置各项参数，如图 66-34、66-35 和 66-36 所示，单击"确定"按钮，得到如图 66-37 所示的效果。

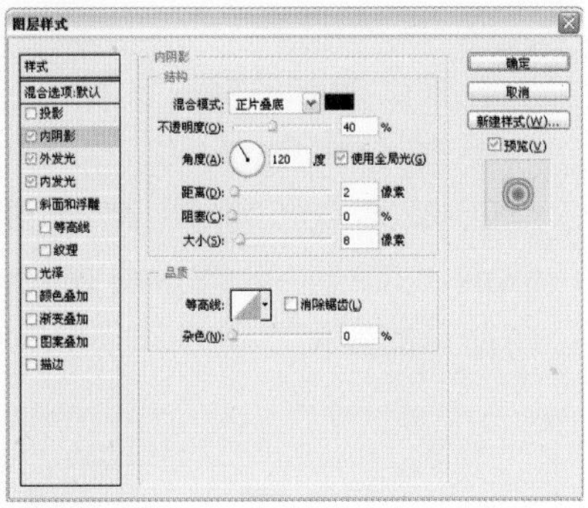

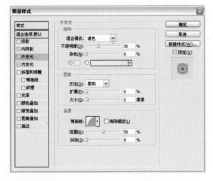

图 66-34

图 66-35

图 66-36

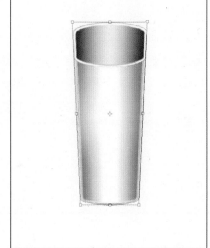

图 66-37

18 按住 Shift 键选择除"背景"图层以外的所有图层，执行"编辑 > 自由变换"命令，显示出自由变换编辑框，按住 Ctrl 键拖动编辑框上方的左右两个节点，变换图像如图 66-38 所示，按下 Enter 键确定变换，得到如图 66-39 所示的效果。

图 66-38

图 66-39

19 新建图层"图层 6"。单击钢笔工具，在画面中绘制路径如图 66-40 所示。单击路径面板上的"用前景色填充路径"按钮，将路径填充为黑色，然后单击路径面板的灰色区域取消路径，得到如图 66-41 所示的效果。

图 66-40

图 66-41

20 新建图层"图层 7"。单击钢笔工具，在画面中绘制路径如图 66-42 所示。单击路径面板上的"用前景色填充路径"按钮，将路径填充为黑色，然后单击路径面板的灰色区域取消路径，得到如图 66-43 所示的效果。

图 66-42

图 66-43

21 双击"图层 6"的灰色区域，在弹出的对话框中设置各项参数，如图 66-44、66-45、66-46、66-47 和 66-48 所示，单击"确定"按钮，得到如图 66-49 所示的效果。

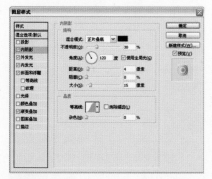

图 66-44

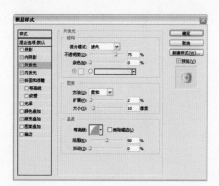

图 66-45

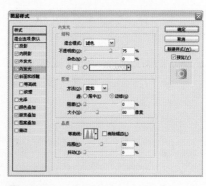

图 66-46

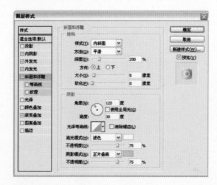

图 66-47

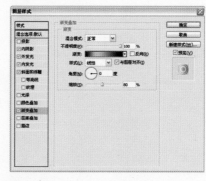

图 66-48

图 66-49

22 双击"图层 7"的灰色区域，在弹出的对话框中设置各项参数，如图 66-50、66-51、66-52 和 66-53 所示，单击"确定"按钮，得到如图 66-54 所示的效果。

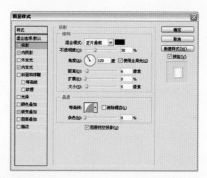

图 66-50

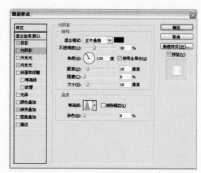

图 66-51

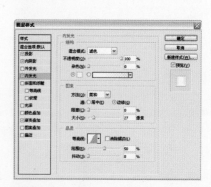

图 66-52

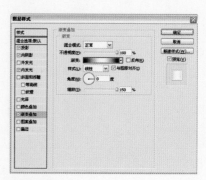

图 66-53

330

图 66-54

23 单击图层面板上的"创建新的填充或调整图层"按钮 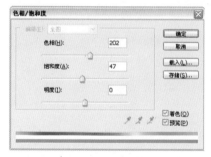，在弹出的菜单中选择"色相／饱和度"命令，然后在弹出的"色相／饱和度"对话框中设置各项参数，如图 66-55 所示，单击"确定"按钮，得到如图 66-56 所示的效果。

图 66-55

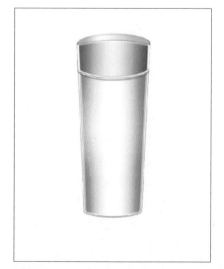

图 66-56

24 单击直排文字工具 IT，在字符面板中设置各项参数，"文本颜色"设置为 R:36 G:86 B:165，如图 66-57 所示，在图像中输入文字。然后单击移动工具，按下键盘中的方向键适当调整文字的位置，效果如图 66-58 所示。

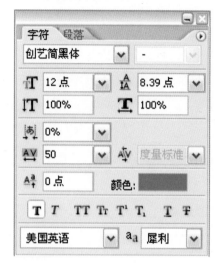

图 66-57

图 66-58

25 单击直排文字工具 IT，在字符面板中设置各项参数，如图 66-59 所示，在图像中输入文字。然后单击移动工具，按下键盘中的方向键调整文字的位置，效果如图 66-60 所示。

图 66-59

图 66-60

26 单击直排文字工具 IT，在字符面板中设置各项参数，如图 66-61 所示，在图像中输入文字。然后单击移动工具，按下键盘中的方向键适当调整文字的位置，效果如图 66-62 所示。

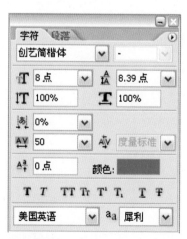

图 66-61

图 66-62

27 单击横排文字工具 [T]，在字符面板中设置各项参数，如图 66-63 所示，在图像中输入文字。单击移动工具 [▶+]，按下键盘中的方向键适当调整文字的位置，效果如图 66-64 所示。

图 66-63

图 66-64

28 单击横排文字工具 [T]，在字符面板中设置各项参数，如图 66-65 所示，在图像中输入文字。最后单击移动工具 [▶+]，按下键盘中的方向键调整文字的位置，效果如图 66-66 所示。

图 66-65

图 66-66

29 单击图层面板上的"创建新组"按钮 [▢]，新建"组 1"，将除"背景"图层以外的所有图层拖曳至组内，图层面板如图 66-67 所示。

图 66-67

30 在文件标题栏上右击鼠标，在弹出的快捷菜单中选择"复制"命令，如图 66-68 所示，自动复制出一个"化妆品写真副本"图档，如图 66-69 所示。使用以上相同方法，再次复制一个"化妆品写真副本 2"图档。

图 66-68

图 66-69

31 在"化妆品写真副本"图档上，选择"色相/饱和度 1"图层，双击图层前的缩略图，打开对话框，如图 66-70 所示进行参数调整，得到如图 66-71 所示的效果。

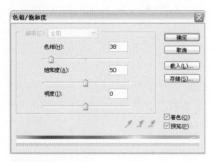

图 66-70

图 66-71

32 设置前景色为棕色（R:150 G:109 B:18），分别选择所有文字图层，按下快捷键 Alt + Delete 依次进行填充，并对部分文字进行适当更改，得到如图 66-72 所示的效果。

图 66-72

33 按下快捷键 Shift +Ctrl+E 合并所有图层。单击魔棒工具，选择图像空白区域创建选区，执行"选择 > 反向"命令，对选区进行反选，如图 66-73 所示。单击移动工具，将图像拖曳至"化妆品写真"图档中，按下键盘中的方向键分别对两个图像的位置进行调整，效果如图 66-74 所示。

图 66-73

图 66-74

34 使用以上相同方法，对"化妆品写真副本 2"图档进行更改调整，再单击移动工具，将图像拖曳至"化妆品写真"图档中，按下键盘中的方向键对图像的位置进行适当调整，效果如图 66-75 所示。

图 66-75

35 单击移动工具，按下键盘中的方向键对三个化妆瓶的位置分别进行调整。按住 Shift 键选中除"背景"图层以外的所有图层，执行"编辑 > 自由变换"命令，拖动自由变换编辑框适当调整图像的大小，按下 Enter 键确定变换，得到如图 66-76 所示的效果。

图 66-76

36 在"背景"图层上新建图层"图层 11"。单击渐变工具，并单击属性栏上的"线性渐变"按钮，单击渐变条，在"渐变编辑器"对话框中设置渐变，如图 66-77 所示，单击"确定"按钮，然后在选区中从上到下拖动鼠标应用渐变填充，完成后效果如图 66-78 所示。

图 66-77

图 66-79

方向键适当调整文字的位置，
得到的效果如图 66-82 所示。
至此，本实例制作完成。

图 66-81

图 66-78

图 66-80

图 66-82

37 在图层面板上设置"图层"
的"不透明度"为 30%，如
图 66-79 所示，得到如图
66-80 所示的效果。

38 单击横排文字工具 T ，在字
符面板中设置各项参数，"文
本颜色"设置为 R:138 G:36
B:40，如图 66-81 所示，在
图像中输入文字。然后单击
移动工具，按下键盘中的

Chapter 13

绘制时尚卡通动漫

学习重点

本章主要讲解各种卡通漫画的绘制方法，从构图出发，结合卡通人物的动态及色彩搭配手法，制作出时下流行的卡通漫画图像。本章重点在于绘画技巧，利用最基本的工具，即可完成想要的图像效果，绘制过程较为繁杂，需要学习者耐心地深入刻画细节。

技能提示

要学好本章的内容，需要读者具有一定的审美能力和绘画基础，初学者可以从配套光盘中调出完成文件进行临摹，熟悉人物的结构比例及服装背景的搭配，反复练习，绘制漫画的水平将大大提高。

本章实例

67 可爱卡通少女　　　　　70 动漫场景人物图像

68 矢量人物插画　　　　　71 水彩人物漫画

69 色块人物图像

效果展示

67 可爱卡通少女

本实例利用钢笔工具绘制路径，并通过色块的填充绘制出可爱的天使少女，色彩鲜明，人物造型可爱，适用于少儿书籍及时尚杂志。

1 🔍 使用功能：铅笔工具、钢笔工具、自由变换命令、横排文字工具、自定形状工具

2 🎨 配色： ▨ R:255 G:179 B:200 ▨ R:243 G:184 B:97   R:252 G:253 B:163 ▨ R:74 G:183 B:248

3 💿 光盘路径：Chapter 13\67 可爱卡通少女\complete\可爱卡通少女.psd

4 🎯 难易程度：★★★★☆

操作步骤

01 执行"文件 > 新建"命令，打开"新建"对话框，在弹出的对话框中设置"宽度"为 10 厘米、"高度"为 8 厘米、"分辨率"为 350 像素 / 英寸，如图 67-1 所示。完成设置后，单击"确定"按钮，新建一个图像文件。

图 67-1

图 67-3

图 67-2

图 67-4

图 67-5

02 设置前景色为肉色（R:251 G:219 B:198），新建图层"图层 1"。单击钢笔工具 🖊，在画面中适当位置绘制路径，如图 67-2 所示。单击路径面板上的"用前景色填充路径"按钮 ⚫，再单击路径面板的灰色区域取消路径，效果如图 67-3 所示。

03 设置前景色为深褐色（R:71 G:57 B:57），新建图层"图层 2"。单击钢笔工具 🖊，在画面中适当位置绘制路径，如图 67-4 所示。单击路径面板上的"用前景色填充路径"按钮 ⚫，再单击路径面板的灰色区域取消路径，效果如图 67-5 所示。

336

04 按住 Ctrl 键单击"图层 1"前的缩略图，将图像载入选区，如图 67-6 所示。设置前景色为深肉色（R:253 G:197 B:161），在"图层 1"上新建图层"图层 3"。单击铅笔工具，在选区内下部边缘绘制出阴影，然后按下快捷键 Ctrl + D 取消选区，得到如图 67-7 所示的效果。

图 67-6

图 67-7

05 设置前景色为粉色（R:255 G:179 B:200），在"图层 2"上新建图层"图层 4"。单击钢笔工具，在图像中适当位置绘制路径，如图 67-8 所示。单击路径面板上的"用前景色填充路径"按钮，再单击路径面板的灰色区域取消路径，效果如图 67-9 所示。

图 67-8

图 67-9

06 设置前景色为深褐色（R:71 G:57 B:57），新建图层"图层 5"。单击钢笔工具，在图像中适当位置绘制路径，如图 67-10 所示。单击路径面板上的"用前景色填充路径"按钮，再单击路径面板的灰色区域取消路径，绘制效果如图 67-11 所示。

图 67-10

图 67-11

07 设置前景色为橙色（R:255 G:153 B:104），新建图层"图层 6"。单击钢笔工具，在图像中适当位置绘制路径，如图 67-12 所示。单击路径面板上的"用前景色填充路径"按钮，再单击路径面板的灰色区域取消路径，绘制效果如图 67-13 所示。

图 67-12

图 67-13

08 设置前景色为粉红色（R:253 G:67 B:120）。单击钢笔工具，在图像中适当位置绘制路径，如图 67-14 所示。单击路径面板上的"用前景色填充路径"按钮，再单击路径面板的灰色区域取消路径，绘制效果如图 67-15 所示。

图 67-14

图 67-15

09 设置前景色为粉色（R:255 G:179 B:200），选择"图层 4"。单击钢笔工具 ✎，在图像中适当位置绘制路径，如图 67-16 所示。单击路径面板上的"用前景色填充路径"按钮 ●，再单击路径面板的灰色区域取消路径，绘制效果如图 67-17 所示。

图 67-16

图 67-17

10 设置前景色为肉色（R:251 G:219 B:198），在"图层 5"上新建图层"图层 6"。单击钢笔工具 ✎，在图像中适当位置绘制路径，如图 67-18 所示。单击路径面板上的"用前景色填充路径"按钮 ●，再单击路径面板的灰色区域取消路径，绘制效果如图 67-19 所示。

图 67-18

图 67-19

11 按住 Ctrl 键单击"图层 6"前的缩略图，将图像载入选区，如图 67-20 所示。设置前景色为深肉色（R:253 G:197 B:161），在"图层 6"上新建图层"图层 7"。单击铅笔工具 ✎，在选区内边缘部分绘制出阴影，得到如图 67-21 所示的效果。

图 67-20

图 67-21

12 保持选区，设置前景色为浅肉色（R:252 G:226 B:209）。单击铅笔工具 ✎，在选区内绘制亮部，再按下快捷键 Ctrl+D 取消选区，得到如图 67-22 所示的效果。

图 67-22

338

13 按住 Ctrl 键单击"图层 1"前的缩略图，将图像载入选区，如图 67-23 所示。选择"图层 1"，单击铅笔工具 ，在选区内绘制亮部，然后按下快捷键 Ctrl + D 取消选区，绘制效果如图 67-24 所示。

图 67-25

图 67-23

图 67-24

14 设置前景色为肉色（R:251 G:219 B:198），在"图层 1"上新建图层"图层 8"。单击钢笔工具 ，在图像中适当位置绘制路径，如图 67-25 所示。单击路径面板上的"用前景色填充路径"按钮，再单击路径面板的灰色区域取消路径，绘制效果如图 67-26 所示。

图 67-26

15 按住 Ctrl 键单击"图层 8"前的缩略图，将图像载入选区，如图 67-27 所示。设置前景色为橙色（R:238 G:158 B:106），单击铅笔工具，在选区内边缘部分绘制出阴影，然后按下快捷键 Ctrl + D 取消选区，效果如图 67-28 所示。

图 67-27

图 67-28

16 新建图层"图层 9"，设置前景色为粉色（R:238 G:158 B:106），单击铅笔工具，在图像中绘制少女的脸蛋，效果如图 67-29 所示。

图 67-29

17 在"图层 4"上新建图层"图层 10"，按住 Ctrl 键单击"图层 4"前的缩略图，将图像载入选区，如图 67-30 所示。设置前景色为浅肉色（R:252 G:226 B:209），单击铅笔工具，在选区内绘制衣服的亮部，然后按下快捷键 Ctrl+D 取消选区，效果如图 67-31 所示。

图 67-30

图 67-31

18 设置前景色为蓝色（R:74 G:183 B:248），新建图层"图层 11"。单击钢笔工具 ，在图像中适当位置绘制路径，如图 67-32 所示。单击路径面板上的"用前景色填充路径"按钮 ，再单击路径面板的灰色区域取消路径，绘制效果如图 67-33 所示。

图 67-32

图 67-33

19 按住 Ctrl 键单击"图层 11"前的缩略图，将图像载入选区，如图 67-34 所示。设置前景色为深蓝色（R:3 G:162 B:236），单击铅笔工具 ，在选区内边缘部分绘制阴影，然后按下快捷键 Ctrl + D 取消选区，效果如图 67-35 所示。

图 67-34

图 67-35

20 设置前景色为深蓝色（R:0 G:108 B:159），单击铅笔工具 ，在画笔预设面板中设置各项参数，如图 67-36 所示。然后单击钢笔工具 ，在图像中适当位置绘制路径，如图 67-37 所示。单击路径面板上的"用画笔描边路径"按钮 ，再单击路径面板的灰色区域取消路径，得到的效果如图 67-38 所示。

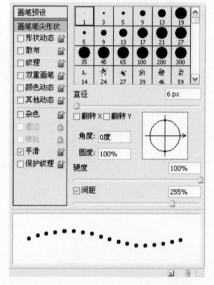

图 67-36

图 67-37

图 67-38

21 设置前景色为肉色（R:251 G:219 B:198），选择"图层 1"。单击钢笔工具 ✐，在图像中裤脚位置绘制路径，如图 67-39 所示。单击路径面板上的"用前景色填充路径"按钮 ◉，再单击路径面板的灰色区域取消路径，效果如图 67-40 所示。

图 67-39

图 67-40

22 按住 Ctrl 键单击"图层 1"前的缩略图，将图像载入选区，如图 67-41 所示。设置前景色为深肉色（R:253 G:197 B:161），单击铅笔工具 ✐，在选区内边缘部分绘制出阴影，然后按下快捷键 Ctrl + D 取消选区，效果如图 67-42 所示。

图 67-41

图 67-42

23 设置前景色为橙黄色（R:243 G:184 B:97），在"图层 11"上新建图层"图层 12"。单击钢笔工具 ✐，在图像中裤腿位置绘制鞋子路径，如图 67-43 所示。单击路径面板上的"用前景色填充路径"按钮 ◉，再单击路径面板的灰色区域取消路径，得到的效果如图 67-44 所示。

图 67-43

图 67-44

24 在"背景"图层上新建图层"图层 13"。单击钢笔工具 ✐，在图像中裤腿位置绘制另一只鞋子的路径，如图 67-45 所示。单击路径面板上的"用前景色填充路径"按钮 ◉，再单击路径面板的灰色区域取消路径，绘制效果如图 67-46 所示。

图 67-45

图 67-46

25 在"图层 12"上新建图层"图层 14"，按住 Ctrl 键单击"图层 12"前的缩略图，将图像载入选区，如图 67-47 所示。先后设置前景色为深棕色（R:105 G:72 B:5）和淡黄色（R:255 G:248 B:176），单击铅笔工具 ，在选区内绘制出鞋底和高光，然后按下快捷键 Ctrl + D 取消选区，效果如图 67-48 所示。

图 67-47

图 67-48

26 在"图层 10"上新建图层"图层 15"，设置前景色为深蓝色（R:0 G:88 B:197）。单击铅笔工具 ，在图像中裤腿内侧位置进行绘制，效果如图 67-49 所示。

图 67-49

27 设置前景色为浅蓝色（R:183 G:241 B:255），在"图层 13"上新建图层"图层 16"。单击钢笔工具 ，在图像中适当位置绘制翅膀路径，如图 67-50 所示。单击路径面板上的"用前景色填充路径"按钮 ，再单击路径面板的灰色区域取消路径，效果如图 67-51 所示。

图 67-50

图 67-51

28 按住 Ctrl 键单击"图层 16"前的缩略图，将图像载入选区，如图 67-52 所示。先后设置前景色为浅蓝色（R:237 G:251 B:254）和蓝色（R:132 G:216 B:236），单击铅笔工具 ，在选区内绘制暗部和亮部，然后按下快捷键 Ctrl＋D 取消选区，效果如图 67-53 所示。

图 67-52

图 67-53

29 设置前景色为棕灰色（R:192 G:187 B:160），在"图层 16"上新建图层"图层 17"。单击钢笔工具 ，在图像中适当位置绘制路径，如图 67-54 所示。单击路径面板上的"用前景色填充路径"按钮 ，再单击路径面板的灰色区域取消路径，绘制效果如图 67-55 所示。

图 67-54

图 67-55

30 设置前景色为棕黄色（R:118 G:113 B:79），在"图层16"上新建图层"图层18"。单击钢笔工具 ，在图像中适当位置绘制路径，如图67-56所示。单击路径面板上的"用前景色填充路径"按钮 ，再单击路径面板的灰色区域取消路径，绘制效果如图67-57所示。

图 67-56

图 67-57

31 设置前景色为棕色（R:87 G:81 B:46）。单击钢笔工具 ，在图像中适当位置绘制路径，如图67-58所示。单击路径面板上的"用前景色填充路径"按钮 ，再单击路径面板的灰色区域取消路径，绘制效果如图67-59所示。

图 67-58

图 67-59

32 在"图层17"上新建图层"图层19"。单击铅笔工具 ，在图像中适当位置进行绘制，效果如图67-60所示。

图 67-60

33 在"背景"图层上新建图层"图层20"，将其填充为黑色，如图67-61所示。执行"图像 > 画布大小"命令，在弹出的对话框中将"宽度"设置为12厘米，如图67-62所示，单击"确定"按钮，得到如图67-63所示的效果。

图 67-61

图 67-62

图 67-63

34 按住Shift键选择除"背景"图层及"图层20"以外的所有图层，执行"编辑 > 自由变换"命令，将图像拖曳至画面中适当位置，按下Enter键确定变换，效果如图67-64所示。将选中图层拖曳至"创建新图层"按钮 上，复制出新的图层副本，并按下快捷键Ctrl+E合并复制图层，得到图层"图层7副本"，图层面板如图67-65所示。

图 67-64

图 67-65

35 执行"编辑 > 自由变换"命令，拖动自由变换编辑框缩小人物图像，并将其拖曳至画面左上角位置，按下 Enter 键确定变换，得到如图 67-66 所示的效果。

344

图 67-66

36 单击横排文字工具 ⊤，在字符面板中设置各项参数，"文本颜色"设置为 R:253 G:255 B:71，如图 67-67 所示，在图像中输入文字。然后单击移动工具 ⊾⁺，按下键盘中的方向键适当调整文字的位置，效果如图 67-68 所示。

图 67-67

图 67-68

37 单击横排文字工具 ⊤，在字符面板中设置各项参数，如图 67-69 所示，在图像中输入文字。然后单击移动工具 ⊾⁺，按下键盘中的方向键适当调整文字的位置，效果如图 67-70 所示。

图 67-69

图 67-70

38 设置前景色为黄色（R:252 G:253 B:163），在"图层 20"上新建图层"图层 21"。单击自定形状工具 ⬚，在属性栏上单击"填充像素"按钮 ▢，选择"形状"为"圆形画框"，如图 67-71 所示，然后在画面中拖动绘制不同大小的图案，得到的效果如图 67-72 所示。至此，本实例制作完成。

图 67-71

图 67-72

68 矢量人物插画

本实例通过色块的拼合制作出俏丽、飘逸的时尚少女插画，画中人物苗条动人，这种风格常用于制作时尚杂志插图。

1 🔍 使用功能：铅笔工具、钢笔工具、画笔工具、自定形状工具、自由变换命令、用前景色填充路径功能

2 🎨 配色：▨ R:254 G:156 B:178   ■ R:254 G:1 B:1   ■ R:106 G:170 B:92   ▨ R:156 G:217 B:254

3 💿 光盘路径：Chapter 13\68 矢量人物插画\complete\矢量人物插画.psd

4 🛡 难易程度：★★★★☆

操作步骤

01 执行"文件 > 新建"命令，打开"新建"对话框，在弹出的对话框中设置"宽度"为 8 厘米、"高度"为 10 厘米，"分辨率"为 350 像素 / 英寸，如图 68-1 所示。完成设置后，单击"确定"按钮，新建一个图像文件。

图 68-1

02 设置前景色为肉色（R:226 G:198 B:179），新建图层"图层 1"。单击钢笔工具 ✎，在画面中适当位置绘制脸部路径，如图 68-2 所示。单击路径面板上的"用前景色填充路径"按钮 ⬤，再单击路径面板的灰色区域取消路径，效果如图 68-3 所示。

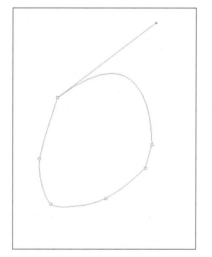

图 68-2

图 68-3

03 在"背景"图层上新建图层"图层 2"。单击钢笔工具 ✎，在画面中适当位置绘制身体路径，如图 68-4 所示。单击路径面板上的"用前景色填充路径"按钮 ⬤，再单击路径面板的灰色区域取消路径，效果如图 68-5 所示。

图 68-4

图 68-5

04 设置前景色为浅蓝色（R:234 G:248 B:252），在"图层1"上新建图层"图层3"。单击钢笔工具 ，在图像中适当位置绘制上衣路径，如图68-6所示。单击路径面板上的"用前景色填充路径"按钮 ，再单击路径面板的灰色区域取消路径，得到的效果如图68-7所示。

图 68-6

图 68-7

05 设置前景色为蓝色（R:201 G:231 B:239）。单击钢笔工具 ，在图像中适当位置绘制路径，如图68-8所示。单击路径面板上的"用前景色填充路径"按钮 ，再单击路径面板的灰色区域取消路径，效果如图68-9所示。

图 68-8

图 68-9

06 设置前景色为粉色（R:254 G:156 B:178），新建图层"图层4"。单击钢笔工具 ，在图像中适当位置绘制腰带路径，如图68-10所示。单击路径面板上的"用前景色填充路径"按钮 ，再单击路径面板的灰色区域取消路径，效果如图68-11所示。

图 68-10

图 68-11

07 设置前景色为黑色，单击铅笔工具 ，在画笔预设面板中设置各项参数，如图68-12所示。然后单击钢笔工具 ，在图像中适当位置绘制路径，如图67-13所示。单击路径面板上的"用画笔描边路径"按钮 ，再单击路径面板的灰色区域取消路径，效果如图67-14所示。

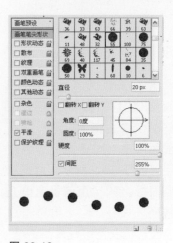

图 68-12

图 68-13

图 68-14

08 设置前景色为蓝色（R:156 G:217 B:254），在"图层3"上新建图层"图层5"。单击钢笔工具 ，在图像中适当位置绘制短裤路径，如图68-15所示。单击路径面板上的"用前景色填充路径"按钮 ，再单击路径面板的灰色区域取消路径，效果如图68-16所示。

图 68-15

图 68-16

09 设置前景色为浅蓝色（R:221 G:241 B:253），在"图层5"上新建图层"图层6"。单击钢笔工具 ，在图像中适当位置绘制路径，如图68-17所示。单击路径面板上的"用前景色填充路径"按钮 ，再单击路径面板的灰色区域取消路径，效果如图68-18所示。

图 68-17

图 68-18

10 设置前景色为黑色，在"图层4"上新建图层"图层7"。单击钢笔工具 ，在图像中脸部适当位置绘制眼睛路径，如图68-19所示。单击路径面板上的"用前景色填充路径"按钮 ，再单击路径面板的灰色区域取消路径，得到的效果如图68-20所示。

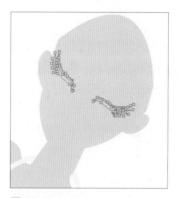

图 68-19

图 68-20

11 设置前景色为棕红色（R:67 G:1 B:1）。单击钢笔工具 ，在图像中脸部适当位置绘制眉毛路径，如图68-21所示。单击路径面板上的"用前景色填充路径"按钮 ，再单击路径面板的灰色区域取消路径，效果如图68-22所示。

图 68-21

图 68-22

12 设置前景色为粉红色（R:255 G:139 B:121）。单击钢笔工具 ，在图像中脸部适当位置绘制嘴唇路径，如图 68-23 所示。单击路径面板上的"用前景色填充路径"按钮 ，再单击路径面板的灰色区域取消路径，绘制效果如图 68-24 所示。

图 68-23

图 68-24

13 设置前景色为黑色，在"图层 7"上新建图层"图层 9"。单击钢笔工具 ，在图像中适当位置绘制头发路径，如图 68-25 所示。单击路径面板上的"用前景色填充路径"按钮 ，再单击路径面板的灰色区域取消路径，效果如图 68-26 所示。

图 68-25

图 68-26

14 在"背景"图层上新建图层"图层 10"。单击钢笔工具 ，在画面中适当位置绘制头发路径，如图 68-27 所示。单击路径面板上的"用前景色填充路径"按钮 ，再单击路径面板的灰色区域取消路径，绘制效果如图 68-28 所示。

图 68-27

图 68-28

15 按住 Ctrl 键单击"图层 1"前的缩略图，将图像载入选区，并单击钢笔工具 ，在图像中脸部位置绘制阴影路径，如图 68-29 所示。设置前景色为深肉色（R:213 G:171 B:143），在"图层 1"上新建图层"图层 11"，单击路径面板上的"用前景色填充路径"按钮 ，再单击路径面板的灰色区域取消路径，得到如图 68-30 所示的效果。

图 68-29

图 68-30

16 设置前景色为浅肉色（R:248 G:232 B:221）。单击钢笔工具 ，在图像中脸部位置绘制亮部路径，如图 68-31 所示。单击路径面板上的"用前景色填充路径"按钮 ，再单击路径面板的灰色区域取消路径，然后按下快捷键 Ctrl + D 取消选区，得到如图 68-32 所示的效果。

图 68-31

图 68-32

17 设置前景色为蓝色（R:147 G:201 B:241），在"图层9"上新建图层"图层12"。单击钢笔工具 ，在图像中适当位置绘制路径，如图 68-33 所示。单击路径面板上的"用前景色填充路径"按钮 ，填充效果如图 68-34 所示。

图 68-33

图 68-34

18 按下快捷键 Ctrl + Enter 将路径转化为选区，如图 68-35 所示。新建图层"图层13"，设置前景色为深蓝色（R:66 G:79 B:97），单击铅笔工具 ，沿着选区边缘绘制阴影，然后按下快捷键 Ctrl + D 取消选区，得到如图 68-36 所示的效果。

图 68-35

图 68-36

19 设置前景色为黑色，在"图层6"上新建图层"图层14"。单击铅笔工具 ，在画面中适当位置进行绘制，得到如图 68-37 所示的效果。

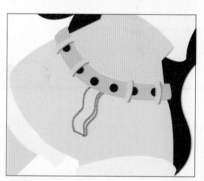

图 68-37

20 设置前景色为蓝色（R:68 G:172 B:236），单击钢笔工具 ，在图像中适当位置绘制路径，如图 68-38 所示。单击路径面板上的"用前景色填充路径"按钮 ，再单击路径面板的灰色区域取消路径，效果如图 68-39 所示。

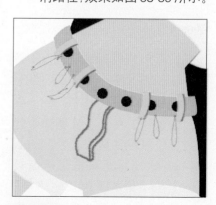

图 68-38

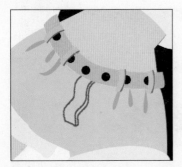

图 68-39

21 单击钢笔工具 ，在图像中继续绘制路径，如图 68-40 所示。单击路径面板上的"用前景色填充路径"按钮 ，再单击路径面板的灰色区域取消路径，效果如图 68-41 所示。

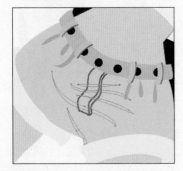

图 68-40

图 68-41

22 设置前景色为深灰色（R:53 G:53 B:53），在"图层 3"上新建图层"图层 15"。单击钢笔工具 ，在图像中适当位置绘制头发路径，如图 68-42 所示。单击路径面板上的"用前景色填充路径"按钮 ，再单击路径面板的灰色区域取消路径，效果如图 68-43 所示。

图 68-42

图 68-43

23 设置前景色为红色（R:255 G:0 B:0），在"图层 2"上新建图层"图层 16"。单击自定形状工具 ，在属性栏上单击"填充像素"按钮 ，选择"形状"为"圆形画框"，如图 68-44 所示。在画面中头发适当位置绘制图案，效果如图 68-45 所示。

图 68-44

图 68-45

24 复制"图层 16"图层，得到"图层 16 副本"，如图 68-46 所示。执行"编辑 > 自由变换"命令，对复制图像进行旋转，并调整其位置，按下 Enter 键确定变换，得到如图 68-47 所示的效果。

图 68-46

图 68-47

25 设置前景色为绿色（R:3 G:190 B:12）。单击钢笔工具 ，在图像中头发适当位置绘制路径，如图 68-48 所示。单击路径面板上的"用前景色填充路径"按钮 ，再单击路径面板的灰色区域取消路径，效果如图 68-49 所示。

图 68-48

图 68-49

26 按住 Ctrl 键单击"图层 2"
前的缩略图，将图像载入选
区。单击钢笔工具 ，在图
像中适当位置绘制路径，如
图 68-50 所示。设置前景
色为深肉色（R:213 G:171
B:143），在"图层 2"上新
建图层"图层 17"。单击路
径面板上的"用前景色填充
路径"按钮 ，再单击路
径面板的灰色区域取消路径，
然后按下快捷键 Ctrl + D 取
消选区，得到如图 68-51 所
示的效果。

图 68-50

图 68-51

27 设置前景色为蓝色（R:68
G:198 B:238），新建图层"图
层 18"。单击自定形状工具
，在属性栏上单击"填充
像素"按钮 ，选择"形状"
为"窄边圆框"，如图 68-52
所示，然后在画面中适当位
置绘制图案，如图 68-53 所
示。执行"编辑 > 自由变
换"命令，对图像进行旋转，
并适当调整位置，得到如图
68-54 所示的效果。

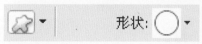

图 68-52

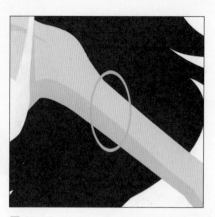

图 68-53

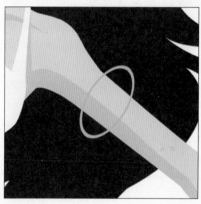

图 68-54

28 复制"图层 18"图层，得到
图层"图层 18 副本"，单击
移动工具 ，将复制图像拖
曳至适当位置，如图 68-55
所示。执行"编辑 > 自由变
换"命令，适当缩小复制图像，
得到如图 68-56 所示的效果。

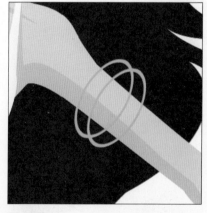

图 68-55

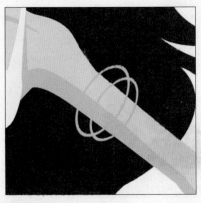

图 68-56

29 设置前景色为黄色（R:252 G:224 B:36），单击油漆桶工具 ，对"图层 18 副本"内图像进行填充，得到如图 68-57 所示的效果。按下快捷键 Ctrl+E 合并"图层 18"及"图层 18 副本"，然后再按住 Ctrl 键单击"图层 2"前的缩略图，将图像载入选区，单击橡皮擦工具 ，擦除"图层 18"中多余的图像，得到如图 68-58 所示的效果。

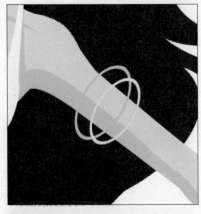

图 68-57

图 68-58

30 设置前景色为白色。选择"图层 4"，单击铅笔工具 ，在画面的嘴唇内部进行描绘，效果如图 68-59 所示。选择"图层 7"，在画面的嘴唇部分绘制高光，效果如图 68-60 所示。

图 68-59

图 68-60

31 按住 Ctrl 键单击"图层 1"前的缩略图，将图像载入选区，设置前景色为深肉色（R:254 G:189 B:179）；在"图层 13"上新建图层"图层 19"。单击画笔工具 ，在属性栏上设置画笔参数如图 68-61 所示。在图像中人物脸颊部分适当绘制，然后按下快捷键 Ctrl + D 取消选区，得到如图 68-62 所示的效果。

图 68-61

图 68-62

32 设置前景色为白色。单击铅笔工具 ，在画面中腮红部分描绘高光，效果如图 68-63 所示。

图 68-63

33 设置前景色为绿色（R:59 G:251 B:68），在"图层 19"上新建图层"图层 20"。单击画笔工具 ，在属性栏上设置其"不透明度"为 50%，然后在图像中绘制人物的眼影，得到如图 68-64 所示的效果。设置"图层 20"的"不透明度"为 80%，图层面板如图 68-65 所示，得到如图 68-66 所示的效果。

图 68-64

图 68-65

图 68-66

34 设置前景色为白色。单击铅笔工具 ✐，调整适当的大小在画面中耳环部分绘制出圆点，效果如图 68-67 所示。

图 68-67

35 设置前景色为淡粉色（R:237 G:229 B:228），在"背景"图层上新建图层"图层 21"，按下快捷键 Alt＋Delete 进行填充，得到如图 68-68 所示的效果。

图 68-68

36 设置前景色为黄灰色（R:222 G:218 B:206），新建图层"图层 22"。单击自定形状工具 ✐，在属性栏上单击"填充像素"按钮 ▢，选择"形状"为"窄边圆框"，如图 68-69 所示，然后在画面中绘制图案，效果如图 68-70 所示。

图 68-69

图 68-70

37 设置前景色为灰色（R:215 G:213 B:207），新建图层"图层 23"，如图 68-71 所示。单击自定形状工具 ✐，在画面中适当位置绘制图案，效果如图 68-72 所示。

图 68-71

图 68-72

38 设置前景色为淡灰色（R:244 G:243 B:241），新建图层"图层 24"，如图 68-73 所示。单击自定形状工具  ，在画面中适当位置绘制图案，效果如图 68-74 所示。

图 68-73

图 68-74

39 使用以上相同的方法，分别设置不同的前景色，新建图层并绘制"窄边圆框"图案，得到如图 68-75 所示的效果。

图 68-75

40 设置前景色为白色，新建图层"图层 28"。单击自定形状工具 ，在属性栏上单击"填充像素"按钮 ，选择"形状"为"靶心"，如图 68-76 所示，然后在画面中适当位置绘制图案，得到如图 68-77 所示的效果。

形状: ◎

图 68-76

图 68-77

41 选择"图层 16 副本"图层，单击套索工具 ，在画面中创建选区选中发带部分，如图 68-78 所示。执行"图像 > 调整 > 色相/饱和度"命令，在弹出的对话框中设置各项参数，如图 68-79 所示，单击"确定"按钮，按下快捷键 Ctrl+D 取消选区，得到如图 68-80 所示的效果。至此，本实例制作完成。

图 68-78

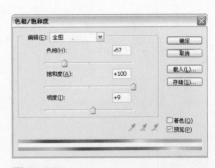

图 68-79

图 68-80

69 色块人物图像

The world in the eye, magic power life.

本实例通过色块的拼合描绘出时尚前卫的创意人物图像，画面效果简洁，构图充满个性，适用于制作各种广告宣传图像。

1. 🔍 使用功能：铅笔工具、钢笔工具、自定形状工具、描边命令、自由变换命令
2. 🎨 配色： R:223 G:221 B:221　■ R:166 G:202 B:240　■ R:153 G:204 B:204　■ R:153 G:153 B:204
3. 💿 光盘路径：Chapter 13\69 色块人物图像\complete\色块人物图像.psd
4. 🎯 难易程度：★★★☆☆

操作步骤

01 执行"文件 > 新建"命令，打开"新建"对话框，在弹出的对话框中设置"宽度"为 10 厘米、"高度"为 8 厘米、"分辨率"为 350 像素 / 英寸，如图 69-1 所示。完成设置后，单击"确定"按钮，新建一个图像文件。

图 69-1

02 设置前景色为灰色（R:223 G:221 B:221），新建图层"图层 1"。单击钢笔工具 ，在画面中适当位置绘制脸部路径，如图 69-2 所示。单击路径面板上的"用前景色填充路径"按钮 ，再单击路径面板的灰色区域取消路径，效果如图 69-3 所示。

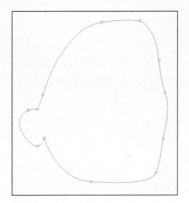

图 69-2

图 69-3

03 设置前景色为蓝色（R:166 G:202 B:240），在"背景"图层上新建图层"图层 2"。

单击钢笔工具 ，在画面中适当位置绘制头发路径，如图 69-4 所示。单击路径面板上的"用前景色填充路径"按钮 ，再单击路径面板的灰色区域取消路径，效果如图 69-5 所示。

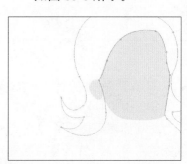

图 69-4

图 69-5

04 设置前景色为深蓝色（R:108 G:150 B:195），在"图层 2"上新建图层"图层 3"。单击钢笔工具 ✒，在图像中适当位置绘制路径，如图 69-6 所示。单击路径面板上的"用前景色填充路径"按钮 ●，再单击路径面板的灰色区域取消路径，设置其图层"不透明度"为 50%，效果如图 69-7 所示。

图 69-6

图 69-7

05 设置前景色为紫色（R:153 G:153 B:204），在"图层 1"上新建图层"图层 4"。单击钢笔工具 ✒，在图像中脸部适当位置绘制眉毛路径，如图 69-8 所示。单击路径面板上的"用前景色填充路径"按钮 ●，再单击路径面板的灰色区域取消路径，效果如图 69-9 所示。

图 69-8

图 69-9

06 单击钢笔工具 ✒，在图像中脸部适当位置绘制路径，如图 69-10 所示。单击路径面板上的"用前景色填充路径"按钮 ●，再单击路径面板的灰色区域取消路径，得到的效果如图 69-11 所示。

图 69-10

图 69-11

07 在"图层 4"上新建图层"图层 5"。单击钢笔工具 ✒，在图像中适当位置绘制路径，如图 69-12 所示。单击路径面板上的"用前景色填充路径"按钮 ●，再单击路径面板的灰色区域取消路径，效果如图 69-13 所示。

图 69-12

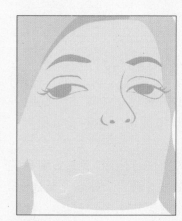

图 69-13

08 设置前景色为深蓝色（R:89 G:128 B:169）。按住 Ctrl 键单击"图层 5"前的缩略图，载入选区，如图 69-14 所示。单击铅笔工具 ✎，在选区内绘制瞳孔，如图 69-15 所示。

图 69-14

图 69-15

09　设置前景色为白色，单击铅笔工具 ，在选区内绘制高光，效果如图 69-16 所示。

图 69-16

10　设置前景色为绿色（R:153 G:204 B:204），新建图层"图层 6"。单击钢笔工具 ，在图像中脸部适当位置绘制嘴唇路径，如图 69-17 所示。单击路径面板上的"用前景色填充路径"按钮 ，再单击路径面板的灰色区域取消路径，效果如图 69-18 所示。

图 69-17

图 69-18

11　设置前景色为浅灰色（R:226 G:226 B:226），新建图层"图层 7"。单击铅笔工具 ，在图像中嘴唇部分进行绘制，效果如图 69-19 所示。

图 69-19

12　设置前景色为灰色（R:215 G:215 B:215），在"背景"图层上新建图层"图层 8"。单击钢笔工具 ，在图像中适当位置绘制脖子路径，如图 69-20 所示。单击路径面板上的"用前景色填充路径"按钮 ，再单击路径面板的灰色区域取消路径，效果如图 69-21 所示。

图 69-20

图 69-21

13　选择"图层 5"，设置前景色为白色，单击铅笔工具 ，在嘴唇内部进行绘制，效果如图 69-22 所示。

图 69-22

14　在"图层 7"上新建图层"图层 9"。单击钢笔工具 ，在图像中适当位置绘制手部路径，如图 69-23 所示。单击路径面板上的"用前景色填充路径"按钮 ，得到的效果如图 69-24 所示。

图 69-23

图 69-24

15 按下快捷键 Ctrl + Enter 将路径转化为选区。执行"编辑 > 描边"命令，在弹出的对话框中设置"宽度"为 8px，"颜色"为 R:153 G:204 B:204，如图 69-25 所示，单击"确定"按钮，得到如图 69-26 所示的效果。

图 69-25

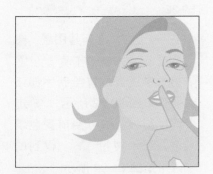

图 69-26

16 设置前景色为绿色（R:153 G:204 B:204）。单击钢笔工具 ，在图像中适当位置绘制路径，如图 69-27 所示。单击路径面板上的"用前景色填充路径"按钮 ，再单击路径面板的灰色区域取消路径，效果如图 69-28 所示。

图 69-27

图 69-28

17 在"图层 1"上新建图层"图层 10"，单击钢笔工具 ，在图像中适当位置绘制眼镜路径，如图 69-29 所示。单击路径面板上的"用前景色填充路径"按钮 ，再单击路径面板的灰色区域取消路径，效果如图 69-30 所示。

图 69-29

图 69-30

18 单击钢笔工具 ，在图像中适当位置绘制路径，如图 69-31 所示。单击路径面板上的"用前景色填充路径"按钮 ，再单击路径面板的灰色区域取消路径，效果如图 69-32 所示。

图 69-31

图 69-32

19 在"背景"图层上新建图层"图层 11"。单击钢笔工具 ，在图像中适当位置绘制路径，如图 69-33 所示。单击路径面板上的"用前景色填充路径"按钮 ，再单击路径面板的灰色区域取消路径，效果如图 69-34 所示。

图 69-33

图 69-34

20 设置前景色为灰色（R:215 G:215 B:215），在"背景"图层上新建图层"图层 12"。按下快捷键 Alt + Delete 进行填充，得到如图 69-35 所示的效果。

图 69-35

21 设置前景色为蓝色（R:166 G:202 B:240），在"图层 9"上新建图层"图层 13"。单击钢笔工具 ，在图像中适当位置绘制路径，如图 69-36 所示。单击路径面板上的"用前景色填充路径"按钮 ，再单击路径面板的灰色区域取消路径，效果如图 69-37 所示。

图 69-36

图 69-37

22 设置前景色为绿色（R:153 G:204 B:204）。按住 Ctrl 键单击"图层 2"前的缩略图，载入选区，如图 69-38 所示。选择"图层 13"图层，单击油漆桶工具 ，在选区内单击进行填充，再按下快捷键 Ctrl+D 取消选区，效果如图 69-39 所示。

图 69-38

图 69-39

23 按住 Ctrl 键单击"图层 3"前的缩略图，载入选区，如图 69-40 所示。选择"图层 13"图层，按下 Delete 键删除选区内图像，再按下快捷键 Ctrl+D 取消选区，效果如图 69-41 所示。

图 69-40

图 69-41

24 设置前景色为蓝色（R:137 G:176 B:217）。按住 Ctrl 键单击"图层 2"前的缩略图，载入选区，如图 69-42 所示。选择"图层 10"图层，单击油漆桶工具 ，在选区内眼镜部分单击进行填充，再按下快捷键 Ctrl + D 取消选区，效果如图 69-43 所示。

图 69-42

图 69-43

25 设置前景色为灰色（R:204 G:204 B:204），在"图层12"上新建图层"图层14"。单击矩形工具▭，在属性栏上单击"填充像素"按钮▭，如图69-44所示，然后在图像下方适当位置进行绘制，得到如图69-45所示的图像效果。

图 69-44

图 69-45

26 设置前景色为白色，在"图层13"上新建图层"图层15"。单击自定形状工具✿，在属性栏上单击"填充像素"按钮▭，选择"形状"为"双八分音符"，然后在图像中绘制图案，效果如图69-46所示。

图 69-46

27 执行"编辑 > 自由变换"命令，显示出自由变换编辑框，旋转图像如图69-47所示，按下Enter键确定变换，得到如图69-48所示的效果。

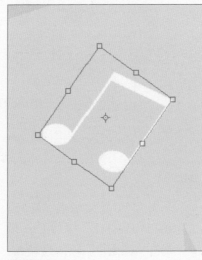

图 69-47

图 69-48

28 单击自定形状工具✿，在属性栏上单击"填充像素"按钮▭，选择"形状"为"十六分音符"，如图69-49所示，然后在图像中绘制图案，效果如图69-50所示。

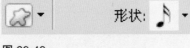

图 69-49

图 69-50

29 单击自定形状工具✿，在属性栏上单击"填充像素"按钮▭，选择"形状"为"双八分音符"，如图69-51所示，然后在图像中绘制图案，效果如图69-52所示。

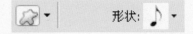

图 69-51

图 69-52

30 单击横排文字工具Ｔ，在弹出的字符面板中设置各项参数，如图69-53所示，在图像中输入文字。然后单击移动工具▸⊕，按下键盘中的方向键适当调整文字的位置，效果如图69-54所示。

图 69-53

图 69-54

31 单击横排文字工具 T，在弹出的字符面板中设置各项参数，"文本颜色"设置为 R:153 G:204 B:204，如图 69-55 所示，在图像中输入文字。然后单击移动工具，按下键盘中的方向键适当调整文字的位置，效果如图 69-56 所示。

图 69-55

图 69-56

32 单击横排文字工具 T，在弹出的字符面板中设置各项参数，如图 69-57 所示，在图像中输入文字。然后单击移动工具，按下键盘中的方向键适当调整文字的位置，效果如图 69-58 所示。

图 69-57

图 69-58

33 选择图像下方的两个文字图层，单击移动工具，按下键盘中的方向键适当调整

文字的位置。设置前景色为白色，按住 Ctrl 键单击文字图层"beautiful mood"前的缩略图，载入选区，按住 Ctrl+Alt+Shift 快捷键单击"图层 11"前的缩略图，得到重叠部分的选区，如图 69-59 所示。新建图层"图层 16"，单击油漆桶工具，在选区内单击进行填充，然后按下快捷键 Ctrl + D 取消选区，得到的效果如图 69-60 所示。至此，本实例制作完成。

图 69-59

图 69-60

70 动漫场景人物图像

本实例通过钢笔工具勾勒出人物形象的明暗色块，并结合其他绘图工具绘制出色调柔和的地铁背景场景，制作出构图完整的原创动漫图像。

1. 🔍 使用功能：铅笔工具、钢笔工具、油漆桶工具、自定形状工具、套索工具、自由变换命令

2. 🎨 配色： R:255 G:223 B:201　 R:254 G:194 B:0　 R:255 G:173 B:148　 R:94 G:122 B:185

3. ◉ 光盘路径：Chapter 13\70 动漫场景人物图像\complete\动漫场景人物图像.psd

4. 🗡 难易程度：★★★★☆

操作步骤

01 执行"文件 > 新建"命令，打开"新建"对话框，在弹出的对话框中设置"宽度"为 10 厘米、"高度"为 12 厘米，"分辨率"为 350 像素 / 英寸，如图 70-1 所示。完成设置后，单击"确定"按钮，新建一个图像文件。

图 70-1

02 设置前景色为肉色（R:255 G:223 B:201），新建图层"图层 1"。单击钢笔工具，在画面中适当位置绘制路径，如图 69-2 所示。单击路径面板上的"用前景色填充路径"按钮，再单击路径面板的灰色区域取消路径，效果如图 70-3 所示。

图 70-2

图 70-3

03 设置前景色为黑色，新建图层"图层 2"。单击钢笔工具，在画面中适当位置绘制头发路径，如图 69-4 所示。单击路径面板上的"用前景色填充路径"按钮，再单击路径面板的灰色区域取消路径，效果如图 70-5 所示。

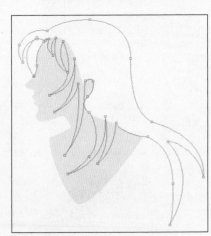

图 70-4

图 70-5

新建图层〝图层 3〞。单击钢
笔工具 ，在图像中脸部适
当位置绘制路径，如图 69-6
所示。单击路径面板上的〝用前
景色填充路径〞按钮 ，再
单击路径面板的灰色区域取
消路径，绘制效果如图 70-7
所示。

图 70-6

图 70-7

05 设置前景色为浅棕色（R:221
G:176 B:153），新建图层〝图
层 4〞。单击钢笔工具 ，
在图像中适当位置绘制路径，
如图 69-8 所示。单击路径面
板上的〝用前景色填充路径〞
按钮 ，再单击路径面板
的灰色区域取消路径，效果
如图 70-9 所示。

图 70-8

图 70-9

06 设置前景色为深棕色（R:75
G:2 B:2），在〝图层 2〞上
新建图层〝图层 5〞。单击椭
圆工具 ，在属性栏上单击
〝填充像素〞按钮 ，然后
在图像中眼眶内部绘制图像，
效果如图 69-10 所示。然后
设置前景色为黑色，单击椭
圆工具 ，在深棕色眼球图
像上适当位置绘制黑色瞳孔，
效果如图 69-11 所示。

图 70-10

图 70-11

07 设置前景色为白色。单击铅
笔工具 ，在图像中眼睛
的位置上绘制高光，如图
70-12 所示。在〝图层 2〞上
新建图层〝图层 6〞，单击铅
笔工具 ，为画面中的眼
白部分涂上白色，效果如图
70-13 所示。

图 70-12

图 70-13

08 单击橡皮擦工具 ，在属性栏上设置各项参数，如图70-14 所示，然后擦除白色图像边缘的多余部分，使图像效果更加柔和，如图70-15 所示。

| 模式: | 画笔 | ▼ | 不透明度: | 50% | ▶ |

图 70-14

364

图 70-15

09 设置前景色为粉色（R:255 G:148 B:171），新建图层"图层7"。单击钢笔工具 ，在图像中脸部适当位置绘制嘴唇路径，如图70-16 所示。单击路径面板上的"用前景色填充路径"按钮 ，再单击路径面板的灰色区域取消路径，效果如图70-17 所示。

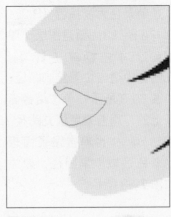

图 70-16

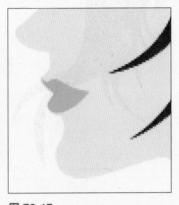

图 70-17

10 设置前景色为白色。单击铅笔工具 ，在画面中的嘴唇位置点上高光，效果如图70-18 所示。

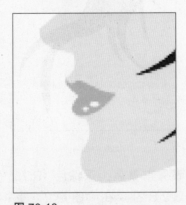

图 70-18

11 按住 Ctrl 键单击"图层2"前的缩略图，载入选区，选中头发部分如图70-19 所示。复制"图层1"图层，得到"图层1副本"。单击矩形选框工具 ，按下键盘中的方向键适当移动选区的位置，如图70-20 所示。

图 70-19

图 70-20

12 设置前景色为肉色（R:248 G:203 B:172），单击油漆桶工具 ，对选区进行填充，效果如图70-21 所示。载入"图层2"选区，执行"选择 > 反向"命令，对选区进行反选，按下 Delete 键删除内图像，然后按下快捷键 Ctrl+D 取消选区，得到如图70-22 所示的效果。

图 70-21

图 70-22

13 设置前景色为黄色（R:254 G:194 B:0），在"图层 2"上新建图层"图层 9"。单击钢笔工具 ，在图像中适当位置绘制上衣路径，如图 69-23 所示。单击路径面板上的"用前景色填充路径"按钮 ，再单击路径面板的灰色区域取消路径，效果如图 70-24 所示。

图 70-23

图 70-24

14 单击钢笔工具 ，在图像中适当位置绘制路径，如图 69-25 所示。按下快捷键 Ctrl+Enter 将路径转化为选区，再按下 Delete 键删除选区内图像，最后按下快捷键 Ctrl+D 取消选区，得到如图 69-26 所示的效果。

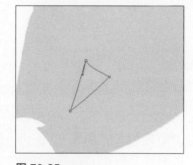

图 70-25

图 70-26

15 设置前景色为棕黄色（R:212 G:162 B:1），新建图层"图层 10"。按住 Ctrl 键单击"图层 9"前的缩略图，载入选区，然后单击钢笔工具 ，在图像中绘制路径，如图 69-27 所示。单击路径面板上的"用前景色填充路径"按钮 ，再单击路径面板的灰色区域取消路径，然后按下快捷键 Ctrl+D 取消选区，效果如图 70-28 所示。

图 70-27

图 70-28

16 设置前景色为肉色（R:255 G:223 B:201），在"图层 2"上新建图层"图层 11"。单击钢笔工具 ，在图像中适当位置绘制手部路径，如图 69-29 所示。单击路径面板上的"用前景色填充路径"按钮 ，再单击路径面板的灰色区域取消路径，然后按下快捷键 Ctrl+D 取消选区，效果如图 70-30 所示。

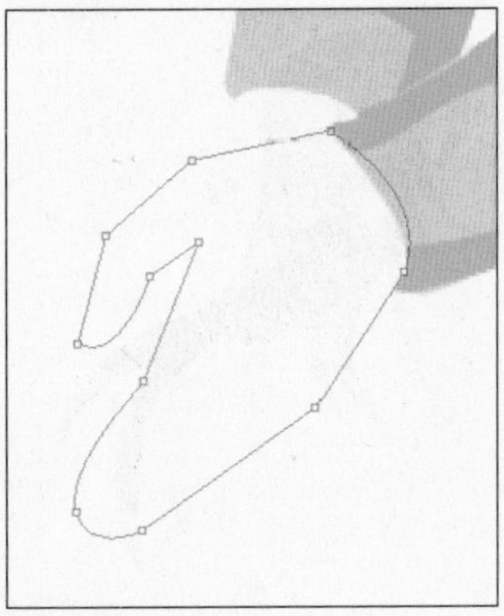

图 70-29

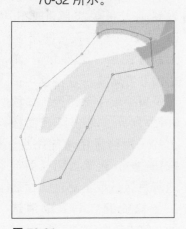

图 70-30

17 设置前景色为深肉色（R:248 G:203 B:172），在"图层 2"上新建图层"图层 12"。单击钢笔工具 ✐，在图像中适当位置绘制路径如图 69-31 所示。单击路径面板上的"用前景色填充路径"按钮 ◉，再单击路径面板的灰色区域取消路径，最后按下快捷键 Ctrl+D 取消选区，效果如图 70-32 所示。

图 70-32

18 设置前景色为蓝色（R:94 G:122 B:185），在"图层 2"上新建图层"图层 13"。单击钢笔工具 ✐，在图像中适当位置绘制裤子路径，如图 69-33 所示。单击路径面板上的"用前景色填充路径"按钮 ◉，再单击路径面板的灰色区域取消路径，最后按下快捷键 Ctrl+D 取消选区，效果如图 70-34 所示。

图 70-33

图 70-34

19 设置前景色为深蓝色（R:61 G:85 B:139），新建图层"图层 14"。按住 Ctrl 键单击"图层 13"前的缩略图，载入选区，单击钢笔工具 ✐，在图像中适当位置绘制路径，如图 70-35 所示。单击路径面板上的"用前景色填充路径"按钮 ◉，再单击路径面板的灰色区域取消路径，效果如图 70-36 所示。

图 70-35

图 70-31

图 70-36

20 设置前景色为蓝灰色（R:143 G:164 B:212），新建图层"图层 15"。单击钢笔工具 ✎，在图像中适当位置绘制路径，如图 70-37 所示。单击路径面板上的"用前景色填充路径"按钮 ●，再单击路径面板的灰色区域取消路径，效果如图 70-38 所示。

图 70-37

图 70-38

21 新建图层"图层 16"，单击钢笔工具 ✎，在图像中适当位置绘制路径，如图 70-39 所示。单击路径面板上的"用画笔描边路径"按钮 ○，对路径进行描边，再单击路径面板的灰色区域取消路径，效果如图 70-40 所示。

图 70-39

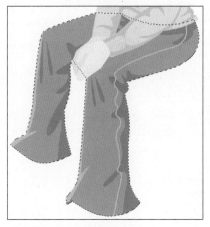

图 70-40

22 设置前景色为深蓝色（R:37 G:52 B:86）。单击钢笔工具 ✎，在图像中适当位置绘制路径，如图 70-41 所示。单击路径面板上的"用画笔描边路径"按钮 ○，再单击路径面板的灰色区域取消路径，得到的效果如图 70-42 所示。

图 70-41

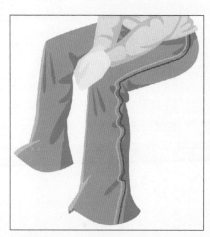

图 70-42

23 选择"图层 15"，单击橡皮擦工具 ✐，擦除画面中多余的图像。设置前景色为蓝绿色（R:84 G:174 B:197），在"图层 2"上新建图层"图层 17"。单击钢笔工具 ✎，在图像中裤子下方绘制鞋子路径，如图 70-43 所示。单击路径面板上的"用前景色填充路径"按钮 ●，再单击路径面板的灰色区域取消路径，效果如图 70-44 所示。

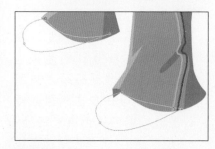

图 70-43

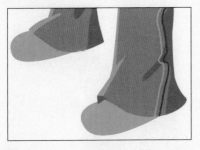

图 70-44

24 设置前景色为灰色（R:202 G:202 B:202），在"图层 2"上新建图层"图层 18"。单击钢笔工具 ✎，在图像中鞋子下方绘制路径，如图 70-45 所示。单击路径面板上的"用前景色填充路径"按钮 ●，再单击路径面板的灰色区域取消路径，效果如图 70-46 所示。

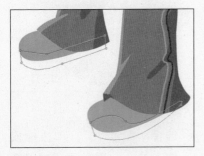

图 70-45

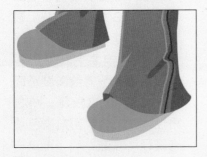

图 70-46

25 设置前景色为浅粉色（R:255 G:203 B:187），在"图层 2"上新建图层"图层 19"。单击钢笔工具 ✎，在图像中适当位置绘制路径，如图 70-47 所示。单击路径面板上的"用前景色填充路径"按钮 ●，再单击路径面板的灰色区域取消路径，效果如图 70-48 所示。

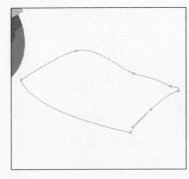

图 70-47

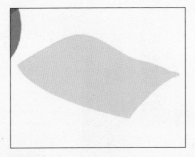

图 70-48

26 设置前景色为粉色（R:255 G:173 B:148），在"图层 2"上新建图层"图层 20"。单击钢笔工具 ✎，在图像中适当位置绘制路径，如图 70-49 所示。单击路径面板上的"用前景色填充路径"按钮 ●，再单击路径面板的灰色区域取消路径，效果如图 70-50 所示。

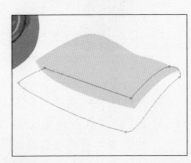

图 70-49

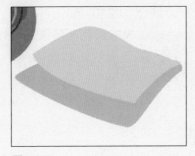

图 70-50

27 设置前景色为浅粉色（R:255 G:203 B:187），在"图层 2"上新建图层"图层 21"。单击钢笔工具 ✎，在图像中适当位置绘制路径，如图 70-51 所示。单击路径面板上的"用前景色填充路径"按钮 ●，再单击路径面板的灰色区域取消路径，效果如图 70-52 所示。

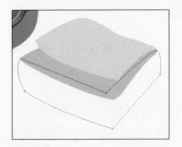

图 70-51

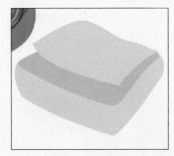

图 70-52

28 设置前景色为粉色（R:255 G:173 B:148），在"图层 20"上新建图层"图层 22"。单击钢笔工具 ✎，在图像中适当位置绘制路径，如图 70-53 所示。单击路径面板上的"用前景色填充路径"按钮 ●，再单击路径面板的灰色区域取消路径，效果如图 70-54 所示。

图 70-53

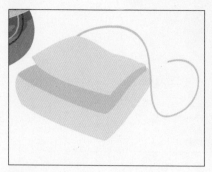

图 70-54

29 在"图层20"上新建图层"图层23"。单击钢笔工具 ✏️，在图像中适当位置绘制路径，如图70-55所示。按下快捷键 Ctrl + Enter 将路径转化为选区，单击渐变工具 ▮，单击渐变条在打开的"渐变编辑器"对话框中设置渐变，如图70-56所示，单击"确定"按钮，然后在选区内拖动鼠标进行渐变填充，得到如图70-57所示的效果。

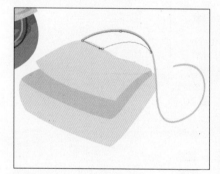

图 70-55

图 70-56

图 70-57

30 在"图层20"上新建图层"图层24"。单击钢笔工具 ✏️，在图像中适当位置绘制路径，如图70-58所示。按下快捷键 Ctrl+Enter 将路径转化为选区，单击渐变工具 ▮，在选区内拖动鼠标进行渐变填充，得到如图70-59所示的效果。

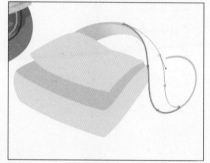

图 70-58

图 70-59

31 在"图层20"上新建图层"图层25"。单击钢笔工具 ✏️，在图像中适当位置绘制路径，如图70-60所示。按下快捷键 Ctrl+Enter 将路径转化为选区，单击渐变工具 ▮，在选区内拖动鼠标进行渐变填充，得到如图70-61所示的效果。

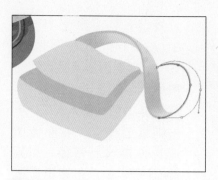

图 70-60

图 70-61

32 单击钢笔工具 ✏️，在图像中适当位置绘制路径，如图70-62所示。按下快捷键 Ctrl+Enter 将路径转化为选区，然后单击渐变工具 ▮，在选区内拖动鼠标进行渐变填充，得到如图70-63所示的效果。

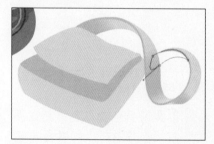

图 70-62

图 70-63

33 设置前景色为粉色（R:255 G:173 B:148），在"图层19"上新建图层"图层26"。按住 Ctrl 键单击"图层19"前的缩略图，载入选区。单击钢笔工具✑，在图像中适当位置绘制路径，如图70-64 所示。单击路径面板上的"用前景色填充路径"按钮●，再单击路径面板的灰色区域取消路径，按下快捷键 Ctrl+D 取消选区，效果如图70-65 所示。

图 70-64

图 70-65

34 设置前景色为白色，新建图层"图层27"。单击自定形状工具✍，在属性栏上单击"填充像素"按钮▢，选择"形状"为"蝴蝶"，如图70-66 所示，然后在图像中绘制图案，执行"编辑 > 自由变换"命令，对图像进行适当旋转，按下 Enter 键确定变换，得到如图70-67 所示的效果。

图 70-66

图 70-67

35 单击横排文字工具▢，在字符面板中设置各项参数，如图70-68 所示，在图像中输入文字。然后单击移动工具▶⊕，按下键盘中的方向键适当调整文字的位置，效果如图70-69 所示。

图 70-68

图 70-69

36 执行"编辑 > 自由变换"命令，对文字图像进行变形处理，并适当移动文字的位置，得到如图70-70 所示的效果。

图 70-70

37 在图层面板上新建"组1"，将所有背包图层拖曳到组内，如图70-71 所示。新建"组2"，将所有人物图层拖曳到组内，如图70-72 所示。

图 70-71

图 70-72

370

38 在"背景"图层上新建"组3"，并在组内新建图层"图层28"，如图70-73所示。设置前景色为灰色（R:174 G:181 B:177）。单击钢笔工具 ✎，在画面中适当位置绘制路径，如图70-74所示。单击路径面板上的"用前景色填充路径"按钮 ●，再单击路径面板的灰色区域取消路径，效果如图70-75所示。

图 70-73

图 70-74

图 70-75

39 设置前景色为黄色（R:230 G:206 B:122），在"图层28"上新建图层"图层29"。单击钢笔工具 ✎，在画面中适当位置绘制路径，如图70-76所示。单击路径面板上的"用前景色填充路径"按钮 ●，再单击路径面板的灰色区域取消路径，效果如图70-77所示。

图 70-76

图 70-77

40 设置前景色为灰色（R:134 G:161 B:165），在"图层29"上新建图层"图层30"。单击钢笔工具 ✎，在画面中适当位置绘制路径，如图70-78所示。单击路径面板上的"用前景色填充路径"按钮 ●，再单击路径面板的灰色区域取消路径，效果如图70-79所示。

图 70-78

图 70-79

41 单击钢笔工具 ✎，在画面中适当位置绘制路径，如图70-80所示。单击路径面板上的"用前景色填充路径"按钮 ●，再单击路径面板的灰色区域取消路径，得到的效果如图70-81所示。

图 70-80

图 70-81

42 设置前景色为黄色（R:241 G:238 B:208），在"图层 30"上新建图层"图层 31"。单击钢笔工具，在画面中适当位置绘制路径，如图 70-82 所示。单击路径面板上的"用前景色填充路径"按钮，再单击路径面板的灰色区域取消路径，得到的效果如图 70-83 所示。

图 70-82

图 70-83

43 设置前景色为灰色（R:170 G:184 B:172），在"图层 28"上新建图层"图层 32"。单击钢笔工具，在画面中适当位置绘制路径，如图 70-84 所示。单击路径面板上的"用前景色填充路径"按钮，再单击路径面板的灰色区域取消路径，效果如图 70-85 所示。

图 70-84

图 70-85

44 设置前景色为蓝色（R:193 G:229 B:229），在"图层 31"上新建图层"图层 33"。单击钢笔工具，在画面中绘制路径如图 70-86 所示。单击路径面板上的"用前景色填充路径"按钮，再单击路径面板的灰色区域取消路径,效果如图 70-87 所示。

图 70-86

图 70-87

45 设置前景色为浅灰色（R:209 G:205 B:196），在"图层 33"上新建图层"图层 34"。单击钢笔工具，在图像中适当位置绘制路径，如图 70-88 所示。单击路径面板上的"用前景色填充路径"按钮，再单击路径面板的灰色区域取消路径，效果如图 70-89 所示。

图 70-88

图 70-89

46 设置前景色为蓝灰色（R:101 G:138 B:153），在〝图层34〞上新建图层〝图层35〞。单击钢笔工具 ![pen]，在图像中适当位置绘制路径，如图70-90所示。单击路径面板上的〝用前景色填充路径〞按钮 ![btn]，再单击路径面板的灰色区域取消路径，绘制效果如图70-91所示。

图 70-90

图 70-91

47 新建图层〝图层36〞，单击钢笔工具 ![pen]，在图像中适当位置绘制路径，如图70-92所示。单击路径面板上的〝用前景色填充路径〞按钮 ![btn]，再单击路径面板的灰色区域取消路径，绘制效果如图70-93所示。

图 70-92

图 70-93

48 设置前景色为蓝色（R:103 G:185 B:249），在〝图层34〞上新建图层〝图层37〞。单击钢笔工具 ![pen]，在图像中适当位置绘制路径，如图70-94所示。单击路径面板上的〝用前景色填充路径〞按钮 ![btn]，再单击路径面板的灰色区域取消路径，得到的效果如图70-95所示。

图 70-94

图 70-95

49 设置前景色为蓝灰色（R:101 G:138 B:153），在〝图层36〞上新建图层〝图层38〞。单击矩形工具 ![rect]，在属性栏上单击〝填充像素〞按钮 ![btn]，如图70-96所示，在图像中进行绘制，得到如图70-97所示的效果。

图 70-96

图 70-97

50 重复两次复制"图层 38"图层,"得到图层 38 副本"及"图层 38 副本 2",如图 70-98 所示。选择"图层 38 副本",单击移动工具▶⊕,按下键盘中的方向键调整图像的位置,效果如图 70-99 所示。

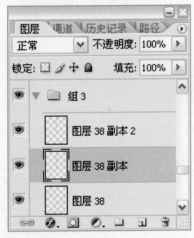

图 70-98

图 70-99

51 选择"图层 38 副本 2"图层,执行"编辑 > 自由变换"命令,拖动自由变换编辑框图像进行旋转,并单击移动工具▶⊕,拖动图像调整位置,然后按下 Enter 键确定变换,效果如图 70-100 所示。单击橡皮擦工具◢,擦去画面中多余的图像,得到如图 70-101 所示的效果。

图 70-100

图 70-101

52 使用以上相同的方法,复制"图层 38 副本 2",得到"图层 38 副本 3",并通过自由变换命令对图像进行旋转,然后擦去多余的图像,得到如图 70-102 所示的效果。

图 70-102

53 选择"图层 35"图层,单击矩形选框工具▢,在画面中创建选区,如图 70-103 所示。按下快捷键 Ctrl+J,自动生成"图层 39"。执行"编辑 > 变换 > 水平翻转"命令翻转图像,再执行"编辑 > 自由变换"命令,按住 Ctrl 键适当拖动编辑框节点对图像进行变形处理,将其移动至画面右侧,得到如图 70-104 所示的效果。

图 70-103

图 70-104

374

54 设置前景色为蓝色（R:103 G:185 B:249），在"图层34"上新建图层"图层40"。单击钢笔工具，在图像右侧适当位置绘制路径，如图70-105所示。单击路径面板上的"用前景色填充路径"按钮，再单击路径面板的灰色区域取消路径，效果如图70-106所示。

图 70-105

图 70-106

55 在"图层38副本3"上新建图层"图层41"。单击钢笔工具，在图像中适当位置绘制路径，如图70-107所示。按下快捷键Ctrl+Enter将路径转化为选区，然后单击渐变工具，在"渐变编辑器"对话框中设置渐变如图70-108所示，单击"确定"按钮，然后在选区内从左向右拖动鼠标进行渐变填充，最后按下快捷键Ctrl+D取消选区，得到如图70-109所示的效果。

图 70-107

图 70-108

图 70-109

56 复制"图层41"，得到"图层41副本"。执行"编辑 > 自由变换"命令，旋转图像，按住Ctrl键适当拖动编辑框节点对图像进行变形处理，单击移动工具，按下键盘中的方向键适当调整图像的位置，如图70-110所示，最后按下Enter键确定变换，效果如图70-111所示。单击橡皮擦工具，擦去画面中多余的图像，得到如图70-112所示的效果。

图 70-110

图 70-111

图 70-112

57 使用以上相同的方法，重复复制"图层 41"，并通过自由变换命令，旋转所有复制图层，最后擦去多余的图像，得到如图 70-113 所示的效果。

图 70-113

58 选择"图层 34"，按住 Ctrl 键单击图层前的缩略图载入选区。执行"选择 > 修改 > 收缩"命令，在弹出的对话框中设置"收缩量"为 30 像素，如图 70-114 所示，单击"确定"按钮，得到如图 70-115 所示的选区效果。

图 70-114

图 70-115

59 设置前景色为深灰色（R:181 G:180 B:176），新建图层"图层 42"，如图 70-116 所示。按下快捷键 Alt+Delete 对选区进行填充，然后按下快捷键 Ctrl + D 取消选区，得到如图 70-117 所示的效果。

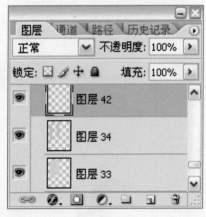

图 70-116

图 70-117

60 在"图层 36"上新建图层"图层 43"。单击铅笔工具，在属性栏上设置画笔参数，如图 70-118 所示，然后按住 Shfit 键在画面中绘制直线，效果如图 70-119 所示。

图 70-118

图 70-119

61 单击铅笔工具，在画笔预设面板中设置各项参数，如图 70-120 所示。然后单击钢笔工具，在图像中适当位置绘制路径，如图 67-121 所示。单击路径面板上的"用画笔描边路径"按钮，再单击路径面板的灰色区域取消路径，得到的效果如图 67-122 所示。

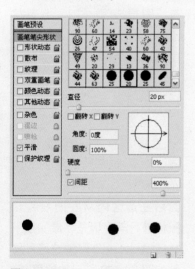

图 70-120

376

图 70-121

图 70-122

62 设置前景色为白色。选择"图层 37",按住 Ctrl 键单击图层前的缩略图载入选区,如图 70-123 所示。单击铅笔工具 ,在属性栏上设置各项参数,如图 70-124 所示,新建图层"图层 44",在选区中进行绘制,然后按下快捷键 Ctrl + D 取消选区,得到如图 70-125 所示的效果。

图 70-123

图 70-124

图 70-125

63 复制"组 2",得到"组 2副本",将"组 2"拖曳至"组2 副本"之上,如图 70-126所示。选择"组 2 副本",按下快捷键 Ctrl+E 合并图层,如图 70-127 所示。

图 70-126

图 70-127

64 按下 D 键将颜色设置为默认色。按住 Ctrl 键单击"组2 副本"前的缩略图载入选区,再按下键盘中的方向键适当调整选区的位置,如图70-128 所示。执行"选择 >羽化"命令,设置"羽化半径"为 15 像素,如图 70-129 所示,单击"确定"按钮,再按下快捷键 Alt+Delete 填充选区,最后按下快捷键 Ctrl + D 取消选区,得到如图 70-130 所示的效果。

图 70-128

377

图 70-129

图 70-130

65 设置图层"组2副本"的混合模式为"柔光",图层面板如图70-131所示,得到如图70-132所示的效果。

图 70-131

图 70-132

66 复制"组1",得到"组1副本",将其拖曳至"组1"之下,然后按住Ctrl键选中"组1"及"组1副本",将其拖曳至图层最上层,如图70-133所示。选择"组1副本",按下快捷键Ctrl+E合并图层,如图70-134所示。

图 70-133

图 70-134

67 按住Ctrl键单击"组1副本"前的缩略图载入选区,再按下键盘中的方向键适当调整选区的位置,如图70-135所示。执行"选择 > 羽化"命令,设置"羽化半径"为10像素,如图70-136所示,单击"确定"按钮,按下快捷键Alt+Delete填充选区,最后按下快捷键Ctrl+D取消选区,得到如图70-137所示的效果。

图 70-135

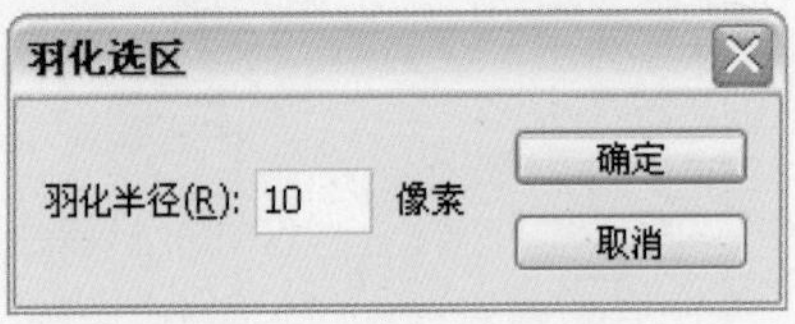

羽化选区

羽化半径(R): 10 像素

确定
取消

图 70-136

图 70-137

68 设置图层"组1副本"的"不透明度"为40%,图层面板如图70-138所示,得到如图70-139所示的效果。

图 70-138

图 70-139

378

69 单击"组2"前的扩展按钮 ▼ 打开图层组，按住 Ctrl 键单击"图层1"前的缩略图载入选区，选中人物面部皮肤，然后在"图层1副本"上新建图层"图层45"，如图 70-140 所示。单击画笔工具 🖌，分别设置前景色为粉色（R:252 G:189 B:181）和黄色（R:255 G:225 B:129），在人物面部进行涂抹绘制，然后按下快捷键 Ctrl + D 取消选区，得到如图 70-141 所示的效果。

图 70-140

图 70-141

70 按住 Shfit 键选择除"背景"图层以外的所有图层，按下快捷键 Ctrl+Alt+E 合并图层，得到新的图层"组1副本3"，如图 70-142 所示。执行"编辑 > 自由变换"命令，调整图像大小，并按住 Ctrl 键适当拖动编辑框节点对图像进行变形处理，完成后确定变换。单击移动工具 ▶⊕，适当移动图像的位置，得到的效果如图 70-143 所示。

图 70-142

图 70-143

71 按住 Ctrl 键单击图层"组1副本3"前的缩略图载入选区，如图 70-144 所示。执行"编辑 > 描边"命令，在弹出的对话框中设置"宽度"为 20px，如图 70-145 所示，单击"确定"按钮，得到如图 70-146 所示的效果。

图 70-144

图 70-145

图 70-146

72 将图层"组1副本3"拖曳至图层"组2副本"之下，如图 70-147 所示，得到如图 70-148 所示的效果。

图 70-147

图 70-148

73 双击图层"组1副本3"的
灰色区域，在弹出的对话
框中设置各项参数，如图
70-149 所示，单击"确定"
按钮，得到如图 70-150 所示
的效果。

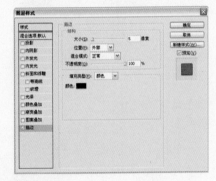

图 70-149

图 70-150

74 设置前景色为深灰色（R:91
G:91 B:91），新建图层"图
层 46"。单击铅笔工具 ✏，
在属性栏上设置画笔参数，
如图 70-151 所示，然后在图
像中画框四角进行绘制，得
到如图 70-152 所示的效果。

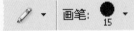

图 70-151

图 70-152

75 设置图层"组1副本3"的"不
透明度"为 60%，图层面板
如图 70-153 所示，得到如图
70-154 所示的效果。

图 70-153

图 70-154

76 单击横排文字工具 T，在字
符面板中设置各项参数，"文
本颜色"设置为 R:122 G:119
B:119，如图 70-155 所示，
在图像中输入文字。然后单
击移动工具 ➤，按下键盘中
的方向键适当调整文字的位
置，效果如图 70-156 所示。

图 70-155

图 70-156

380

77 单击横排文字工具 T，在字符面板中设置各项参数，如图70-157所示，在图像中输入文字。然后单击移动工具 ，按下键盘中的方向键适当调整文字的位置，效果如图70-158所示。

图 70-157

图 70-158

78 按住Ctrl键选中两个文字图层，执行"编辑 > 自由变换"命令，旋转图像如图70-159所示，按下Enter键确定变换，得到如图70-160所示的效果。

图 70-159

图 70-160

79 选择"组2副本"图层，单击套索工具 ，在属性栏上单击"添加到选区"按钮 如图70-161所示，然后在画面中创建选区，如图70-162所示。

图 70-161

图 70-162

80 执行"选择 > 羽化"命令，在弹出的对话框中设置"羽化半径"为10像素，如图70-163所示单击"确定"按钮，再按下Delete键删除选区内图像，按下快捷键Ctrl+D取消选区，得到如图70-164所示的效果。

图 70-163

图 70-164

81 单击橡皮擦工具 ，在属性栏上设置各项参数如图70-165所示，然后在画面中擦除多余的阴影图像，得到如图70-166所示的效果。至此，本实例制作完成。

图 70-165

图 70-166

71 水彩人物漫画

本实例使用画笔工具与其他工具相结合，描绘具有水彩效果的漫画图像，画中少女伫立于枫叶飘落的秋天，充满雅致而浪漫的秋日气息。

1 🔍 使用功能：画笔工具、铅笔工具、减淡工具、自定形状工具、色相/饱和度命令、水彩滤镜、染色玻璃滤镜

2 🎨 配色： ■ R:255 G:158 B:49　▨ R:254 G:94 B:106　■ R:38 G:194 B:95　■ R:36 G:100 B:212

3 💿 光盘路径：Chapter 13 \71 水彩人物漫画\complete\水彩人物漫画.psd

4 🖌 难易程度：★★★★☆

操作步骤

01 执行"文件 > 新建"命令，打开"新建"对话框，在弹出的对话框中设置"宽度"为 10 厘米、"高度"为 12 厘米，"分辨率"为 350 像素 / 英寸，如图 71-1 所示。完成设置后，单击"确定"按钮，新建一个图像文件。

图 71-1

02 设置前景色为粉色（R:248 G:154 B:138），新建图层"图层 1"。单击画笔工具 🖌 ，在画笔预设面板中设置各项参数，如图 71-2 所示，然后在画面适当位置绘制人物的脸部轮廓，得到如图 71-3 所示的效果。

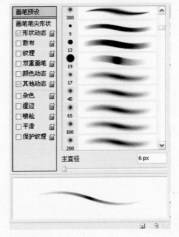

图 71-2

图 71-3

03 设置前景色为黑色，单击画笔工具 🖌 ，在画面中绘制人物的眼睛及眉毛，得到如图 71-4 所示的效果。

图 71-4

04 单击画笔工具 🖌 ，在画面中绘制人物的头发轮廓，得到如图 71-5 所示的效果。

382

图 71-5

05 设置前景色为绿色（R:94 G:132 B:86）。单击画笔工具 ，在画面中绘制人物的围巾轮廓，得到如图 71-6 所示的效果。

图 71-6

06 设置前景色为黑色，单击画笔工具 ，在画面中绘制人物的外套轮廓，得到如图 71-7 所示的效果。

图 71-7

07 设置前景色为粉色（R:248 G:154 B:138）。单击画笔工具 ，在画面中绘制人物的手部线条，如图 71-8 所示。

图 71-8

08 设置前景色为黑色，单击画笔工具 ，在画面中绘制人物的毛衣及裤子轮廓，得到如图 71-9 所示的效果。

图 71-9

09 单击橡皮擦工具 ，在属性栏上设置各项参数，如图 71-10 所示。擦去画面中多余的线条，并进行细节调整，得到的效果如图 71-11 所示。

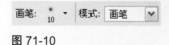

图 71-10

图 71-11

10 设置前景色为浅粉色（R:254 G:232 B:217），新建图层"图层 2"，并设置其混合模式为"正片叠底"，如图 71-12 所示。单击画笔工具 ，在画面中为人物的脸部和手部着色，得到如图 71-13 所示的效果。

图 71-12

图 71-13

11 设置前景色为粉色（R:252 G:193 B:197）。单击画笔工具 🖌️，在画笔预设面板中设置各项参数，如图 71-14 所示，然后画面中人物的脸部和手部绘制皮肤阴影，得到如图 71-15 所示的效果。

图 71-14

图 71-15

12 设置前景色为粉白色（R:254 G:232 B:217）。单击画笔工具 🖌️，在画面中人物皮肤部分适当绘制高光，得到如图 71-16 所示的效果。

图 71-16

13 单击橡皮擦工具 🧽，擦去画面中多余的色彩，并进行细节调整，效果如图 71-17 所示。

图 71-17

14 单击减淡工具 🔍，涂抹画面中人物的眼角部分，进行减淡处理，使画面色彩更加柔和，效果如图 71-18 所示。

图 71-18

15 设置前景色为深褐色（R:85 G:63 B:43），新建图层"图层 3"，并设置其混合模式为"正片叠底"，如图 71-19 所示。单击画笔工具 🖌️，在画面中绘制人物的眼珠，得到如图 71-20 所示的效果。

图 71-19

图 71-20

16 设置前景色为粉红色（R:254 G:146 B:127），新建图层"图层 4"，并设置其混合模式为"正片叠底"，如图 71-21 所示。单击画笔工具 🖌️，在画面中进行适当绘制，为人物嘴唇着色，得到如图 71-22 所示的效果。

384

图 71-21

图 71-22

17 设置前景色为黄色（R:236 G:255 B:145），选择"图层3"图层，单击画笔工具 🖊，在画面中为人物眼皮着色，效果如图 71-23 所示。

图 71-23

18 设置前景色为红色（R:254 G:179 B:166），新建图层"图层5"。单击画笔工具 🖊，在画面中人物脸颊部分绘制腮红，得到如图 71-24 所示的效果。

图 71-24

19 设置"图层5"的"不透明度"为 70%。单击橡皮擦工具 🖊，擦去画面中多余的色彩，得到如图 71-25 所示的效果。

图 71-25

20 设置前景色为褐色（R:128 G:88 B:55），新建图层"图层6"，并设置其混合模式为"正片叠底"，如图 71-26 所示。单击画笔工具 🖊，在画面中为人物的头发着色，注意色彩的深浅变化，得到如图 71-27 所示的效果。

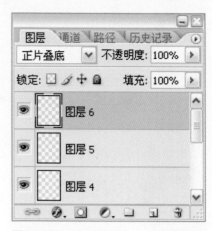

图 71-26

图 71-27

21 设置前景色为深褐色（R:114 G:60 B:15）。单击画笔工具 🖊，在画面中绘制头发的阴影，进一步着色，效果如图 71-28 所示。

图 71-28

22 单击橡皮擦工具 ，在画笔预设面板中设置各项参数，如图 71-29 至图 71-31 所示，然后在画面中擦除头发的部分色彩，绘制出光泽效果，得到如图 71-32 所示的效果。

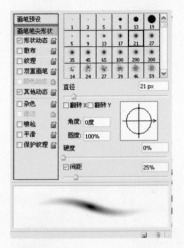

图 71-29

图 71-32

23 单击橡皮擦工具 ，在画笔预设面板中设置各项参数，如图 71-33 所示，然后在画面中擦除头发轮廓以外的多余色彩，得到如图 71-34 所示的效果。

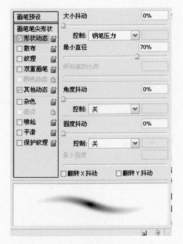

图 71-30

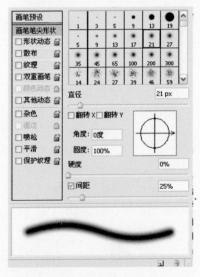

图 71-33

图 71-31

图 71-34

24 设置前景色为绿色（R:31 G:194 B:90），新建图层"图层 7"，并设置其混合模式为"正片叠底"，如图 71-35 所示。单击画笔工具 ，在画面中进行适当绘制，为围巾着色，得到如图 71-36 所示的效果。

图 71-35

图 71-36

25 设置前景色为深绿色（R:0 G:148 B:53），新建图层"图层 8"，并设置其混合模式为"正片叠底"。单击画笔工具 ，在画面中进行绘制，为围巾进一步着色，得到如图 71-37 所示的效果。

图 71-37

386

26 设置前景色为深绿色（R:0 G:148 B:53），新建图层"图层 9"，并设置其混合模式为"正片叠底"，如图 71-38 所示。单击画笔工具，在画面中绘制出围巾的花纹，得到如图 71-39 所示的效果。

图 71-38

图 71-39

27 连续两次按下快捷键 Ctrl +E 合并"图层 7"、"图层 8"、"图层 9"，得到"图层 7"，图层面板如图 71-40 所示。单击橡皮擦工具，在画面中擦除围巾边缘多余的色彩，得到如图 71-41 所示的效果。

图 71-40

图 71-41

28 设置前景色为蓝色（R:83 G:185 B:255），新建图层"图层 8"，并设置其混合模式为"正片叠底"。单击画笔工具，在画面中进行适当绘制，为外套着色，得到如图 71-42 所示的效果。

图 71-42

29 设置前景色为深蓝色（R:44 G:133 B:229），单击画笔工具，在画面中绘制外套的阴影，得到如图 71-43 所示的效果。

图 71-43

30 单击橡皮擦工具，在画面中擦除外套边缘多余的色彩，得到如图 71-44 所示的效果。

图 71-44

31 设置前景色为橙色（R:252 G:176 B:56），新建图层"图层 9"，并设置其混合模式为"正片叠底"，如图 71-45 所示。单击画笔工具，在画面中适当绘制，为毛衣着色，得到如图 71-46 所示的效果。

图 71-45

图 71-46

32 设置前景色为橙色（R:224 G:125 B:25）。单击画笔工具 ，在画面中绘制出毛衣的阴影，得到如图 71-47 所示的效果。

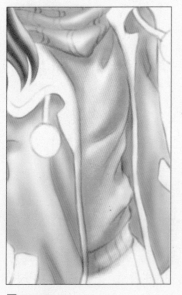

图 71-47

33 单击橡皮擦工具 ，在属性栏上设置各项参数，如图 71-48 所示，然后在画面中擦出毛衣的亮部，最后将橡皮擦的"不透明度"恢复为 100%，擦除边缘多余的色彩，得到如图 71-49 所示的效果。

模式：画笔 不透明度：20%

图 71-48

图 71-49

34 选择"图层 8"图层，执行"图像 > 调整 > 色相 / 饱和度"命令，在弹出的对话框中设置各项参数，如图 71-50 所示，单击"确定"按钮，得到如图 71-51 所示的效果。

图 71-50

图 71-51

35 设置前景色为蓝色（R:94 G:170 B:255），在"图层 9"上新建图层"图层 10"，并设置其混合模式为"正片叠底"。单击画笔工具 ，在画面中进行绘制，为裤子着色，得到如图 71-52 所示的效果。

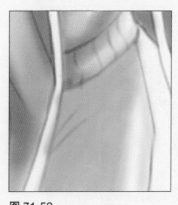

图 71-52

36 设置前景色为深蓝色（R:22 G:83 B:202）。单击画笔工具 ，在画面中绘制出裤子的阴影，得到如图 71 53 所示的效果。

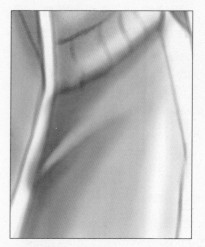

图 71-53

37 单击橡皮擦工具 ，在画面中擦除裤子边缘多余的色彩，得到如图 71-54 所示的效果。

图 71-54

38 设置前景色为浅粉色（R:254 G:205 B:208），在"图层 10"上新建图层"图层 11"，并设置其混合模式为"正片叠底"，如图 71-55 所示。单击画笔工具 ，在画面中绘制外套的领口和袖口部分，效果如图 71-56 所示。

图 71-55

图 71-56

39 设置前景色为粉色（R:255 G:180 B:185）。单击画笔工具 🖌，在画面中进行适当绘制，为外套进一步着色，得到如图 71-57 所示的效果。

图 71-57

40 单击橡皮擦工具 🩹，在画面中擦除外套边缘多余的色彩，得到如图 71-58 所示的效果。

图 71-58

41 设置前景色为蓝色（R:123 G:185 B:255），新建图层"图层 12"。单击铅笔工具 ✏，在属性栏上设置各项参数，如图 71-59 所示，然后在人物头部适当位置绘制发夹，得到如图 71-60 所示的效果。

图 71-59

图 71-60

42 设置前景色为白色，单击铅笔工具 ✏，在发夹部分绘制出高光，得到如图 71-61 所示的效果。

图 71-61

43 在图层面板上单击"创建新组"按钮 🗀，新建"组 1"，然后按住 Shift 键将除"背景"图层以外的所有图层选中，拖曳至"组 1"内，并更改组名为"人物"，如图 71-62 所示。

图 71-62

44 设置前景色为深褐色（R:121 G:90 B:63），在"背景"图层上新建图层"图层 13"。单击画笔工具 🖌，在画面中适当位置绘制树干背景，如图 71-63 所示。

图 71-63

45 设置前景色为褐色（R:184 G:115 B:58），新建图层"图层 14"。单击画笔工具 🖌，在画面中为树干着色，得到如图 71-64 所示的效果。

图 71-64

46 单击橡皮擦工具 ，擦除画面中树干边缘多余的色彩，得到如图 71-65 所示的效果。

图 71-65

47 设置前景色为褐色（R:148 G:74 B:10）。单击画笔工具 ，在树干中绘制出纹理，得到如图 71-66 所示的效果。

图 71-66

48 设置前景色为粉色（R:255 G:189 B:161），背景色为白色，新建图层"图层 15"，如图 71-67 所示。单击钢笔工具 ，在画面中适当位置绘制路径，效果如图 71-68 所示。

图 71-67

图 71-68

49 设置背景色为白色，按下快捷键 Ctrl+Enter 将路径转化为选区，再按下快捷键 Ctrl+Delete 填充选区，如图 71-69 所示。执行"滤镜 > 纹理 > 染色玻璃"命令，在弹出的对话框中设置各项参数，如图 71-70 所示，单击"确定"按钮，按下快捷键 Ctrl + D 取消选区，得到如图 71-71 所示的效果。

图 71-69

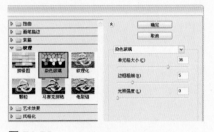

图 71-70

图 71-71

50 单击魔棒工具 ，在画面中单击创建选区，选中白色区域，如图 71-72 所示。然后在画面中右击鼠标，在弹出的快捷菜单中选择"选取相似"命令，选取图像如图 71-73 所示。

图 71-72

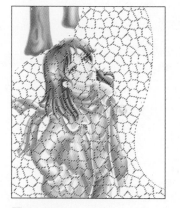

图 71-73

51 按下 Delete 键删除选区内图像。执行"选择 > 修改 > 收缩"命令，在弹出的对话框中设置"收缩量"为 15 像素，如图 71-74 所示，单击"确定"按钮，得到如图 71-75 所示的效果。

图 71-74

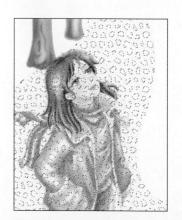

图 71-75

52 执行"选择 > 羽化"命令，在弹出的对话框中设置"羽化半径"为 10 像素，如图 71-76 所示，单击"确定"按钮，得到如图 71-77 所示的效果。

图 71-76

图 71-77

53 按下快捷键 Alt+Delete 对选区进行填充，再按下快捷键 Ctrl + D 取消选区，效果如图 71-78 所示。将"图层 15"拖曳至"图层 13"的之下，图层面板如图 71-79 所示。

图 71-78

图 71-79

54 执行"编辑 > 自由变换"命令，显示出自由变换编辑框，按住 Ctrl 键拖动编辑框下方两个节点变形图像，如图 71-80 所示，按下 Enter 键确定变换，得到如图 71-81 所示的效果。

图 71-80

图 71-81

55 单击橡皮擦工具，在画面中擦除人物部分透出的色彩，得到如图 71-82 所示的效果。

图 71-82

56 设置前景色为浅绿色（R:59 G:227 B:133），新建图层"图层 16"。单击画笔工具 ✐，在画面中进行绘制，得到如图 71-83 所示的效果。

图 71-83

57 在"图层 16"上新建图层"图层 17"。单击自定形状工具 ☁，在属性栏上单击"填充像素"按钮 ▣，选择"形状"为"草 2"，如图 71-84 所示，然后在画面中绿色部分进行适当绘制，得到如图 71-85 所示的效果。

图 71-84

图 71-85

58 选择"图层 15"图层，设置其"不透明度"为 60%，图层面板如图 71-86 所示，得到如图 71-87 所示的效果。

图 71-86

图 71-87

59 设置前景色为桔红色（R:252 G:105 B:40），在"图层 14"上新建图层"图层 18"，如图 71-88 所示。单击自定形状工具 ☁，在属性栏上单

击"填充像素"按钮 ▣，选择"形状"为"叶子 5"，如图 71-89 所示，然后在画面中拖动绘制图案，得到如图 71-90 所示的效果。

图 71-88

图 71-89

图 71-90

60 按住 Ctrl 键单击"图层 18"前的缩略图，载入叶子选区，如图 71-91 所示。单击渐变工具 ▣，在属性栏上单击渐变条，在弹出的"渐变编辑器"对话框中设置渐变，如图 71-92 所示，单击"确定"按钮，然后在选区内从上到下拖动鼠标进行渐变填充，再按下快捷键 Ctrl + D 取消选区，得到如图 71-93 所示的效果。

图 71-91

图 71-92

图 71-93

61 执行"滤镜 > 素描 > 水彩画纸"命令，在弹出的对话框中设置各项参数，如图71-94所示，单击"确定"按钮，得到如图71-95所示的效果。

图 71-94

图 71-95

62 设置前景色为深红色（R:118 G:37 B:1），新建图层"图层19"。单击画笔工具  ，在枫叶上绘制出叶脉，效果如图71-96所示。

图 71-96

63 双击"图层19"的灰色区域，在弹出的对话框中设置各项参数，如图71-97至图71-99所示，单击"确定"按钮，得到如图71-100所示的效果。

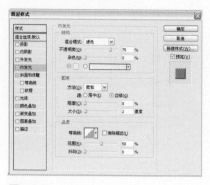

图 71-97

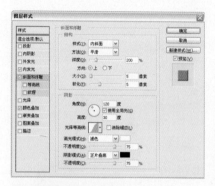

图 71-98

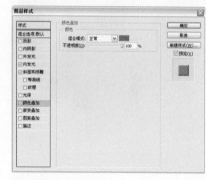

图 71-99

图 71-100

64 按住 Ctrl 键选中 "图层 18" 及 "图层 19", 单击 "链接图层" 按钮 ↔, 将两个图层链接, 如图 71-101 所示。执行 "编辑 > 自由变换" 命令, 拖动自由变换编辑框旋转图像, 得到如图 71-102 所示的效果。

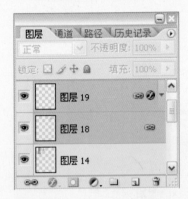

图 71-101

图 71-102

65 复制 "图层 18" 及 "图层 19" 图层, 得到 "图层 18 副本" 及 "图层 19 副本", 按下快捷键 Ctrl+E 进行合并, 并将合并后的 "图层 19 副本" 拖曳至 "图层 18" 之下, 如图 71-103 所示。执行 "编辑 > 自由变换" 命令, 拖动自由变换编辑框对图像进行适当旋转, 并调整图像的大小, 完成后确定变换, 得到如图 71-104 所示的效果。

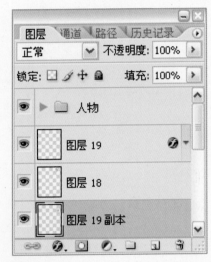

图 71-103

图 71-104

66 使用以上相同的方法, 重复复制 "图层 19 副本" 图层, 并分别进行变换调整, 得到如图 71-105 所示的效果。至此, 本实例制作完成。

图 71-105

Chapter 14

个性壁纸与海报设计

效果展示

72 个性写真海报设计

Mysterious

本实例通过曲线和色阶命令对图片色调进行调整，并运用重新对比组合的设计手法制作出前卫个性的写真海报。

1 🔍 使用功能：色阶命令、曲线命令、水平翻转命令、自定形状工具、横排文字工具

2 🎨 配色：■ R:49 G:22 B:31　■ R:232 G:102 B:51　　R:240 G:235 B:77

3 💿 光盘路径：Chapter 14\72 个性写真海报设计\complete\个性写真海报设计.psd

4 ✴ 难易程度：★★☆☆☆

操作步骤

01 执行"文件 > 打开"命令，弹出"打开"对话框，选择本书配套光盘中 Chapter 14\ 72 个性写真海报设计\media\001.jpg 文件，单击"打开"按钮打开素材文件，如图 72-1 所示。

02 按下快捷键 Shift+Ctrl+U，为图像去色，效果如图 72-2 所示。再按下快捷键 Ctrl+L，在弹出的"色阶"对话框中设置各项参数，如图 72-3 所示，完成后单击"确定"按钮，得到的效果如图 72-4 所示。

图 72-3

图 72-1

图 72-2

图 72-4

03 按下快捷键 Ctrl+M,弹出"曲线"对话框,设置曲线如图 72-5 所示,完成后单击"确定"按钮,得到如图 72-6 所示的效果。

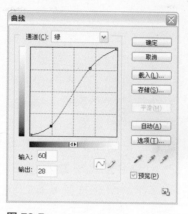

图 72-7

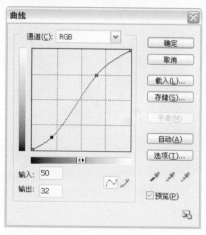

图 72-5

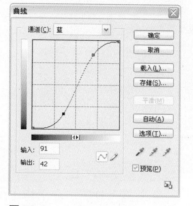

图 72-8

图 72-6

04 再次按下快捷键 Ctrl+M,弹出"曲线"对话框,在"通道"下拉列表中分别选择"绿"、"蓝"选项,设置各项参数如图 72-7 和 72-8 所示,最后单击"确定"按钮,得到如图 72-9 所示的效果。

图 72-9

05 执行"文件 > 新建"命令,弹出"新建"对话框,设置各项参数如图 72-10 所示,然后单击"确定"按钮,新建一个图像文件。

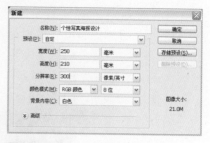

图 72-10

06 单击移动工具,将素材文件"001"拖移到"个性写真海报设计"图档中,然后按下快捷键 Ctrl+T 对图像进行自由变换,放大图像并移动至画面右侧,效果如图 72-11 所示。

图 72-11

07 复制"图层 1"得到"图层 1 副本",按下快捷键 Ctrl+T,在自由变换编辑框内右击鼠标,在弹出的菜单中选择"水平翻转"命令,翻转图像。然后单击移动工具,结合键盘中的方向键将图像向左移动,得到的效果如图 72-12 所示。

图 72-12

08 在"图层1"上新建图层"图层2",将其混合模式设置为"变暗",然后将前景色设置为 R:255 G:102 B:51,按下快捷键 Alt+Delete 填充画面,得到如图 72-13 所示的效果。

图 72-13

09 选择"图层1副本"图层,按下快捷键 Shift+Ctrl+U,除去画面的颜色,效果如图 72-14 所示。

图 72-14

398

10 单击自定形状工具,在属性栏上单击"形状"下拉按钮,选择"形状"为"箭头9"。然后将前景色设置为 R:240 G:235 B:77,在图像中绘制自定形状图案如图 72-15 所示。

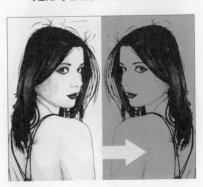

图 72-15

11 复制"形状1"图层,得到"形状1副本",按下快捷键 Ctrl+T,在自由变换编辑框中右击鼠标,在弹出的菜单中选择"水平翻转"命令,然后调整图像的大小,完成后确定变换,单击移动工具,结合键盘中的方向键,将图像移动到合适位置,效果如图 72-16 所示。

图 72-16

12 单击横排文字工具,将前景色设置为白色,在图像中输入文字并设置各项参数,如图 72-17 所示,得到如图 72-18 所示的效果。

图 72-17

图 72-18

13 单击横排文字工具,选中字母"Charac",然后修改颜色为 R:255 G:102 B:51。最后单击移动工具,退出文字编辑状态,得到如图 72-19 所示的效果。

图 72-19

14 为了完善画面效果,继续在图像中添加文字,得到的效果如图 72-20 所示。至此,本实例制作完成。

图 72-20

73 电影海报设计

本实例通过对图片进行组合并调整，制作出富有深沉意韵的图像，为画面赋予一种故事性，充分体现电影主题，并对电影内容进行了直观的宣传。

1 🔍 使用功能：钢笔工具、矩形选框工具、椭圆选框工具、变换命令、径向模糊滤镜、图层样式、曲线命令

2 🎨 配色： ■ R:172 G:82 B:0   ■ R:220 G:30 B:22   □ R:255 G:244 B:178

3 💿 光盘路径：Chapter 14\73 电影海报设计\complete\电影海报设计.psd

4 🗺 难易程度：★★★★☆

操作步骤

01 执行"文件 > 打开"命令，弹出如图 73-1 所示的对话框，选择本书配套光盘中 Chapter 14\73 电影海报设计\media\001.jpg 文件，单击"打开"按钮打开素材文件，如图 76-2 所示。

02 双击"背景"图层，将其转换为一般图层"图层 0"，然后单击钢笔工具 🖊，如图 73-3 所示绘制路径，按下快捷键 Ctrl+Enter 建立选区如图 73-4 所示，然后按下 Delete 键删除选区内图像，再按下快捷键 Ctrl+D 取消选区内图像，使用相同的方法删除人物中间的空白部分，得到的效果如 73-5 所示。

图 73-5

03 单击钢笔工具 🖊，如图 73-6 所示绘制路径，按下快捷键 Ctrl+Enter 建立选区，然后按下 Delete 键删除选区内图像，再按下快捷键 Ctrl+D 取消选区，得到的效果如 73-7 所示。

图 73-1

图 73-3

图 73-6

图 73-2

图 73-4

图 73-7

04 执行"文件 > 新建"命令，弹出"新建"对话框，设置各项参数，如图 73-8 所示，然后单击"确定"按钮，新建一个图像文件。

图 73-8

05 单击移动工具，将素材文件"001"拖移到"电影海报设计"图档中，生成"图层 1"如图 73-9 所示，按下快捷键 Ctrl+T 对图像进行自由变换，调整位置和大小，效果如图 73-10 所示。

图 73-9

图 73-10

06 单击矩形选框工具，如图 73-11 所示在画面中创建矩形选区，然后执行"滤镜 > 模糊 > 动感模糊"命令，在弹出的对话框中设置各项参数，如图 73-12 所示，完成后单击"确定"按钮，得到如图 73-13 所示的效果。

图 73-11

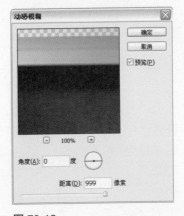

图 73-12

图 73-13

07 在"背景"图层上新建图层"图层 2"，如图 73-14 所示，单击椭圆选框工具，按住 Shift 键在画面中创建正圆形选区，如图 73-15 所示，将前景色设置为 R:215 G:0 B:0，按下快捷键 Alt+Delete 填充颜色，然后按下快捷键 Ctrl+D 取消选区，得到如图 73-16 所示的效果。

图 73-14

图 73-15

图 73-16

08 选择"图层 2"图层，单击椭圆选框工具，按住 Shift 键如图 73-17 所示创建正圆形选区，按下 Delete 键删除选区内图像，然后按下快捷键 Ctrl+D 取消选区，将图像移动到合适位置，得到如图 73-18 所示的效果。

图 73-17

图 73-18

09 复制"图层2"图层,如
图 73-19 所示,按下快捷键
Ctrl+T 对图像进行自由变换,
按住 Shift+Alt 键调整图像的
大小,确定变换后得到的效
果如图 73-20 所示。

图 73-19

图 73-20

10 多次复制"图层2"图层,
如图 73-21 所示,然后按下
快捷键 Ctrl+T 分别对图像
进行自由变换,调整大小并
移动到合适位置,效果如图
73-22 所示。

图 73-21

图 73-22

11 选择"图层2"图层,执行"滤
镜 > 模糊 > 径向模糊"命令,
在弹出的对话框中设置各项
参数,如图 73-23 所示,完
成后单击"确定"按钮,得
到如图 73-24 所示的效果。

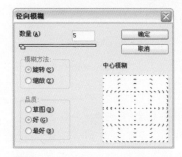

图 73-23

图 73-24

12 选择"图层2副本2"图层,
执行"滤镜 > 模糊 > 径向
模糊"命令,在弹出的对话
框中设置各项参数,如图
73-25 所示,完成后单击"确
定"按钮,得到如图 73-26
所示的效果,

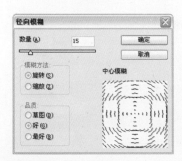

图 73-25

图 73-26

13 新建图层"图层3",如图
73-27 所示,单击矩形选框
工具 [], 如图 73-28 所示
在画面中创建选区,设置前
景色为黑色,按下快捷键
Alt+Delete 将选区填充为黑
色,再按下快捷键 Ctrl+D 取
消选区,得到如图 73-29 所
示的效果。

图 73-27

图 73-28

图 73-29

14 复制"图层3"图层,结合键盘中的方向键将得制图像向右移动,得到如图73-30所示的效果。

图 73-30

15 再次复制"图层3"图层,按下快捷键Ctrl+T后右击鼠标,在弹出的快捷菜单中选择"旋转90度(顺时针)"命令,得到如图73-31所示的效果。复制"图层3副本2",结合键盘中的方向键,将复制图像向下移动,得到如图73-32所示的效果。

图 73-31

图 73-32

16 执行"文件 > 打开"命令,弹出如图73-33所示的对话框,选择本书配套光盘中Chapter 14\73 电影海报设计\media\002.jpg文件,单击"打开"按钮打开素材文件,如图73-34所示。

图 73-33

图 73-34

17 单击移动工具 ,将素材文件"002"拖移到"电影海报设计"图档中,并放置于"图层2"之下,图层面板如图73-35所示,然后按下快捷键Ctrl+T对图像进行自由变换,调整放大图像并移至画面左侧,效果如图73-36所示。

图 73-35

图 73-36

18 复制"图层4",得到"图层4副本"图层,如图73-37所示,按下快捷键Ctrl+T对图像进行自由变换,调整图像放置到画面右侧,效果如图73-38所示。

图 73-37

图 73-38

19 合并"图层4"和"图层4幅本"图层,然后执行"图层 > 新建调整图层 > 亮度/对比度"命令,在弹出的对话框中设置各项参数,如图73-39所示,单击"确定"按钮,得到如图73-40所示的效果。

图 73-39

图 73-40

402

20 选择"图层4"图层,执行"图层 > 新建调整图层 > 可选颜色"命令,弹出"可选颜色选项"对话框,在"颜色"下拉列表中分别选择"红色"、"白色"选项,设置各项参数如图 73-41 和 73-42 所示,然后单击"确定"按钮,得到如图 73-43 所示的效果。

图 73-41

图 73-42

图 73-43

21 执行"图层 > 新建调整图层 > 曲线"命令,弹出"曲线"对话框,在"通道"下拉列表中分别选择"绿"、"蓝"选项,设置各项参数如图 73-44 和 73-45 所示,最后单击"确定"按钮,得到如图 73-46 所示的效果。

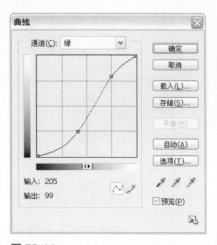

图 73-44

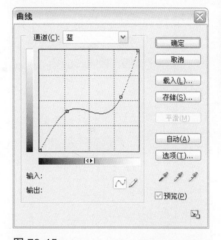

图 73-45

图 73-46

22 选择"图层2"图层,在图层面板上单击"添加图层样式"按钮 ,在弹出的菜单中选择"外发光"选项,在弹出的对话框中设置各项参数如图 73-47 所示,完成后单击"确定"按钮,得到的效果如图 73-48 所示。

图 73-47

图 73-48

23 选择"图层2副本"图层,单击"添加图层样式"按钮 ,在弹出的菜单中选择"外发光"选项,然后在弹出的对话框中设置各项参数,如图 73-49 所示,完成后单击"确定"按钮,得到的效果如图 73-50 所示。

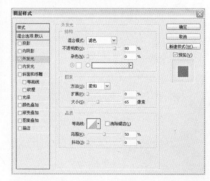

图 73-49

图 73-50

24 选择"图层2副本2"图层，单击"添加图层样式"按钮，在弹出的菜单中选择"外发光"选项，然后在弹出的对话框中设置各项参数，如图73-51所示，完成后单击"确定"按钮，得到的效果如图73-52所示。

图 73-54

26 新建图层"图层5"，如图73-55所示，单击矩形选框工具，如图73-56所示在图像中创建选区，将前景色设置为R:213 G:15 B:10，按下快捷键Alt+Delete填充选区，然后按下快捷键Ctrl+D取消选区，效果如图73-57所示。

27 选择"图层5"图层，单击矩形选框工具，在红色方块的右下方创建选区，如图73-58所示，再将选区填充为黑色，然后按下快捷键Ctrl+D取消选区，效果如图73-59所示。

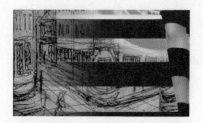

图 73-58

图 73-59

图 73-51

图 73-55

图 73-52

28 多次复制"图层5"图层，如图73-60所示，结合键盘中的方向键将复制图像向右移动，得到如图73-61所示的效果。

25 选择"图层2副本4"图层，单击"添加图层样式"按钮，在弹出的菜单中选择"外发光"选项，然后在弹出的对话框中设置各项参数，如图73-53所示，完成后单击"确定"按钮，得到的效果如图73-54所示。

图 73-56

图 73-60

图 73-57

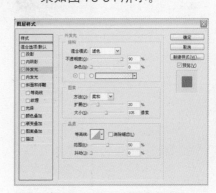

图 73-53

图 73-61

404

29 单击横排文字工具 T，将前景色设置为 R:255 G:241 B:178，在图像中输入文字并设置各项参数如图 73-62 所示，得到如图 73-63 所示的效果。

图 73-62

图 73-63

30 单击横排文字工具 T，在图像中输入文字，将"字体"设置为方正超粗黑繁体，"字体大小"设为 59.06 点，得到如图 73-64 所示的效果。

图 73-64

31 选择"LURE"文字图层，右击鼠标在弹出的快捷菜单中选择"栅格化文字"命令，得到如图 73-65 所示的效果。然后单击矩形选框工具，如图 73-66 所示在图像中创建选区，按下 Delete 键删除选区内图像，然后再按下快捷键 Ctrl+D 取消选区，效果如图 73-67 所示。

图 73-65

图 73-66

图 73-67

32 单击矩形选框工具，使用相同方法对文字进行处理，得到如图 73-68 所示的效果。

图 73-68

33 单击横排文字工具 T，将前景色设置为 R:239 G:226 B:169，在图像中输入文字，将"字体"设置为 SF Speakeasy，"字体大小"设为 10.17 点，得到如图 73-69 所示的效果。

图 73-69

34 为了完善画面效果，继续在画面中添加文字，最后得到如图 73-70 所示的效果。至此，本实例制作完成。

图 73-70

74 壁纸设计

1 🔍 使用功能：自定形状工具、魔棒工具、变换命令、纹理化滤镜、曲线命令、椭圆选框工具、图层样式

2 🎨 配色：■ R:245 G:90 B:135　■ R:149 G:104 B:149　■ R:255 G:255 B:19　■ R:109 G:131 B:111

3 💿 光盘路径：Chapter 14\74 壁纸设计\complete\壁纸设计.psd

4 🏆 难易程度：★★★☆☆

操作步骤

01 按下快捷键 Ctrl+N，弹出"新建"对话框，设置各项参数，如图 74-1 所示，然后单击"确定"按钮，新建一个图像文件。

图 74-1

02 单击自定形状工具，在属性栏中单击"形状图层"按钮，然后在"形状"面板中选择"圆形"图案，如图 74-2 所示。将前景色设置为 R:255 G:0 B:252，在画面中绘制自定形状图案，如图 74-3 所示。

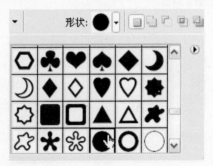

图 74-2

图 74-3

03 单击自定形状工具，在属性栏中设置"形状"为"菱形"，如图 74-4 所示。然后在画面中绘制自定形状图案，如图 74-5 所示。

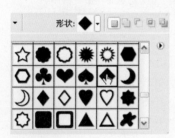

图 74-4

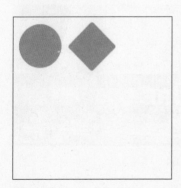

图 74-5

04 再次单击自定形状工具，在属性栏中选择"形状"为"心形"，如图74-6所示。然后在画面中绘制自定形状图案，如图74-7所示。

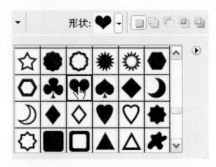

图74-6

图74-7

05 复制"形状1"图层，得到"形状1副本"，单击移动工具，结合键盘中的方向键，将其移动到如图74-8所示的位置。图层面板如图74-9所示。

图74-8

图74-9

06 再次复制"形状1"图层，得到"形状1副本2"，单击移动工具，将其移动到如图74-10所示的位置。图层面板如图74-11所示。

图74-10

图74-11

07 复制"形状2"图层，得到"形状2副本"，单击移动工具，结合键盘中的方向键，将其移动到画面右中位置，图层面板如图74-12所示。得到的效果如图74-13所示。

图74-12

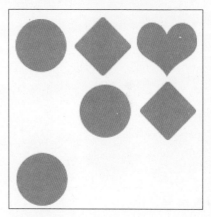

图74-13

08 再次复制"形状2"图层，得到"形状2副本2"，单击移动工具，将其移动到画面下方中间位置，如图74-14所示。

图74-14

09 复制"形状3"图层，得到"形状3副本"，单击移动工具，结合键盘中的方向键，将其移动到画面右下位置，图层面板如图74-15所示。效果如图74-16所示。

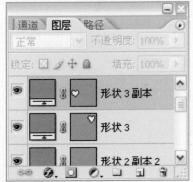

图 74-15

图 74-16

10 再次复制"形状 3"图层,得到"形状 3 副本 2",单击移动工具 ⊕,将其移动到画面左中位置,效果如图 74-17 所示。

图 74-17

11 选择"背景"图层,如图 74-18 所示。将前景色设置为 R:132 G:0 B:255,按下快捷键 Alt+Delete 填充画面,得到如图 74-19 所示的效果。最后按下快捷键 Shift+Ctrl+E 合并所有图层。

图 74-18

图 74-19

12 按下快捷键 Ctrl+N,弹出"新建"对话框,设置各项参数,如图 74-20 所示,单击"确定"按钮,新建一个图像文件。

图 74-20

13 单击移动工具 ⊕,将"壁纸 1"图像拖曳到"壁纸 2"图档中,生成"图层 1",如图 74-21 所示。按下快捷键 Ctrl+T 对图片进行自由变换,调整图像大小和位置,效果如图 74-22 所示。

图 74-21

图 74-22

14 复制"图层 1"图层,得到"图层 1 副本",单击移动工具 ⊕,结合键盘中的方向键向右移动图像调整位置,图层面板如图 74-23 所示,得到如图 74-24 所示的效果。

图 74-23

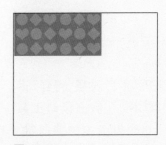

图 74-24

15 多次复制"图层 1"图层,单击移动工具 ⊕,结合键盘中的方向键向右移动图像调整位置,图层面板如图 74-25 所示,得到如图 74-26 所示的效果。

图 74-25

408

图 74-26

16 合并除"背景"图层外的所有图层，如图 74-27 所示，然后再复制"图层 1 副本 3"得到"图层 1 副本 4"，单击移动工具 ，结合键盘中的方向键向下移动图像调整位置，得到如图 74-28 所示的效果。

图 74-27

图 74-28

17 再次复制"图层 1 副本 3"图层，然后单击移动工具 ，结合键盘中的方向键向下移动图像调整位置，得到如图 74-29 所示的效果。

图 74-29

18 合并除"背景"图层外的所有图层，然后再进行复制，如图 74-30 所示，按下快捷键 Ctrl+T 缩小复制图像，得到如图 74-31 所示的效果。

图 74-30

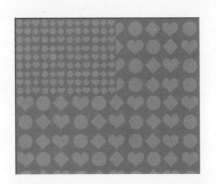

图 74-31

19 复制"图层 1 副本 6"图层，单击移动工具 ，结合键盘中的方向键向右移动复制图像调整位置，得到如图 74-32 所示的效果。

图 74-32

20 多次复制"图层 1 副本 6"图层，如图 74-33 所示，单击移动工具 ，结合键盘中的方向键调整复制图像的位置，得到如图 74-34 所示的效果。

图 74-33

图 74-34

21 合并"图层 1 副本 6"至"副本 9"，图层面板如图 74-35 所示，单击魔棒工具 ，选择紫色区域创建选区，如图 74-36 所示，按下 Delete 键删除选区内图像，再按下快捷键 Ctrl+Shift+I 反选选区，将前景色设置为 R:25 G:180 B:45，按下快捷键 Alt+Delete 进行颜色填充，最后按下快捷键 Ctrl+D 取消选区，得到如图 74-37 所示的效果。

图 74-35

图 74-36

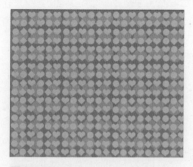

图 74-37

22 选择"图层 1 副本 5", 执行 "图层 > 新建调整图层 > 曲线"命令, 在弹出的对话框中设置曲线, 如图 74-38 所示, 完成后单击"确定"按钮, 得到如图 74-39 所示的效果。

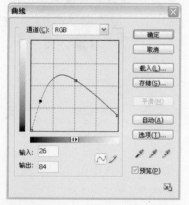

图 74-38

图 74-39

23 执行"图层 > 新建调整图层 > 亮度 / 对比度"命令, 在弹出的对话框中设置各项参数, 如图 74-40 所示, 单击"确定"按钮, 得到如图 74-41 所示的效果。

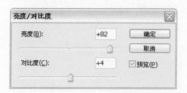

图 74-40

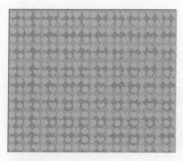

图 74-41

24 选择"图层 1 副本 9"图层, 将混合模式设置为"排除", 如图 74-42 所示, 得到如图 74-43 所示的效果。

图 74-42

图 74-43

25 选择除"背景"图层外的所有图层, 按下 Ctrl＋Alt＋E 新建合并图层, 然后对其执行"滤镜 > 纹理 > 纹理化"命令, 在弹出的对话框中设置各项参数, 如图 74-44 所示, 单击"确定"按钮, 得到如图 74-45 所示的效果。

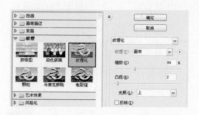

图 74-44

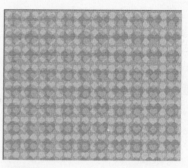

图 74-45

26 新建图层"图层 1", 将其混合模式设置为"柔光", "不透明度"改为 70%, 如图 74-46 所示。单击椭圆选框工具 ○, 按住 Shift 键在图像中创建正图形选区如图 74-47 所示, 将前景色设置为白色, 按下快捷键 Alt＋Delete 填充选区, 然后按下快捷键 Ctrl＋D 取消选区, 得到如图 74-48 所示的效果。

图 74-46

410

图 74-47

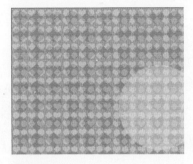

图 74-48

27 选择"图层 1"图层，单击图层面板上的"添加图层样式"按钮 ，在弹出的菜单中选择"描边"选项，然后在弹出的对话框中设置各项参数，如图 74-49 所示，完成后单击"确定"按钮，得到的效果如图 74-50 所示。

图 74-49

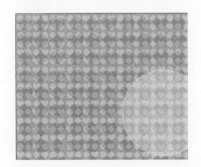

图 74-50

28 复制"图层 1"图层，得到"图层 1 副本"，将其"不透明度"改为 50%，如图 74-51 所示，按下快捷键 Ctrl+T 对图像进行自由变换，得到如图 74-52 所示的效果。

图 74-51

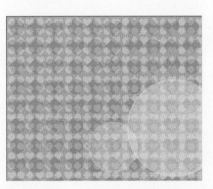

图 74-52

29 再复制"图层 1"，得到"图层 1 副本 2"，将其"不透明度"改为 60%，如图 74-53 所示，按下快捷键 Ctrl+T 对图像进行自由变换，得到如图 74-54 所示的效果。

图 74-53

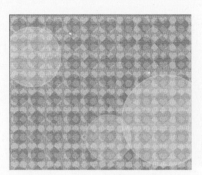

图 74-54

30 单击横排文字工具 ，将前景色设置为白色，在图像中输入文字，将"字体"设置为 Simpleton，"字体大小"设为 12.91 点，得到如图 74-55 所示的效果。

图 74-55

31 选择文字图层，单击图层面板上的"添加图层样式"按钮 ，在弹出的菜单中选择"外发光"选项，然后在弹出的对话框中将颜色设置为 R:111 G:111 B:111，再进行各项参数设置，如图 74-56 所示，完成后单击"确定"按钮，得到的效果如图 74-57 所示。

图 74-56

图 74-57

32 执行 "文件 > 打开" 命令,弹出如图 74-58 所示的对话框,选择本书配套光盘中 Chapter 14\ 74 壁纸设计 \media\001.jpg 文件,单击 "打开" 按钮打开素材文件。

412

图 74-58

33 双击 "背景" 图层,将其转换为 "图层 0",然后单击魔棒工具，选取图像中的白色区域,按下 Delete 键删除选区内图像,然后按下快捷键 Ctrl+D 取消选区,效果如图 74-59 所示。

图 74-59

34 执行 "图像 > 调整 > 亮度 / 对比度" 命令,在弹出的对话框中设置各项参数,如图74-60 所示,单击 "确定"按钮,得到如图 74-61 所示的效果。

图 74-60

图 74-61

35 单击移动工具，将素材文件 "001" 拖移到 "壁纸设计"图档中,按下快捷键 Ctrl+T对图像进行自由变换,得到如图 74-62 所示的效果。

图 74-62

36 单击横排文字工具，将前景色设置为白色,在图像中输入文字并将 "字体" 设置为方正综艺简体,"字体大小" 设为 2.98 点,得到如图74-63 所示的效果。

图 74-63

37 单击横排文字工具，在图像中输入文字并将 "字体"设置为方正综艺简体,"字体大小" 设为 4.07 点,得到如图 74-64 所示的效果。

图 74-64

38 为了完善画面效果,再添加一些文字,最终效果如图74-65 所示。至此,本实例制作完成。

图 74-65

75 狂欢节海报设计

本实例通过对图片进行合成并调整，得到色彩对比强烈的图像效果，配合一些自制的个性元素，结合海报主题，将热烈狂欢的气氛完美地表现出来。

1	🔍 使用功能：照片滤镜、亮度/对比度命令、色阶命令、图层蒙版、图层样式、定义画笔命令

2	🎨 配色：■ R:248 G:77 B:107　■ R:143 G:195 B:109　　R:252 G:252 B:134

3	💿 光盘路径：Chapter 14\75 狂欢节海报设计\complete\狂欢节海报设计.psd

4	🗺 难易程度：★★★★☆

操作步骤

01 执行"文件 > 打开"命令，弹出如图 75-1 所示的对话框，选择本书配套光盘中 Chapter 14\75 狂欢节海报设计 \media\001.jpg 文 件，单击"打开"按钮打开素材文件，如图 79-2 所示。

图 75-1

图 75-2

02 复制"背景"图层，对"背景副本"图层执行"图像 > 调整 > 照片滤镜"命令，弹出照片滤镜对话框，在"滤镜"下拉列表中分别选择"加温滤镜（81）"和"加温滤镜（85）"选项，并设置各项参数，如图 75-3 和 75-4 所示，单击"确定"按钮，得到如图 75-5 所示的效果。

图 75-3

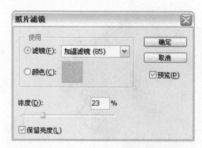

图 75-4

图 75-5

03 单击图层面板上的"创建新的填充或调整图层"按钮，在弹出的菜单中选择"亮度 / 对比度"选项，在弹出的对话框中设置各项参数，如图 75-6 所示，单击"确定"按钮，得到如图 75-7 所示的效果。

图 75-6

图 75-7

04 再次单击图层面板上的"创建新的填充或调整图层"按钮，在弹出的菜单中选择"色阶"选项，在弹出的对话框中设置各项参数，如图 75-8 所示，单击"确定"按钮，得到如图 75-9 所示的效果。

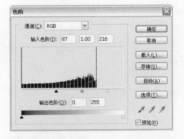

图 75-8

414

图 75-9

05 新建图层"图层 1"，将混合模式设置为"颜色加深"。单击渐变工具，在属性栏上单击"线性渐变"按钮，设置渐变如图 75-10 所示，然后在图像中从下到上拖动鼠标进行渐变填充，图层面板如图 75-11 所示。效果如图 75-12 所示。

图 75-10

图 75-11

图 75-12

06 选择"图层 1"图层，单击"添加矢量蒙版"按钮，为图层添加蒙版，然后单击渐变工具，单击属性栏上的"径向渐变"按钮，设置渐变如图 75-13 所示，然后在图像中从下到上拖动鼠标进行渐变填充，效果如图 75-14 所示。

图 75-13

图 75-14

07 新建图层"图层 2"，将其混合模式设置为"变暗"，"不透明度"改为 50%，如图 75-15 所示，然后单击渐变工具，在属性栏上单击渐变拾色器下拉按钮，在弹出的面板中选择"透明彩虹"样式，并单击"径向渐变"按钮，如图 75-16 所示，最后在图像中从中心向外拖动鼠标进行渐变填充，效果如图 75-17 所示。

图 75-15

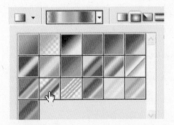

图 75-16

图 75-17

08 选择"图层 2"图层，单击"添加矢量蒙版"按钮，为图层添加蒙版。单击渐变工具，单击属性栏上的"线性渐变"按钮，设置渐变如图 75-18 所示，然后在图像中从左到右拖动鼠标进行渐变填充，效果如图 75-19 所示。

图 75-18

图 75-19

09 选择"图层 2"图层，如图 75-20 所示，按下快捷键 Ctrl+A 全选图像，如图 75-21 所示，再按下快捷键 Ctrl+Shift+C 复制图像，最后按下快捷键 Ctrl+V 粘贴图像，得到"图层 3"如图 75-22 所示。

图 75-20

图 75-21

图 75-22

10 选择"图层 3"图层，执行"滤镜 > 渲染 > 光照效果"命令，在弹出的对话框中设置各项参数，如图 75-23 所示，完成后单击"确定"按钮，得到如图 75-24 所示的效果。

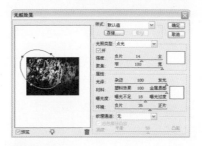

图 75-23

图 75-24

11 新建图层"图层"，如图 75-25 所示，单击椭圆选框工具 ，按住 Shift 键如图 75-26 所示在图像中创建正圆形选区，将前景色设置为 R:231 G:54 B:96，背景色设置为 R:153 G:25 B:38，单击渐变工具 ，单击属性栏上的"线性渐变"按钮 ，在选区中从下到上拖动鼠标进行渐变填充，然后按下快捷键 Ctrl+D 取消选区，得到如图 75-27 所示的效果。

图 75-25

图 75-26

图 75-27

12 选择"图层 4"图层，执行"滤镜 > 模糊 > 高斯模糊"命令，在弹出的对话框中设置各项参数，如图 75-28 所示，单击"确定"按钮，得到如图 75-29 所示的效果。

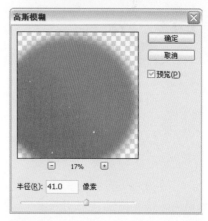

图 75-28

图 75-29

13 新建图层"图层5",将其混合模式设置为"变亮","不透明度"设为50%,如图75-30所示,单击椭圆选框工具○,按住Shift键如图75-31所示在图像中创建正圆形选区。

图 75-30

图 75-31

14 将前景色设置为白色,单击渐变工具■,在属性栏上单击渐变拾色器下拉按钮,在弹出的面板中选择"前景到透明"样式,单击属性栏上的"线性渐变"按钮■,如图75-32所示,在选区中从上到下拖动鼠标进行渐变填充,然后按下快捷键Ctrl+D取消选区,得到如图75-33所示的效果。

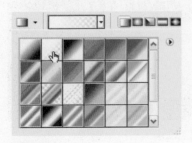

图 75-32

图 75-33

15 选择"图层5"图层,执行"滤镜 > 模糊 > 高斯模糊"命令,在弹出的对话框中将"半径"设置为13.1像素,如图75-34所示,单击"确定"按钮,得到如图75-35所示的效果。

图 75-34

图 75-35

16 复制"图层5"图层,得到"图层5副本",将其"不透明度"改为80%,如图75-36所示,按下快捷键Ctrl+T对图像进行自由变换,得到如图75-37所示的效果。

图 75-36

图 75-37

17 新建图层"图层6",将其"不透明度"设置为70%,如图75-38所示。单击椭圆选框工具○,将前景色设置为 R:120 G:223 B:126,如图75-39所示在图像中创建选区,再按下快捷键Alt+Delete填充颜色,按下快捷键Ctrl+D取消选区,得到如图75-40所示的效果。

图 75-38

图 75-39

416

图 75-40

18 选择"图层 6"图层，执行"滤镜 > 模糊 > 动感模糊"命令，在弹出的对话框中设置各项参数，如图 75-41 所示，单击"确定"按钮，得到如图 75-42 所示的效果。

图 75-41

图 75-42

19 执行"图像 > 调整 > 可选颜色"命令，弹出"可选颜色选项"对话框，在"颜色"下拉列表中选择"绿色"选项并设置各项参数，如图 75-43 所示，单击"确定"按钮，得到如图 75-44 所示的效果。

图 75-43

图 75-44

20 新建图层"图层 7"，将其"不透明度"改为 80%，如图 75-45 所示，然后单击椭圆选框工具，如图 75-46 所示在图像中创建选区。

图 75-45

图 75-46

21 单击渐变工具，将前景色设置为 R:146 G:191 B:229，单击属性栏上的渐变拾色器下拉按钮，在弹出的面板中选择"前景到透明"样式，如图 75-47 所示，单击属性栏上的"线性渐变"按钮，在选区中从上到下拖动鼠标进行渐变填充，最后按下快捷键 Ctrl+D 取消选区，得到如图 75-48 所示的效果。

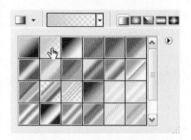

图 75-47

图 75-48

22 选择"图层 7"图层，执行"滤镜 > 模糊 > 动感模糊"命令，在弹出的对话框中设置各项参数，如图 75-49 所示，单击"确定"按钮，得到如图 75-50 所示的效果。

图 75-49

图 75-50

23 新建图层"图层8"，将其"不透明度"改为60%，如图75-51所示，单击椭圆选框工具 ⬭ ，将前景色设置为 R:255 G:252 B:215，如图75-52所示在图像中创建选区，再按下快捷键 Alt+Delete 填充颜色，按下快捷键 Ctrl+D 取消选区，得到如图75-53所示的效果。

图 75-51

图 75-52

图 75-53

24 选择"图层8"图层，执行"滤镜 > 模糊 > 动感模糊"命令，在弹出的对话框中设置各项参数，如图75-54所示，单击"确定"按钮，得到如图75-55所示的效果。

图 75-54

图 75-55

25 新建图层"图层9"，单击椭圆选框工具 ⬭ ，将前景色设置为 R:244 G:127 B:109，如图75-56所示在图像中创建选区，再按下快捷键 Alt+Delete 填充颜色，按下快捷键 Ctrl+D 取消选区，得到如图75-57所示的效果。

图 75-56

图 75-57

26 选择"图层9"图层，执行"滤镜 > 模糊 > 高斯模糊"命令，在弹出的对话框中将"半径"设置为 20.5 像素，如图75-58所示，单击"确定"按钮，得到如图75-59所示的效果。

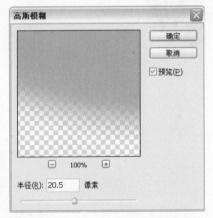

图 75-58

图 75-59

27 新建图层"图层10"，单击椭圆选框工具 ⬭ ，将前景色设置为 R:255 G:196 B:82，如图75-60所示在图像中创建选区，再按下快捷键 Alt+Delete 填充颜色，然后按下快捷键 Ctrl+D 取消选区，得到如图75-61所示的效果。

图 75-60

图 75-61

28 选择"图层 10"图层,执行"滤镜 > 模糊 > 动感模糊"命令,在弹出的对话框中设置各项参数,如图 75-62 所示,完成后单击"确定"按钮,得到的效果如图 75-63 所示。

图 75-62

图 75-63

29 按下快捷键 Ctrl+N,弹出"新建"对话框,设置各项参数,如图 75-64 所示,然后单击"确定"按钮,新建一个图像文件。

图 75-64

30 复制"背景"图层,设置前景色为黑色,按下快捷键 Alt+Delete 将"背景 副本"图层填充为黑色,如图 75-65 所示,然后执行"滤镜 > 杂色 > 添加杂色"命令,在弹出的对话框中设置各项参数,如图 75-66 所示,单击"确定"按钮,得到如图 75-67 所示的效果。

图 75-65

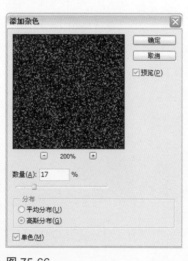

图 75-66

图 75-67

31 选择"图层副本"图层,执行"图像 > 调整 > 亮度 / 对比度"命令,在弹出的对话框中设置各项参数,如图 75-68 所示,单击"确定"按钮,得到如图 75-69 所示的效果。

图 75-68

图 75-69

32 单击画笔工具 ✐,在属性栏上将"不透明度"设置为70%,如图 75-70 所示,然后在图像上进行描绘,得到如图 75-71 所示的效果。

图 75-70

图 75-71

33 执行"滤镜 > 模糊 > 高斯模糊"命令，在弹出的对话框中将"半径"设置为 0.6 像素，如图 75-72 所示，单击"确定"按钮，得到如图 75-73 所示的效果。

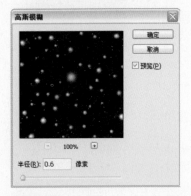

图 75-72

图 75-73

34 单击矩形选框工具，在图像中创建选区如图 75-74 所示，然后按下快捷键 Ctrl+I 进行反相，效果如图 75-75 所示。执行"编辑 > 定义画笔预设"命令，在弹出的"画笔名称"对话框中保持默认设置，单击"确定"按钮。

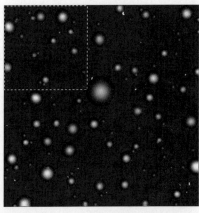

图 75-74

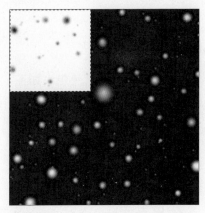

图 75-75

35 选择"001"图档并新建图层"图层 11"，如图 75-76 所示。单击画笔工具，在属性栏上单击"画笔"下拉按钮，在弹出的面板中选择刚才自定义的画笔，如图 75-77 所示，然后在图像中进行绘制，效果如图 75-78 所示。

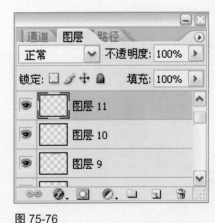

图 75-76

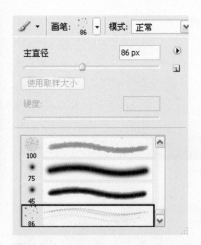

图 75-77

图 75-78

36 按下快捷键 Ctrl+A 全选图像，如图 75-79 所示，再按下快捷键 Ctrl+Shift+C 复制全选的图像，然后按下快捷键 Ctrl+V 粘贴图像，得到"图层 12"，图层面板如图 75-80 所示。

图 75-79

图 75-80

37 选择"图层 12"图层，执行"滤镜 > 渲染 > 光照效果"命令，在弹出的对话框中设置各项参数，如图 75-81 所示，完成后单击"确定"按钮，得到的效果如图 75-82 所示。

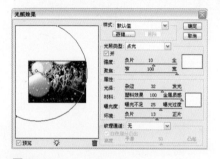

图 75-81

图 75-82

38 单击横排文字工具 T，将前景色设置为 R:255 G:63 B:68，在图像中输入字母"R"，在字符面板上设置文字属性，如图 75-83 所示，得到如图 75-84 所示的效果。

图 75-83

图 75-84

39 选择"R"文字图层，单击图层面板上的"添加图层样式"按钮 ，在弹出的菜单中选择"描边"选项，然后在弹出的对话框中设置各项参数，设置颜色为白色，如图 75-85 所示，完成后单击"确定"按钮，得到的效果如图 75-86 所示。

图 75-85

图 75-86

40 继续选择"R"文字图层，单击图层面板上的"添加图层样式"按钮 ，在弹出的菜单中选择"外发光"选项，然后在弹出的对话框中设置各项参数，设置颜色为白色，如图 75-87 所示，完成后单击"确定"按钮，得到的效果如图 75-88 所示。

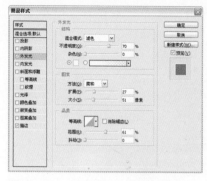

图 75-87

图 75-88

41 单击横排文字工具 T，在图像中分别输入字母，如图 75-89 所示，然后分别选择"I"、"N"、"S"、"A"、"S"、"K"文字图层，复制文字"R"图层的图层样式，然后选择"N"、"A"、"K"图层，将其"外发光"图层样式删除，得到如图 75-90 所示的效果。

图 75-89

图 75-90

42 继续单击横排文字工具 T，将前景色设置为 R:255 G:63 B:68，在图像中输入文字并在字符面板上设置各项参数，如图 75-91 所示，得到如图 75-92 所示的效果。

图 75-91

图 75-92

43 继续单击横排文字工具 T，将前景色设置为白色，在图像中输入文字并设置字体属性，如图 75-93 所示，得到如图 75-94 所示的效果。

图 75-93

图 75-94

44 为了完善画面效果，在图像中再添加一些文字元素，并对文字属性进行相应的设置，得到的效果如图 75-95 所示。

图 75-95

45 选择"图层 3"图层，按下快捷键 Alt+Ctrl+C，在弹出的"画布大小"对话框中设置各项参数，如图 75-96 所示，单击"确定"按钮，得到如图 75-97 所示的效果。

图 75-96

46 在"图层 2"上新建图层"图层 13"，如图 75-98 所示，设置前景色为白色，按下快捷键 Alt+Delete 填充画面，得到如图 75-99 所示的效果。至此，本实例制作完成。

图 75-98

图 75-99

422

Chapter  15

平面设计

学习重点 |

本章实例制作生活中常见的各种平面设计作品，如名片、产品包装、传单等。每一个设计都需要新颖的构思，具备绘画基础可更容易地掌握制作关键。本章重点在于怎样制作出商业化的设计，并使设计的内容与主题相互契合，当然，必不可少的还有工具的合理运用。

技能提示 |

本章主要使用Photoshop中的路径、渐变、画笔、文字等功能来制作平面图像特效，将它们有机地结合起来，表现出完整的创意。

本章实例 |

76 名片设计　　　　　　　　　　78 书籍封面设计
77 饮品包装设计

效果展示 |

76 名片设计

本实例制作个性名片设计，通过钢笔工具绘制图案，将文字与图片合理搭配，体现出简洁明快的设计风格。只需简单地改变名片的搭配颜色，就可轻松地制作出同一系列、不同格调的名片组合。

1 🔍 使用功能：钢笔工具、魔棒工具、自由变换命令、横排文字工具

2 🖌 配色： ■ R:209 G:194 B:153 ■ R:204 G:86 B:40 ■ R:95 G:124 B:164 ■ R:149 G:135 B:96

3 💿 光盘路径：Chapter 15\76 名片设计\complete\名片设计.psd

4 🔧 难易程度：★★★★☆

操作步骤

01 执行"文件 > 新建"命令，弹出"新建"对话框，设置各项参数，如图 76-1 所示。然后单击"确定"按钮，新建一个图像文件。

图 76-2

图 76-4

图 76-1

02 新建图层"图层 1"，如图 76-2 所示，单击钢笔工具 ✒，在画面上绘制路径，如图 76-3 所示。

图 76-3

03 在路径面板上单击"将路径作为选区载入"按钮 ○，如图 76-4 所示，得到如图 76-5 所示的效果。

图 76-5

04 将前景色设置为黑色，按下快捷键 Alt+Delete 进行颜色填充，然后再按下快捷键 Ctrl+D 取消选区，效果如图 76-6 所示。

图 76-6

05 单击魔棒工具 ，在图像中单击创建选区如图 76-7 所示，将前景色设置为 R:205 G:86 B:35，按下快捷键 Alt+Delete 进行颜色填充，再按下快捷键 Ctrl+D 取消选区，效果如图 76-8 所示。

图 76-7

图 76-8

06 在图层面板上选择"背景"图层，然后将其删除，得到"图层 1"，效果如图 76-9 所示。

图 76-9

07 执行"文件 > 新建"命令，弹出"新建"对话框，设置各项参数如图 76-10 所示，然后单击"确定"按钮，新建一个图像文件。

图 76-10

08 单击移动工具 ，将"标志"图档内的图像拖移到"名片 1"图档内，按下快捷键 Ctrl+T 对图像进行自由变换，调整位置和大小，得到如图 76-11 所示的效果。

图 76-11

09 单击横排文字工具 T，将前景色设置为黑色，在图像中输入文字并将"字体"设置为方正综艺简体，"字体大小"设为 42.89 点，效果如图 76-12 所示。

图 76-12

10 单击横排文字工具 T，将前景色设置为 R:125 G:125 B:125，在画面中输入文字并将"字体"设置为方正综艺简体，"字体大小"设为 12.83 点，效果如图 76-13 所示。

图 76-13

11 再次单击横排文字工具 T，将前景色设置为 R:104 G:90 B:53，在画面中分别输入文字并将"字体"设置为方正综艺简体，"字体大小"设为 21.01 点和 18 点，效果如图 76-14 所示。

图 76-14

12 继续单击横排文字工具 T，将前景色设置为黑色，在画面中输入文字并将"字体"设置为方正宋黑简体，"字体大小"设为 10.76 点，效果如图 76-15 所示。

图 76-15

13 再在画面中添加一些地址文字，将文本颜色设置为 R:94 G:94 B:94，将"字体"设置为方正综艺简体，"字体大小"设为 12.59 点，得到如图 76-16 所示的效果。

图 76-16

14 在图层面板上选择"背景"图层，分别将前景色设置为 R:209 G:194 B:53、R:94 G:124 B:164 和 R:0 G:0 B:0，分别按下快捷键 Alt+Delete 进行颜色填充，再根据图像效果更改字体和图像颜色，得到的效果如图 76-17、76-18 和 76-19 所示。将三个图像分别保存为"名片 1"、"名片 2"和"名片 3"文件。

图 76-17

图 76-18

图 76-19

15 执行"文件 > 新建"命令,弹出"新建"对话框,设置各项参数如图76-20所示,然后单击"确定"按钮,新建一个图像文件。

图 76-20

16 分别将三个图像文件拖移到"名片设计"图档内,得到新图层,按下快捷键Ctrl+E合并同一个名片的各个图层,再按下快捷键Ctrl+T对图像分别进行自由变换,调整位置和大小后得到如图76-21所示的效果。

图 76-21

17 复制"图层1"、"图层2"和"图层3"图层,得到各个副本图层,将其移动至画面下方,并为各个名片添加阴影,得到的效果如图76-22所示。

图 76-22

18 为了使画面效果更加完善,再添加一些文字和图像元素,图层面板如图76-23所示,得到的效果如图76-24所示。至此,本实例制作完成。

图 76-23

图 76-24

77 饮品包装设计

本实例通过钢笔工具和渐变工具，绘制包装盒并表现出包装盒的质感，同时配合水果素材图像，完美地展现包装盒的饮品特性，并运用诱人的色彩引起人们的购买欲。

1. 🔍 使用功能：钢笔工具、渐变工具、椭圆选框工具、移动工具、将路径作为选区载入功能

2. 🎨 配色：■ R:255 G:7 B:1　　■ R:255 G:235 B:39　　■ R:146 G:124 B:184　　■ R:255 G:200 B:197

3. 💿 光盘路径：Chapter 15\77 饮品包装设计\complete\饮品包装设计.psd

4. 🎯 难易程度：★★★★☆

操作步骤

01　执行"文件 > 新建"命令，弹出"新建"对话框，设置各项参数，如图 77-1 所示，然后单击"确定"按钮，新建一个图像文件。

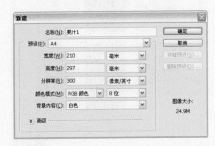

图 77-1

02　双击"背景"图层，将其转换为"图层 0"，然后新建图层"图层 1"，如图 77-2 所示。单击钢笔工具 ✒️，如图 77-3 所示在画面中绘制路径。

图 77-3

03　单击路径面板上的"将路径作为选区载入"按钮 ⭕，如图 77-4 所示，将路径转化为选区，如图 77-5 所示。

图 77-2

图 77-4

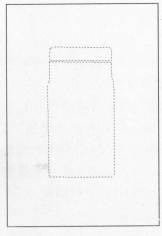

图 77-5

04　将前景色设置为 R:247 G:245 B:230，按下快捷键 Alt+Delete 进行颜色填充，然后按下快捷键 Ctrl+D 取消选区，效果如图 77-6 所示。

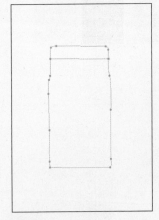

428

图 77-6

单击魔棒工具 ，如图
77-12 所示在图像中单击创
建选区。单击渐变工具 ▣，
在属性栏上单击"线性渐变"
按钮 ▣，将前景色设置为
R:255 G:235 B:39，背景色
设 置 为 R:255 G:255 B:255，
在选区中从上到下拖动鼠标
进行渐变填充，按下快捷键
Ctrl+D 取消选区，效果如图
77-13 所示。

05 选择"图层 1"图层，单击钢
笔工具 🖊，如图 77-7 所示绘
制路径，然后单击路径面板上
的"将路径作为选区载入"按
钮 ◯，如图 77-8 所示，将
路径转换为选区，如图 77-9
所示。

06 单击渐变工具 ▣，在属性
栏上单击"线性渐变"按钮
▣，将前景色设置为 R:254
G:240 B:82，背景色设置为
R:255 G:244 B:175，设置渐
变如图 77-10 所示，然后在
选区中从上到下拖动鼠标进
行渐变填充，再按下快捷键
Ctrl+D 取消选区，效果如图
77-11 所示。

图 77-12

图 77-7

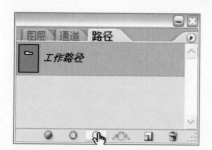

图 77-8

图 77-10

图 77-11

图 77-13

08 新建图层"图层 2"如图
77-14 所示，单击钢笔工具
🖊，如图 77-15 所示在画面
中绘制路径，然后单击路径
面板上的"将路径作为选区
载入"按钮 ◯，将路径转
换为选区，如图 77-16 所示。

图 77-14

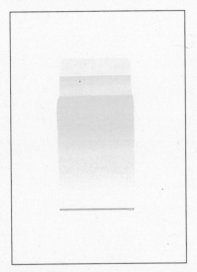

图 77-15

430

图 77-16

09 选择〝图层 2〞图层, 将前景色设置为 R:151 G:117 B:118, 按下快捷键 Alt+Delete 进行颜色填充, 然后按下快捷键 Ctrl+D 取消选区, 效果如图 77-17 所示。

图 77-17

10 新建图层〝图层 3〞如图 77-18 所示, 单击钢笔工具, 如图 77-19 所示在画面中绘制路径, 然后单击路径面板上的〝将路径作为选区载入〞按钮, 将路径转换为选区, 如图 77-20 所示。

图 77-18

图 77-19

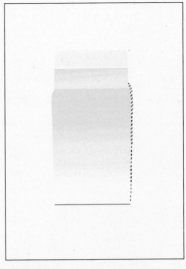

图 77-20

11 选择〝图层 3〞图层, 单击渐变工具, 在属性栏上单击〝线性渐变〞按钮, 将前景色设置为 R:255 G:219 B:45, 背景色设置为 R:235 G:179 B:144, 在选区中从下到上拖动鼠标进行渐变填充, 然后按下快捷键 Ctrl+D 取消选区, 效果如图 77-21 所示。

图 77-21

12 新建图层〝图层 4〞如图 77-22 所示, 单击钢笔工具, 如图 77-23 所示在画面中绘制路径, 然后单击路径面板上的〝将路径作为选区载入〞按钮, 将路径转换为选区, 如图 77-24 所示。

图 77-22

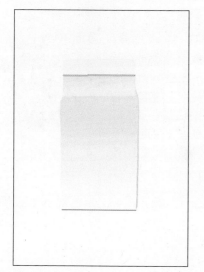

图 77-23

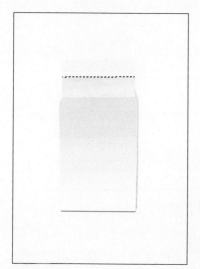

图 77-24

图 77-25

14 新建图层〝图层 5〞，如图 77-26 所示，单击钢笔工具，如图 77-27 所示在图像中绘制路径，然后单击路径面板上的〝将路径作为选区载入〞按钮，将路径转换为选区，如图 77-28 所示。

图 77-26

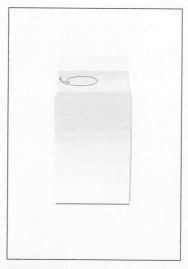

图 77-27

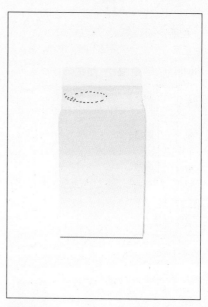

图 77-28

15 选择〝图层 5〞图层，将前景色设置为 R:254 G:154 B:152，按下快捷键 Alt+Delete 进行颜色填充，然后按下快捷键 Ctrl+D 取消选区，效果如图 77-29 所示。

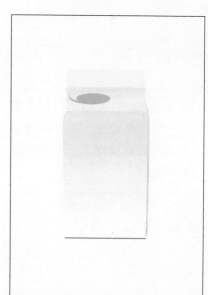

图 77-29

16 新建图层〝图层 6〞如图 77-30 所示。单击钢笔工具，在图像中绘制路径，然后单击路径面板上的〝将路径作为选区载入〞按钮，将路径转换为选区，效果如图 77-31 所示。

13 选择〝图层 4〞图层，将前景色设置为 R:254 G:228 B:69，按下快捷键 Alt+Delete 进行颜色填充，然后按下快捷键 Ctrl+D 取消选区，效果如图 77-25 所示。

图 77-30

图 77-31

17 将前景色设置为白色，按下快捷键 Alt+Delete 对选区进行颜色填充，按下快捷键 Ctrl+D 取消选区，效果如图 77-32 所示。

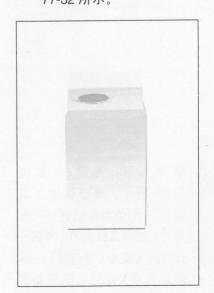

图 77-32

18 执行"文件 > 打开"命令，弹出如图 77-33 所示的对话框，选择本书配套光盘中 Chapter 15\77 饮品包装设计 \ media\ 草莓 1.psd 文件，单击"打开"按钮打开素材文件，如图 77-34 所示。

图 77-33

图 77-34

19 再次执行"文件 > 打开"命令，选择本书配套光盘中 Chapter 15\77 饮品包装设计 \ media\ 草莓 2.psd 文件，单击"打开"按钮打开素材文件，如图 77-35 所示。

图 77-35

20 单击移动工具，将"草莓 1"和"草莓 2"图像拖移到"果汁 1"图档内，生成"图层 7"和"图层 8"图层，如图 77-36 所示，然后按下快捷键 Ctrl+T 对图像进行自由变换，调整位置和大小，得到如图 77-37 所示的效果。

图 77-36

图 77-37

21 复制"图层 8"图层，得到"图层 8 副本"，如图 77-38 所示，对"图层 8 副本"执行"图像 > 调整 > 亮度 / 对比度"命令，在弹出的对话框中设置各项参数如图 77-39 所示，完成后单击"确定"按钮，得到的效果如图 77-40 所示。

图 77-38

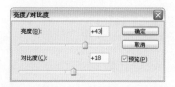

图 77-39

图 77-40

22 多次复制"图层 8 副本"图层，按下快捷键 Ctrl+T 分别对图像进行自由变换，调整位置和大小，得到如图 80-41 所示的效果。

图 77-41

23 再次复制"图层 8"图层，如图 77-42 所示，对"图层 8 副本 2"执行"图像 > 调整 > 亮度 / 对比度"命令，对弹出的在话框中设置各项参数如图 77-43 所示，完成后单击"确定"按钮，按下快捷键 Ctrl+T 调整图像大小和位置，得到的效果如图 77-44 所示。

图 77-42

图 77-43

图 77-44

24 多次复制"图层 8 副本 2"图层，图层面板如图 77-45 所示，按下快捷键 Ctrl+T 分别对图像进行自由变换，调整位置和大小后，得到如图 77-46 所示的效果。

图 77-45

图 77-46

25 新建图层"图层 9"，单击椭圆选框工具 ，如图 77-47 所示在图像中创建椭圆选区。然后将前景色设置为 R:242 G:218 B:55，按下快捷键 Alt+Delete 进行颜色填充，完成后按下快捷键 Ctrl+D 取消选区，效果如图 77-48 所示。

图 77-47

图 77-48

26 单击横排文字工具 T,将前景色设置为 R:120 G:74 B:102,在图像中输入文字并将"字体"设置为方正小标宋繁体,"字体大小"设为 120 点,效果如图 77-49 所示。

图 77-49

27 单击横排文字工具 T,将前景色设置为 R:98 G:45 B:77,在图像中输入文字"芝",设置字体属性,如图 77-50 所示。复制"芝"图层,对副本文字设置各项参数,如图 77-51 所示,得到如图 77-52 所示的效果。

图 77-50

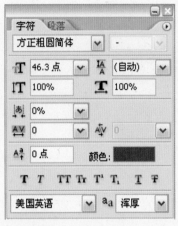

图 77-51

图 77-52

28 合并"芝"和"芝副本"图层,得到"芝副本"图层,如图 77-53 所示。单击"添加图层样式"按钮 ,如图 77-54 所示,在弹出的菜单中选择"描边"选项,在弹出的对话框中设置各项参

数,如图 77-55 所示,完成后单击"确定"按钮,得到的效果如图 77-56 所示。

图 77-53

图 77-54

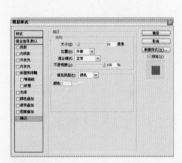

图 77-55

图 77-56

434

29 执行"文件 > 打开"命令，弹出如图 77-57 所示对话框，选择本书配套光盘中 Chapter 15\77 饮品包装设计\media\标志.psd 文件，单击"打开"按钮打开文件，如图 77-58 所示。

图 77-57

图 77-58

30 单击移动工具 ，将图像拖移到"果汁 1"图档内，如图 77-60 所示，按下快捷键 Ctrl+T 对图像进行自由变换，调整位置和大小后得到如图 77-60 所示的效果。

图 77-59

图 77-60

31 单击横排文字工具 ，将前景色设置为白色，在图像中输入文字并设置各项参数，如图 77-61 所示，得到如图 77-62 所示的效果。

图 77-61

图 77-62

32 单击横排文字工具 ，将前景色设置为 R:118 G:138 B:77，继续输入文字，设置各项参数如图 77-63 所示，得到如图 77-64 所示的效果。

图 77-63

图 77-64

33 单击横排文字工具 ，将前景色设置为 R:157 G:158 B:116，在图像中输入文字并设置各项参数，如图 77-65 所示，得到如图 77-66 所示的效果。

图 77-65

图 77-66

34 选择除"背景"图层外的所有图层，按下快捷键 Ctrl+E 合并图层，然后删除"背景"图层，图层面板如图 77-67 所示，得到的效果如图 77-68 所示。

图 77-67

图 77-68

35 使用以上相同的方法，制作另一个饮品包装图像，更改水果图像和相应的字体颜色，然后放置到图像中合适的位置，效果如图 77-69 所示。将文件存储为"果汁2"。

图 77-69

36 选择除"背景"图层外的所有图层，按下 Ctrl+E 合并图层，再删除"背景"图层，如图 77-70 所示，得到如图 77-71 所示的效果。

图 77-70

图 77-71

37 执行"文件 > 新建"命令，弹出"新建"对话框，设置各项参数如图 77-72 所示，完成后单击"确定"按钮，新建一个图像文件。

图 77-72

38 将"果汁1"和"果汁2"图像拖移到"饮品包装设计"图档中，按下快捷键 Ctrl+T 分别对图像进行自由变换，调整大小和位置后得到的效果如图 77-73 所示。图层面板如图 77-74 所示。

图 77-73

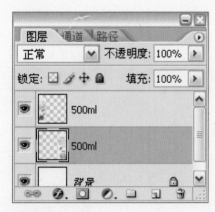

图 77-74

39 在图层面板上新建图层"图层1"，并放于果汁1、2图层之下，如图 77-75 所示，然后单击矩形选框工具，在画面中创建矩形选区，如图 77-76 所示。

图 77-75

图 77-78

图 77-81

图 77-76

40 单击渐变工具 ，在属性栏上单击"线性渐变"按钮 ，将前景色设置为 R:191 G:0 B:0，背景色设置为 R:255 G:55 B:54，在选区内从上到下拖动鼠标进行渐变填充，按下快捷键 Ctrl+D 取消选区，效果如图 77-77 所示。

图 77-79

42 单击渐变工具 ，在属性栏上单击"线性渐变"按钮 ，在选区内从上到下拖动鼠标进行渐变填充，按下快捷键 Ctrl+D 取消选区，效果如图 77-80 所示。

图 77-82

44 新建图层"图层 3"，如图 77-83 所示。单击矩形选框工具 ，在画面中创建选区，如图 77-84 所示。

图 77-77

41 新建图层"图层 2"，如图 77-78 所示。单击矩形选框工具 ，在画面中创建矩形选区如图 77-79 所示。

图 77-80

43 选择"背景"图层，如图 77-81 所示，将前景色设置为 R:255 G:230 B:59，按下快捷键 Alt+Delete 进行颜色填充，效果如图 77-82 所示。

图 77-83

图 77-84

45 将前景色设置为白色，按下
快捷键 Alt+Delete 对选区进
行颜色填充，再按下快捷键
Ctrl+D 取消选区，效果如图
77-85 所示。

图 77-85

46 复制"图层 3"图层,得到"图
层 3 副本",如图 77-86 所示,
单击移动工具，结合键盘
中的方向键向右移动图像,
效果如图 77-87 所示。

图 77-86

438

图 77-87

47 执行"文件 > 打开"命令,
弹出如图 77-88 所示的对话
框,选择本书配套光盘中
Chapter 15\77 饮品包装设
计 \ media\ 草莓 1.psd 文件,
单击"打开"按钮打开素材
文件,如图 77-89 所示

图 77-88

图 77-89

48 将"草莓 1"图像拖移到"饮
品包装设计"图档内,生
成"图层 4",图层面板如图
77-90 所示,然后按下快捷
键 Ctrl+T 对图像进行自由变
换,调整位置和大小后得到
如图 77-91 所示的效果。

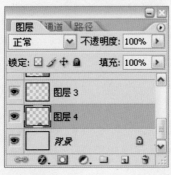

图 77-90

图 77-91

49 多次复制"图层 4"图层,
按下快捷键 Ctrl+T 分别对
副本图像进行自由变换,调
整位置和大小,得到如图
77-92 所示的效果。至此,
本实例制作完成。

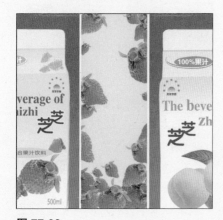

图 77-92

78 书籍封面设计

本实例制作小说封面设计，运用图像和色调表现出画面主题，使用大号的文字标示出书名，图像简洁而意境深远，设计出紧扣主题、设计感强烈的书籍封面。

1 🔍 使用功能：钢笔工具、魔棒工具、变换命令、不透明度设置、横排文字工具、直排文字工具

2 🎨 配色：■ R:232 G:95 B:62　　■ R:241 G:228 B:214　　■ R:210 G:128 B:42　　■ R:164 G:0 B:0

3 💿 光盘路径：Chapter 15\78 书籍封面设计\complete\书籍封面设计.psd

4 ✂ 难易程度：★★★☆☆

操作步骤

01 执行"文件 > 打开"命令，弹出如图 78-1 所示的对话框，选择本书配套光盘中 Chapter 15\78 书籍封面设计\media\001.jpg 文件，单击"打开"按钮打开素材文件，如图 78-2 所示。

02 双击"背景"图层，将其转换为"图层 0"，如图 78-3 所示。单击魔棒工具✏，选择画面中的电线杆图像，如图 78-4 所示，按下快捷键 Shift+Ctrl+I 反选选区，然后按下 Delete 键删除背景图像，效果如图 78-5 所示。

图 78-5

03 执行"文件 > 打开"命令，弹出如图 78-6 所示的对话框，选择本书配套光盘中 Chapter 15\78 书籍封面设计\media\002.jpg 文件，单击"打开"按钮打开素材文件，如图 78-7 所示。

图 78-1

图 78-3

图 78-6

图 78-2

图 78-4

图 78-7

04 执行"文件 > 新建"命令，弹出"新建"对话框，设置各项参数，如图 78-8 所示，单击"确定"按钮，新建一个图像文件。

图 78-8

05 单击移动工具，将素材文件"002"拖移到"书籍封面设计"图档内，按下快捷键Ctrl+T，对图像进行自由变换，图层面板如图 78-9 所示，得到的效果如图 78-10 所示。

图 78-9

图 78-10

06 新建图层"图层 2"，将其"不透明度"改为 75%，图层面板如图 78-11 所示。将前景色设置为 R:234 G:50 B:50，按下快捷键 Alt+Delete 进行颜色填充，效果如图 78-12 所示。

图 78-11

图 78-12

07 单击移动工具，将素材文件"001"拖移到"书籍封面设计"图档内，按下快捷键 Ctrl+T 对图像进行自由变换并调整到适当的位置，图层面板如图 78-13 所示，得到的效果如图 78-14 所示。

图 78-13

图 78-14

08 单击矩形选框工具，如图 78-15 所示在画面中创建选区，按下 Deletc 键删除选区内图像，然后再按下快捷键 Ctrl+D 取消选区，效果如图 78-16 所示。

图 78-15

图 78-16

09 复制"图层 3"图层，得到"图层 3 副本"，如图 78-17 所示，按下快捷键 Ctrl+T，在自由变换编辑框中右击鼠标，在弹出的快捷菜单中选择"水平翻转"命令，按下 Enter键确定变换，然后单击移动工具，将其调整到画面左侧对称的位置上，效果如图78-18 所示。

图 78-17

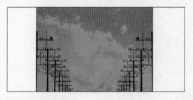

图 78-18

440

10 单击横排文字工具 T，将前景色设置为黑色，在图像中输入文字"旅"，将"字体"设置为方正大标宋繁体，"字体大小"设为 409.61 点，效果如图 78-19 所示。

图 78-19

11 单击横排文字工具 T，将前景色设置为白色，在图像中输入文字"途"，将"字体"设置为方正大标宋繁体，"字体大小"设为 316.22 点，效果如图 78-20 所示。

图 78-20

12 单击直排文字工具 T，将前景色设置为白色，在画面中输入文字，将"字体"设置为方正大标宋繁体，"字体大小"设为 352.47 点，效果如图 78-21 所示。

图 78-21

13 单击直排文字工具 T，继续在画面中输入文字，将"字体"设置为方正大标宋繁体，"字体大小"设为 88.12 点和 51.57 点，效果如图 78-22 所示。

图 78-22

14 新建图层"图层 4"，将其"不透明度"设置为 80%，如图 78-23 所示。单击矩形选框工具 ，如图 78-24 所示在图像正中创建选区，将前景色设置为黑色，按下快捷 Alt+Delete 进行颜色填充，然后再按下快捷键 Ctrl+D 取消选区，效果如图 78-25 所示。

图 78-23

图 78-24

图 78-25

15 新建图层"图层 5"，将其"不透明度"设置为 40%，如图 78-26 所示。单击矩形选框工具 ，在图像中创建选区，将前景色设置为黑色，按下快捷键 Alt+Delete 进行颜色填充，然后再按下快捷键 Ctrl+D 取消选区，效果如图 78-27 所示。

图 78-26

图 78-27

16 新建图层"图层 6"，如图 78-28 所示。单击矩形选框工具 ，在图像中创建选区，将前景色设置为白色，按下快捷键 Alt+Delete 进行颜色填充，再按下快捷键 Ctrl+D 取消选区，效果如图 78-29 所示。

图 78-28

图 78-29

17 单击直排文字工具 T，将前景色设置为黑色，在图像中输入文字，在字符面板上设置各项参数，如图 78-30 所示，得到如图 78-31 所示的效果。

图 78-30

图 78-31

18 单击直排文字工具 T，将前景色设置为白色，在图像中输入文字，在字符面板上设置各项参数，如图 78-32 所示，得到如图 78-33 所示的效果。

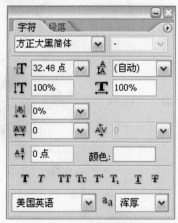

图 78-32

图 78-33

19 单击直排文字工具 T，将前景色设置为黑色，在图像中输入文字，在字符面板上设置各项参数，如图 78-34 所示，得到如图 78-35 所示的效果。

图 78-34

图 78-35

20 单击横排文字工具 T，将前景色设置为黑色，在图像中输入文字，将"字体"设置为方正大黑简体，"字体大小"设为 36.51 点，效果如图 78-36 所示。

图 78-36

21 为了完善画面效果，再次单击横排文字工具 T，在图像中添加文字，完成后效果如图 78-37 所示。至此，本实例制作完成。

图 78-37

442